高等职业教育新形态教材

供高等职业教育药学类、中医药类、食品药品管理类、医学技术类、康复治疗类、健康管理与促进类等相关专业使用

无 机 化 学

（第三版）

主　编　孔建飞

副主编　叶群丽　崔　英　王红波　罗孟君　郭梦金

编　委　（按姓氏汉语拼音排序）

崔　英　广东食品药品职业学院

冯　瑞　南阳医学高等专科学校

郭　成　江苏医药职业学院

郭梦金　邢台医学院

孔建飞　江苏医药职业学院

罗孟君　益阳医学高等专科学校

秦晋钰　山西药科职业学院

王　坤　安庆医学高等专科学校

王红波　山东医学高等专科学校

王树印　沧州医学高等专科学校

伍　乔　长沙卫生职业学院

杨　丹　山东中医药高等专科学校

叶群丽　雅安职业技术学院

科 学 出 版 社

北　京

内容简介

本教材是高等职业教育药学相关专业的一门重要专业基础课程。本教材包括理论讲授与实训操作两部分。理论部分涵盖三个模块：基本结构与原理（包括原子和分子结构、化学反应速率、化学平衡、化学热力学），溶液中的化学平衡（包括溶液与胶体溶液、酸碱解离平衡、沉淀溶解平衡、配合物与配位平衡、氧化还原反应与电极电势），元素化学（包括常见金属、非金属元素及其化合物）；实训部分在理论讲授知识点的基础上结合药学相关岗位任务与实际技能，设置了12个实训项目。本教材的编写目的是通过工作过程所需知识点梳理后形成的模块体系进行理论教学，通过岗位亟需技能点对应的项目化设计进行实训教学，培养学生良好的科学研究思维方法，从而帮助学生学以致用，解决应用中的实际问题。

本教材主要供高等职业教育药学类、中医药类、食品药品管理类、医学技术类、康复治疗类、健康管理与促进类等相关专业使用。

图书在版编目（CIP）数据

无机化学 / 孔建飞主编. -- 3版. -- 北京 : 科学出版社, 2025. 3. --（高等职业教育新形态教材）. ISBN 978-7-03-081171-4

Ⅰ. O61

中国国家版本馆CIP数据核字第20251D38X9号

责任编辑：谷雨擎 / 责任校对：周思梦

责任印制：师艳茹 / 封面设计：涿州锦晖

科学出版社 出版

北京东黄城根北街16号

邮政编码：100717

http://www.sciencep.com

北京华宇信诺印刷有限公司印刷

科学出版社发行　各地新华书店经销

*

2015年1月第 一 版　开本：850×1168　1/16

2025年3月第 三 版　印张：12 1/2

2025年3月第十一次印刷　字数：369 000

定价：56.80元

（如有印装质量问题，我社负责调换）

前　言

党的二十大报告指出："人民健康是民族昌盛和国家强盛的重要标志。把保障人民健康放在优先发展的战略位置，完善人民健康促进政策。"贯彻落实党的二十大决策部署，积极推动健康事业发展，需要立足基本国情，遵循教育规律，坚持改革创新，培养德智体美劳全面发展的社会主义建设者和接班人。党的二十大报告还指出："培养造就大批德才兼备高素质人才，是国家和民族长远发展大计。"本次教材修订旨在：贯彻党的二十大精神和党的教育方针，落实立德树人根本任务，坚持为党育人、为国育才。

无机化学是药学相关专业的一门重要专业基础课程，是多门专业核心课程的前置与基础。该课程的目标是使学生掌握从事药品生产、经营、使用、管理等工作所必需的化学基本知识和技能，为以后学习相关岗位知识和职业技能、增强继续学习和适应职业变化的能力奠定基础。本教材保持了无机化学的科学性与系统性，在编写过程中以"模块化"重构篇章结构，依"情景化"设定知识图谱，按"实用性"建设教材内容，用"实践性"融入课程思政的编写理念，充分考虑授课对象的学情特点，选择实际工作岗位与工作过程中所涉频次高的知识点、技能点作为课堂导读、案例分析内容，从根本知识技能结构帮助学生更直观地确立无机化学的知识与技能体系。知识讲授紧紧围绕实际岗位需求，以"必需、够用"为度；实训内容以在有限的课时内尽可能适应更多岗位、锻炼更多方法为原则；将思政内容融入专业知识当中，以潜移默化的方式促进学生全面发展。

本教材在内容选择和安排上始终以药学相关岗位职业能力培养及下游课程知识技能衔接为主线，与《中国药典》、医药及化工行业相关标准紧密对接。自测题与教材内容紧密结合，重点测试实用性知识和技能。根据实际工作岗位技能需要的调研结果，对实训教学内容进行了有针对性的修订，强化了学生实训的可操作性。教材整体突出专业知识、专业技能、专业素质培养，强调清晰、实用、简洁、易懂。

本教材计划总学时为72学时，其中理论52学时，分为基本结构与原理、溶液中的化学平衡、元素化学三个模块，共11章；实践20学时，设计了12个实训项目供各院校在实际教学中选用。全书采用国家颁布的法定计量单位。

本教材在编写过程中，得到了科学出版社、各位编者所在单位及有关专家的大力支持与帮助，在此谨致以衷心感谢，并对本教材所引用文献资料的原作者深表谢意。

由于编者水平有限，教材中可能存在不足之处，敬请使用本教材的师生指正，以帮助本教材不断完善与提高。

编　者

2024年12月

配套资源

欢迎登录“中科云教育”平台，**免费**数字化课程等你来！

本系列教材配有图片、视频、音频、动画、题库、PPT 课件等数字化资源，持续更新，欢迎选用！

“中科云教育”平台数字化课程登录路径

电脑端

- 第一步：打开网址 http://www.coursegate.cn/short/8150Y.action
- 第二步：注册、登录
- 第三步：点击上方导航栏“课程”，在右侧搜索栏搜索对应课程，开始学习

手机端

- 第一步：打开微信“扫一扫”，扫描下方二维码
- 第二步：注册、登录
- 第三步：用微信扫描上方二维码，进入课程，开始学习

PPT 课件，请在数字化课程中各章节里下载！

目　录

第一章
原 子 结 构

学习目标

1. 知识目标：掌握原子核外电子运动状态的描述、多电子原子核外电子排布原理、原子结构与元素性质的周期性变化规律；熟悉多电子原子轨道近似能级图、s、p、d 电子云的形状和空间伸展方向；了解元素周期表中元素的分区及结构特征。

2. 能力目标：能够书写部分元素原子或离子的核外电子排布式、价电子构型和轨道表示式；会根据元素周期律比较、判断主族元素单质及化合物性质的差异。

3. 素质目标：通过建立“结构决定性质”的化学思维模式，以培养“透过现象看本质”的哲学辩证逻辑，学会从纷繁复杂的事物表象中把握本质、掌握规律；通过学习原子结构的发展史和科学家们的贡献，培养开拓创新、攻坚克难的科学家精神。

大到星球宇宙，小到分子原子，这些千姿百态的物质的性质及变化规律都与其组成和结构有关，而原子是组成物质的基本粒子。原子结构是分子结构、元素及其化合物性质和化学反应实质的基础。在医药学领域，原子结构的知识对药物研发与设计、药物作用机制的理解和药物结构分析检测等方面可提供重要的理论支撑。本章重点介绍原子结构的基本知识。

第 1 节　原子核外电子运动状态

任务导入 1-1

在浩瀚的宇宙中，太阳的质量占据了整个太阳系总质量的 99.86%，因其强大的引力，太阳系的所有行星在各自的轨道上围绕太阳运动并绕其自转轴自转。微观粒子（如原子）的运动状态和宏观天体的运动规律有相似的特征。在原子中，电子也在围绕集中了原子大部分质量的原子核运动，但电子运动轨道并非固定不变，其实际运动远比行星运动复杂。

一、原子结构模型

原子是由带正电的原子核和核外带负电的电子组成，原子核是由带正电的质子和不带电的中子组成。原子的绝大部分质量集中在原子核，为原子总质量的 99.9%以上。核外电子受原子核的作用在核外直径约为 10^{-10} m 的空间高速运动。

我们对原子结构的认识，经历了漫长的过程。19 世纪初，英国化学家道尔顿创立了原子论学说，认为物质都是由不可见、不可再分的原子组成的。20 世纪初，英国物理学家卢瑟福提出了原子结构行星模型，认为原子是由带正电荷的原子核和一定数目绕核运动的电子组成的。随后，丹麦物理学家玻尔在卢瑟福行星模型、爱因斯坦光子学说、普朗克量子论的基础上建立了玻尔原子模型，这一模型成功地解释了氢原子光谱的规律性，提出了原子内部电子的分层结构，为量子力学的发展奠定了基础。近代科学家们建立了更科学合理的现代原子结构理论，揭示了电子在原子中的排布规律和运动状态。

二、原子核外电子的运动特性

（一）微观粒子的波粒二象性

1924 年，法国物理学家德布罗意（L.de Broglie）受光的波粒二象性启发，提出微观粒子（如原子、电子等）都具有波粒二象性的大胆假设。1927 年，戴维孙（C.J.Davisson）和革末（L.H.Germer）做了电子衍射实验，用一束已知能量的高速电子流穿过衍射光栅（薄晶体片），投射到有感光底片的屏幕上，产生了明暗交替的衍射环纹，如图 1-1 所示。这说明电子射线和 X 射线（通常电子的德布罗意波波长的数量级与 X 射线的波长相近）一样有衍射现象，此实验印证了德布罗意假设的正确性，说明电子也具有波动性。所有微观粒子都能像电子一样产生衍射现象，故波粒二象性是微观粒子运动的基本特性。

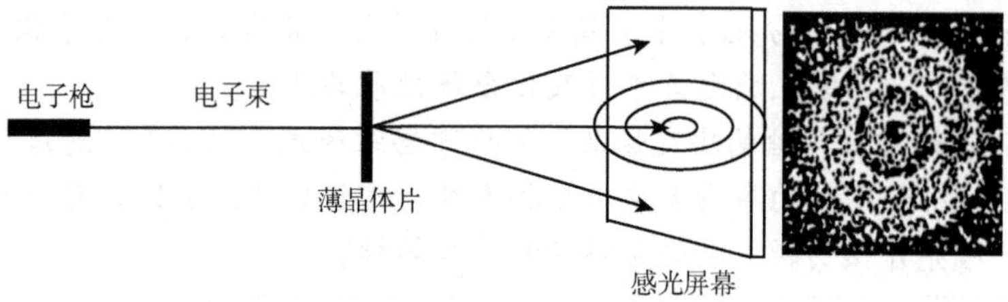

图 1-1　电子衍射示意图和电子衍射图

（二）微观粒子的统计性

宏观物体的运动用经典力学来描述，可以准确地确定该物体的运动状态；而对于具有波粒二象性的微观粒子而言，其质量较轻，体积较小，不遵循经典力学规律。1927 年，德国物理学家海森伯（W.Heisenberg）提出测不准原理：微观粒子不可能同时准确地测出它在某一瞬间的空间位置和运动速率（或动量）。

测不准原理并不代表微观粒子运动无规律可循，我们可以采用统计学规律来描述电子在原子核外某空间出现的概率。由图 1-1 电子衍射图可见，衍射强度大的地方，粒子出现的概率大，衍射强度小的地方，粒子出现的概率小。衍射强度大小反映微观粒子在空间区域出现概率的大小，故统计性是微观粒子运动的另一特性。

三、原子核外电子运动状态的描述

（一）波函数

1926 年，奥地利物理学家薛定谔（E. Schrödinger）根据微观粒子具有波粒二象性，建立了描述微观粒子运动状态的波动方程，称为薛定谔方程（Schrödinger equation）。该方程的表达式为：

$$\frac{\partial^2\psi}{\partial x^2}+\frac{\partial^2\psi}{\partial y^2}+\frac{\partial^2\psi}{\partial z^2}+\frac{8\pi^2 m}{h^2}(E-V)\psi=0$$

式中，x、y、z 为电子在核外空间的坐标；E、V、m 和 h 分别代表电子的总能量、电子的势能、电子的质量和普朗克常量；ψ为该方程的解，但它不是一个数值，而是一个用空间坐标 x、y、z 来表示的函数式 $\psi(x, y, z)$，称为波函数。解薛定谔方程就是求出波函数 ψ。

在薛定谔方程中，体现了电子的粒子性（m、E、V）和波动性（ψ），因此能正确反映原子核外电子的运动状态。薛定谔方程有多个解，其中每个满足一定量子化条件的合理的解 ψ，都对应着原子核外电子运动的一种状态。通常将原子中单电子的波函数 $\psi(n, l, m)$ 称为原子轨道函数，简称原子轨道。因此，每一个波函数对应一个原子轨道，如 1s ψ 称为 1s 轨道、2p ψ 称为 2p 轨道。

通常，可以用波函数的角度分布图来描述核外电子的运动状态，也称原子轨道的角度分布图，如

图 1-2 所示。

值得说明的是，原子轨道的角度分布图中各个波瓣的“+”和“−”代表函数值正负，并不代表电荷。

（二）电子云

1926 年，德国物理学家波恩（M. Born）提出用波函数绝对值的平方（$|\psi|^2$）表示电子在原子核外空间某处出现的概率密度。为了更形象地表示电子在原子核外空间某处出现的概率分布情况，常用疏密的小黑点表示。黑点密集的地方，代表电子出现的概率密度大，黑点稀疏的地方，代表电子出现的概率密度小。$|\psi|^2$ 在原子核外空间分布的图形看上去好像是带负电荷的云雾笼罩在原子核周围，所以形象地称为“电子云”。电子云的角度分布图，如图 1-3 所示。

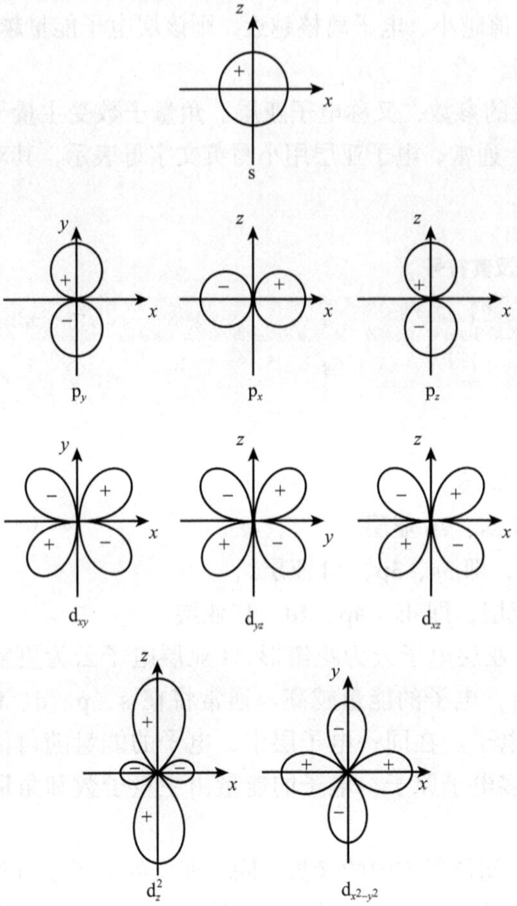

图 1-2 原子轨道的角度分布图

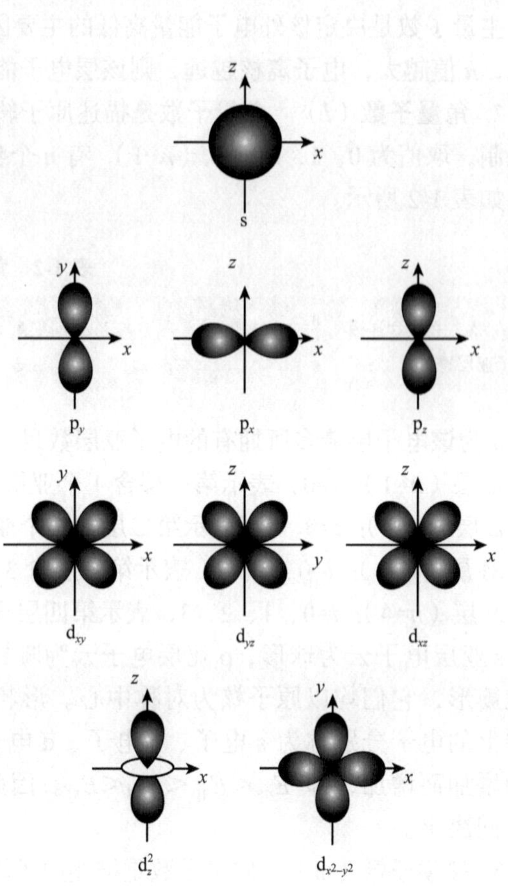

图 1-3 电子云的角度分布图

由图可见，s 电子云是球形的，即电子云在原子核外空间区域半径相同的各个方向上出现的概率密度相同；p 电子云为哑铃形，即电子云沿着 x、y、z 轴中某一轴的方向上电子出现的概率密度最大，有 p_x、p_y、p_z 三种不同的空间取向；d 电子云为四叶花瓣形，在核外空间有五种不同的分布。

电子云的角度分布图与原子轨道的角度分布图形状相似，但不标记正负值。

原子核外电子的运动状态除了用原子轨道和电子云描述外，还可以用量子数来描述。

（三）量子数

电子在原子核外一定空间区域内做高速不规则的运动，其运动状态比较复杂。为了更好地描述核外电子运动状态，引入四个量子数：主量子数（n）、角量子数（l）、磁量子数（m）和自旋量子数（m_s），它们分别代表原子核外电子运动的能级、轨道的形状、轨道的空间伸展方向以及电子的自旋方向。

1. 主量子数（n） 主量子数是描述电子离核远近的参数，又称电子层数。按照离原子核由近到远，数值为 1，2，3，…，n 等正整数。目前为止已知的电子层数最大值为 7。不同的电子层可用不同的大写英文字母来表示，其对应关系如表 1-1 所示。

表 1-1 主量子数及其符号

n	1	2	3	4	5	6	7
电子层	一	二	三	四	五	六	七
电子层符号	K	L	M	N	O	P	Q

主量子数是决定核外电子能量高低的主要因素。n 值越小，电子离核越近，则该层电子能量越低；反之，n 值越大，电子离核越远，则该层电子能量越高。

2. 角量子数（l） 角量子数是描述原子轨道形状的参数，又称电子亚层。角量子数受主量子数的限制，取值为 0，1，2，…，（$n-1$），有 n 个整数值。通常，电子亚层用小写英文字母表示，其对应关系如表 1-2 所示。

表 1-2 角量子数及其符号

l	0	1	2	3	4	5	6
电子亚层符号	s	p	d	f	g	h	i

n 为该电子层最多所拥有的电子亚层数目。例如：

K 层（n=1）：l=0，表示第一层含 1 个亚层，即 1s 亚层。

L 层（n=2）：l=0、1，表示第二层含 2 个亚层，即 2s、2p 亚层。

M 层（n=3）：l=0、1、2，表示第三层含 3 个亚层，即 3s、3p、3d 亚层。

N 层（n=4）：l=0、1、2、3，表示第四层含 4 个亚层，即 4s、4p、4d、4f 亚层。

s 亚层电子云为球形，p 亚层电子云为哑铃形，d 亚层电子云为花瓣形，f 亚层电子云为更复杂的花瓣形，它们均以原子核为对称中心。形状越复杂，电子的能量越高。通常将在 s、p、d、f 等亚层上的电子分别称为 s 电子、p 电子、d 电子和 f 电子。在同一电子层中，电子的能量随角量子数的增加而增加，即 $E_{ns}<E_{np}<E_{nd}<E_{nf}$。因此对于多电子原子，电子的能量由主量子数和角量子数共同决定。

3. 磁量子数（m） 磁量子数是描述原子轨道在空间伸展方向的参数。同一亚层的电子云有相同的形状，但有不同的伸展方向。每一种具有一定形状和伸展方向的电子云所占据的空间即为一个原子轨道。

磁量子数由角量子数决定，取值可为 0，±1，±2，±3，…，±l，即 m 可以取从 $-l$ 到 $+l$（包括 0 在内）的整数值。因此，每一电子亚层所具有的轨道总数为（$2l+1$）个。例如：

l=0：m=0，代表 s 轨道在空间有一种伸展方向，s 轨道电子云是球形对称的，在空间各个方向上伸展的程度相同，因此 s 电子云只有 1 个轨道，称为 s 轨道。

l=1：m=−1、0、+1，代表 p 轨道在空间有三种伸展方向，分别为 p_x 轨道、p_y 轨道、p_z 轨道，统称为 p 轨道。

l=2：m=−2、−1、0、+1、+2，代表 d 轨道在空间有五种伸展方向，即有 5 个轨道。

l=3：m=−3、−2、−1、0、+1、+2、+3，代表 f 轨道在空间有七种伸展方向，即有 7 个轨道。

电子的能量与 m 无关，即 n 和 l 相同，而 m 不同的同一电子亚层的各原子轨道能量完全相同。

这种能量相同的原子轨道，称为等价轨道或简并轨道。例如，$2p_x$、$2p_y$和$2p_z$三个轨道能量相同，属于等价轨道。由此可知，同一亚层的 3 个 p 轨道、5 个 d 轨道和 7 个 f 轨道分别属于等价轨道。

综上所述，*n*、*l* 和 *m* 三个量子数相互制约，其对应关系及原子轨道数如表 1-3 所示。

表 1-3 *n*、*l* 和 *m* 对应关系

n	电子层符号	*l*	电子亚层符号	*m*	亚层原子轨道数	电子层原子轨道总数
1	K	0	1s	0	1	$1=1^2$
2	L	0	2s	0	1	$1+3=4=2^2$
		1	2p	0，±1	3	
3	M	0	3s	0	1	$1+3+5=9=3^2$
		1	3p	0，±1	3	
		2	3d	0，±1，±2	5	
4	N	0	4s	0	1	$1+3+5+7=16=4^2$
		1	4p	0，±1	3	
		2	4d	0，±1，±2	5	
		3	4f	0，±1，±2，±3	7	

由表 1-3 及其推论可知，每个电子层可能含有的最多轨道数应为 n^2 个。

4. 自旋量子数（m_s） 自旋量子数是描述电子自旋运动状态的参数。电子围绕原子核运动的同时，还做自旋运动。电子自旋运动有两种方向，即顺时针方向和逆时针方向，用自旋量子数 m_s 表示，取值分别为$+\frac{1}{2}$和$-\frac{1}{2}$，也可以分别用向上的箭头“↑”和向下的箭头“↓”来表示。

综上所述，原子核外每一个电子的运动状态需要由四个量子数（*n*、*l*、*m*、m_s）来描述。其中，*n*、*l*、*m* 三个量子数确定电子所在的原子轨道，m_s 确定电子的自旋方向。

链接 精准编织生命健康的未来密码——量子药引

随着量子理论的发展，量子化学目前正成为化学结构理论的基础。量子化学在药学领域有着广泛的应用。通过量子化学计算，可以模拟药物分子的几何构型、电子构型、能量和稳定性等性质，预测药物与生物大分子靶标之间的相互作用机制，为药物研发的设计优化、临床试验的技术指导以及产业化的应用趋势等多个方面提供重要参考，推动了药学领域的创新和发展。未来，量子化学将更多地与人工智能、大数据等先进技术相结合，为药物研发提供更加高效精准的解决方案。

第 2 节 原子核外电子排布规律

任务导入 1-2

夜晚，五彩缤纷的霓虹灯亮起，绚丽华美的烟花在天空绽放，这些都是原子核外电子在“跳跃”。霓虹灯中的氦、氖、氩等稀有气体原子和烟花中的不同金属离子吸收能量，原子核外电子被激发，从能级较低的轨道跃迁到能级较高的轨道，这一过程不稳定且可逆，当电子从高能级轨道回到原来的轨道时，会将多余的能量以光的形式释放出来，形成我们所看到的不同颜色的光。这里，原子轨道能级便是实现电子“跳跃”的基础。

一、原子轨道能级

单电子原子（氢原子）原子轨道能级只取决于主量子数（n），而多电子原子中，原子轨道的能级由主量子数（n）和角量子数（l）共同决定。

根据光谱实验结果，鲍林（L. Pauling）提出多电子原子的原子轨道近似能级图，如图 1-4 所示。原子轨道近似能级图将原子轨道能量相近的能级归为同一能级组，按照能级由低到高共分为 7 个能级组，能级组与元素周期表中的“周期”是相对应的。图中每个方框代表一个能级组，每个小圆圈代表一个原子轨道，小圆圈位置高低表示能量高低，处在同一水平高度的几个小圆圈，表示能量相同的等价轨道。

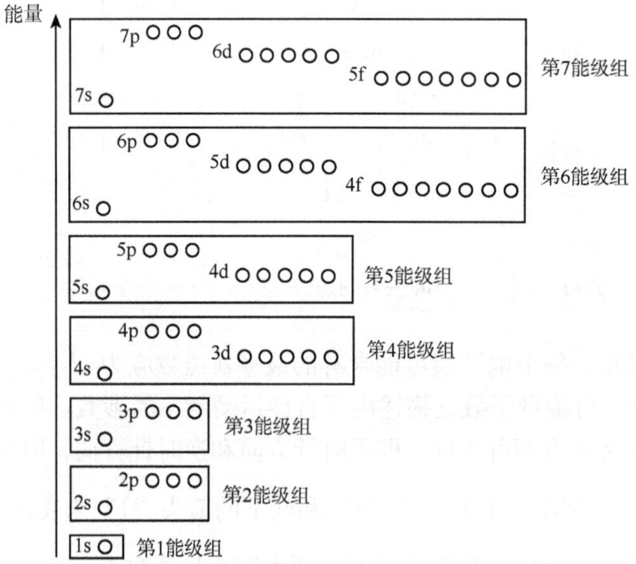

图 1-4 多电子原子轨道的近似能级图

（一）原子轨道能级基本规律

由原子轨道近似能级图可以得到多电子原子中原子轨道能级高低的基本规律。

1. 当 n 值相同，l 值不同时 l 值越大，原子轨道能量越高，如 $E_{ns}<E_{np}<E_{nd}<E_{nf}$。

2. 当 n 值不同，l 值相同时 n 值越大，原子轨道能量越高，如 $E_{1s}<E_{2s}<E_{3s}<E_{4s}$；$E_{1p}<E_{2p}<E_{3p}<E_{4p}$。

3. 当 n 值和 l 值均不相同时 可能出现 n 值大的原子轨道能量低于 n 值小的原子轨道能量，这种现象称为能级交错，如 $E_{ns}<E_{(n-2)f}<E_{(n-1)d}<E_{np}$。

（二）能级交错的原因

产生能级交错现象有以下两方面原因。

1. 屏蔽效应 对于多电子原子而言，外层电子既受原子核的吸引又受其他电子的排斥，前者使电子靠近原子核，而后者使电子远离原子核。对于某一指定电子来说，其他电子间的排斥作用势必削弱原子核对该指定电子的吸引力，可以看成是抵消一部分核电荷对该电子的作用，相当于核电荷数减少。

这种在多电子原子中，因电子之间相互排斥而使原子核对外层电子吸引力被减弱的现象称为屏蔽效应。屏蔽效应使得离原子核越远的外层电子受到其他电子的屏蔽作用越强，离核越近的电子对外层电子的屏蔽作用越强，即内层电子对外层电子有较强的屏蔽现象。

2. 钻穿效应 外层电子钻到离原子核较近的内层空间，从而更靠近原子核的现象称为钻穿效应。

电子钻穿的结果导致该电子部分回避了内层电子对它的屏蔽作用，受到有效核电荷的作用增强，从而使轨道能量降低。

电子钻穿能力的大小顺序为 $ns>np>nd>nf$，电子受到的屏蔽效应的大小顺序为 $ns<np<nd<nf$。例如，由于 4s 轨道电子的钻穿能力比 3d 轨道电子强，而 3d 电子屏蔽效应比 4s 电子强，因而 $E_{4s}<E_{3d}$，发生了能级交错现象。

二、原子核外电子排布规律

根据原子光谱实验结果及对元素周期律的分析，基态原子核外电子排布遵循三条规律：能量最低原理、泡利不相容原理和洪德规则。

（一）能量最低原理

原子核外电子总是尽可能先占据能量最低的轨道，然后再依次进入能量较高的轨道，从而使原子体系总能量最低，状态最稳定，这个规律称为能量最低原理。

根据多电子原子轨道的近似能级图和能量最低原理，得到电子进入各原子轨道的先后顺序，如图 1-5 所示。

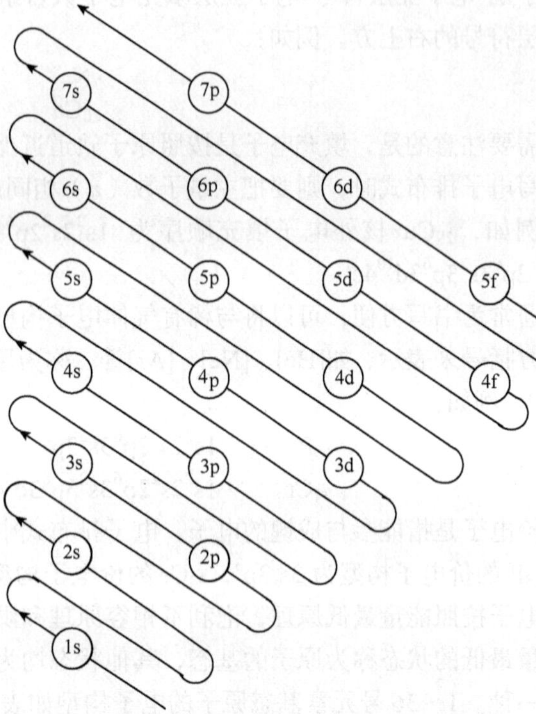

图 1-5　原子核外电子填充顺序图

（二）泡利不相容原理

美籍奥地利物理学家泡利（Pauli）1925 年提出，在同一个原子中不可能同时存在 4 个量子数完全相同的 2 个电子，即同一个原子中不可能同时存在运动状态完全相同的 2 个电子，这称为泡利不相容原理。因此，每 1 个原子轨道中最多可以容纳 2 个自旋方向相反的电子，则每 1 个电子层中最多可以容纳电子的数目为 $2n^2$。

（三）洪德规则及其特例

德国物理学家洪德（Hund）根据光谱实验总结出一条规律：在同一亚层的原子轨道中，电子总是尽可能先分别占据不同的轨道，并且自旋方向相同，这个规律称为洪德规则。洪德规则符合能量最低原理，当两个电子处于同一原子轨道时，需对电子提供能量以克服其同种电荷产生的斥力。因此，两个电子分占不同等价轨道的能量要低于处于同一轨道的能量，体系较稳定。

例如，C 原子核外有 6 个电子，其电子排布方式为 $1s^22s^22p^2$，轨道表示式为：

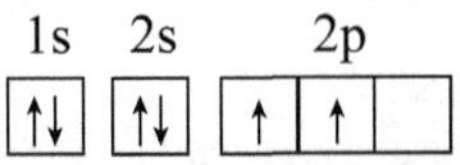

当等价轨道中的电子处于全充满（p^6 或 d^{10} 或 f^{14}）、半充满（p^3 或 d^5 或 f^7）或全空（p^0 或 d^0 或 f^0）的状态时，原子的能量较低、体系较稳定，此规律称为洪德规则特例。

例如，$_{24}$Cr 电子排布式为 $1s^22s^22p^63s^23p^63d^54s^1$，而不是 $1s^22s^22p^63s^23p^63d^44s^2$，因其中 $3d^5$ 为半充满；$_{29}$Cu 电子排布式为 $1s^22s^22p^63s^23p^63d^{10}4s^1$，而不是 $1s^22s^22p^63s^23p^63d^94s^2$，因其中 $3d^{10}$ 为全充满。

(四)核外电子排布表示方法

根据基态原子中电子排布的三个规律，可以确定各元素基态原子的核外电子排布情况。通常原子核外电子排布有以下几种表示方法。

1. 轨道表示式 通常用圆圈“○”(或方框“□”)代表原子轨道，在其上方或下方注明轨道能级，圆圈“○”(或方框“□”)中用向上“↑”和向下“↓”的箭头代表电子的两种自旋方向。

例如，C原子的轨道表示式为：

2. 电子排布式 电子在原子轨道中的排布方式称为电子排布式(电子层结构)，又称电子构型。由电子层-电子亚层符号-电子亚层填充电子数目组成，其中电子亚层填充电子数目用阿拉伯数字注明在亚层符号的右上方。例如：

$_{7}N$ $1s^22s^22p^3$

$_{20}Ca$ $1s^22s^22p^63s^23p^64s^2$

需要注意的是，填充电子是按照原子轨道近似能级图依次从能量低的轨道向能量高的轨道排布，而书写电子排布式时，则要把主量子数(n)相同的轨道写在一起。

例如，$_{29}Cu$ 核外电子填充顺序为 $1s^22s^22p^63s^23p^64s^13d^{10}$，但其电子排布式的正确书写形式为 $1s^22s^22p^63s^23p^63d^{10}4s^1$。

通常为书写方便，可以将与稀有气体电子构型相同的内层电子构型部分，用稀有气体的元素符号外加方括号来表示，如[He]、[Ne]、[Ar]等，称为原子实或原子芯(在离子的电子排布式中使用时称离子芯)。例如：

$_{15}P$ $1s^22s^22p^63s^23p^3$ 可表示为 $[Ne]\,3s^23p^3$

$_{24}Cr$ $1s^22s^22p^63s^23p^63d^54s^1$ 可表示为 $[Ar]\,3d^54s^1$

价电子是指能参与成键的电子。电子排布式中价电子所在的亚层电子排布，称为价电子构型。例如，$_{15}P$ 的价电子构型为 $3s^23p^3$，$_{24}Cr$ 的价电子构型为 $3d^54s^1$。

电子按照能量最低原理、泡利不相容原理和洪德规则在各原子轨道分布时，原子的能量最低。这种能量最低的状态称为原子的基态，其他状态均为原子的激发态。同一原子的激发态有多种，而基态只有一种。1～36号元素基态原子的电子构型如表1-4所示。

表1-4 基态原子的电子构型

原子序数	元素	电子构型	原子序数	元素	电子构型
1	H	$1s^1$	11	Na	$[Ne]3s^1$
2	He	$1s^2$	12	Mg	$[Ne]3s^2$
3	Li	$[He]2s^1$	13	Al	$[Ne]3s^23p^1$
4	Be	$[He]2s^2$	14	Si	$[Ne]3s^23p^2$
5	B	$[He]2s^22p^1$	15	P	$[Ne]3s^23p^3$
6	C	$[He]2s^22p^2$	16	S	$[Ne]3s^23p^4$
7	N	$[He]2s^22p^3$	17	Cl	$[Ne]3s^23p^5$
8	O	$[He]2s^22p^4$	18	Ar	$[Ne]3s^23p^6$
9	F	$[He]2s^22p^5$	19	K	$[Ar]4s^1$
10	Ne	$[He]2s^22p^6$	20	Ca	$[Ar]4s^2$

续表

原子序数	元素	电子构型	原子序数	元素	电子构型
21	Sc	$[Ar]3d^14s^2$	29	Cu	$[Ar]3d^{10}4s^1$
22	Ti	$[Ar]3d^24s^2$	30	Zn	$[Ar]3d^{10}4s^2$
23	V	$[Ar]3d^34s^2$	31	Ga	$[Ar]3d^{10}4s^24p^1$
24	Cr	$[Ar]3d^54s^1$	32	Ge	$[Ar]3d^{10}4s^24p^2$
25	Mn	$[Ar]3d^54s^2$	33	As	$[Ar]3d^{10}4s^24p^3$
26	Fe	$[Ar]3d^64s^2$	34	Se	$[Ar]3d^{10}4s^24p^4$
27	Co	$[Ar]3d^74s^2$	35	Br	$[Ar]3d^{10}4s^24p^5$
28	Ni	$[Ar]3d^84s^2$	36	Kr	$[Ar]3d^{10}4s^24p^6$

第 3 节　元素周期表与元素周期律

任务导入 1-3

钙（Ca）、铁（Fe）、锌（Zn）是人体必需的矿物质，氮（N）、磷（P）、钾（K）是植物生长所必需的营养元素，碳（C）、氢（H）、氧（O）是我们日常生活不可或缺的元素，硅（Si）、锂（Li）、铝（Al）是新能源领域的重要材料，硫（S）、碘（I）、铜（Cu）是许多药物的有效成分。以上这些元素的基本信息都可以在元素周期表中找到，而它们性质的变化则遵循元素周期律。

元素的化学性质主要取决于原子的价电子构型，而由核电荷数和核外电子排布规律所决定的各元素原子价电子构型随着原子序数的递增而呈现周期性排列，因此，元素的性质也呈现周期性变化。这种元素的性质随着原子序数（核电荷数）的递增而呈现周期性变化的规律，称为元素周期律（periodic law of the elements）。

元素周期律是自然科学的基本规律，根据这一规律将目前发现的 118 种元素排列成元素周期表（periodic table of the elements）。原子核外电子排布的周期性变化是元素周期律的本质原因，元素周期表则是各元素原子核外电子排布呈周期性变化的反映。

一、元素周期表

（一）原子电子层结构与周期的关系

元素周期表由国际化学组织——国际纯粹与应用化学联合会（IUPAC）正式发布，目前已发现 118 种元素（包括人工合成元素），共分为七个周期。周期与鲍林能级图中的能级组存在一一对应关系，如表 1-5 所示。

表 1-5　能级组与周期的关系

能级组	含原子轨道及电子填充次序	容纳电子总数	周期	周期分类	起止元素	含元素数目
1	$1s^{1\sim2}$	2	1	特短周期	$_1H\rightarrow{}_2He$	2
2	$2s^{1\sim2}\rightarrow2p^{1\sim6}$	8	2	短周期	$_3Li\rightarrow{}_{10}Ne$	8
3	$3s^{1\sim2}\rightarrow3p^{1\sim6}$	8	3	短周期	$_{11}Na\rightarrow{}_{18}Ar$	8
4	$4s^{1\sim2}\rightarrow3d^{1\sim10}\rightarrow4p^{1\sim6}$	18	4	长周期	$_{19}K\rightarrow{}_{36}Kr$	18
5	$5s^{1\sim2}\rightarrow4d^{1\sim10}\rightarrow5p^{1\sim6}$	18	5	长周期	$_{37}Rb\rightarrow{}_{54}Xe$	18
6	$6s^{1\sim2}\rightarrow4f^{1\sim14}\rightarrow5d^{1\sim10}\rightarrow6p^{1\sim6}$	32	6	特长周期	$_{55}Cs\rightarrow{}_{86}Rn$	32
7	$7s^{1\sim2}\rightarrow5f^{1\sim14}\rightarrow6d^{1\sim10}\rightarrow7p^{1\sim6}$	32	7	新完成周期	$_{87}Fr\rightarrow{}_{118}Og$	32

由此可得以下规律。

1. 元素能级组数 = 元素所在的周期数 = 元素原子的电子层数。例如：$_{15}P$，电子排布式为$1s^22s^22p^63s^23p^3$，含 3 个能级组，为第 3 周期元素，有 3 个电子层。

2. 各能级组最多所能容纳的电子总数 = 对应周期包含的元素数目。例如：第 4 能级组有 9 个轨道（1 个 4s，5 个 3d，3 个 4p），可容纳 18 个电子，故对应的第 4 周期共有 18 种元素。

（二）原子电子层结构与族的关系

原子价电子构型相似的元素排在同一列，称为族。元素周期表共有 18 列，分为 16 个族：7 个主族（ⅠA～ⅦA）、7 个副族（ⅠB～ⅦB）、1 个 0 族和 1 个第Ⅷ族（含 3 列）。副族元素和第Ⅷ族元素又称过渡元素，其中第ⅢB 族的 57～71 号的 15 种元素，称为镧系元素；第ⅢB 族的 89～103 号的 15 种元素，称为锕系元素。镧系元素和锕系元素又统称内过渡元素。

同族元素价电子构型相似，电子层数不同。元素的性质主要取决于原子的价电子构型，因此同族元素具有相似的性质。

1. 主族元素 原子核外最后一个电子填入 s 或 p 亚层的元素为主族元素，在族号罗马数字后加“A”表示主族，从ⅠA 到ⅦA 共 7 个主族。主族元素的价电子构型为 $ns^{1\sim2}$ 或 $ns^2np^{1\sim5}$。

主族元素族序数=最外层电子数

例如：8 号元素 O 的最外电子层结构为 $2s^22p^4$，价电子总数为 6，即在ⅥA 族。

同一主族元素价电子构型相同，因此同一主族元素的性质相似。

2. 0 族元素 稀有气体元素组成的族称为 0 族，元素的价电子层结构是 $1s^2$ 或 ns^2np^6，已是稳定结构，化学性质不活泼，不易成键，也称惰性气体。

3. 副族元素 原子核外最后一个电子填入（n–1）d 或（n–2）f 亚层上的元素，都是副族元素，在族号罗马字后加 B 表示副族，从ⅠB 到ⅦB 共 7 个副族。副族元素价层电子构型为（n–1）$d^{1\sim10}ns^{1\sim2}$（除部分镧系元素和锕系元素外）。副族元素族序数与外电子层的电子数有关。

（1）ⅢB～ⅦB 族元素 对于次外层 d 电子未充满的元素，族序数等于最外层的 ns 和次外层的（n–1）d 轨道的电子数之和。例如，元素 Cr，价电子构型为 $3d^54s^1$，价层电子总数为 6，即在ⅥB 族。

（2）ⅠB、ⅡB 族元素 对于次外层 d 电子全充满的元素，族序数等于最外层的 ns 轨道电子数。例如，元素 Cu，价电子构型为 $3d^{10}4s^1$，最外层电子数为 1，即在ⅠB 族。

同一副族元素价电子构型也基本相同，因此同一副族元素的性质也相似。

4. 第Ⅷ族元素 第Ⅷ族共有 3 列，特点是次外层 d 电子未充满，最外层的 ns 和次外层的（n–1）d 轨道的电子数之和为 8～10。第Ⅷ族多数元素在化学反应中的价数不等同于族数。

链接 许身国威壮河山——“两弹一星”元勋邓稼先

2024 年是“两弹一星”元勋邓稼先的百年诞辰。邓稼先，中国核武器研制工作的开拓者和奠基人，早年赴美留学获得博士学位后，放弃了优越的工作条件和生活环境，毅然回国投身中国原子核物理研究工作，默默无闻地奋斗了几十年。在他的领导下，中国分别于 1964 年和 1967 年成功爆炸了第一颗原子弹和氢弹，这标志着中国核武器研发取得了重大突破，这不仅提升了中国的国防实力，也为中国在国际舞台上的地位赢得了更多的尊重和话语权。他领导开展了爆轰物理、流体力学、状态方程、中子输运等基础理论研究，这些理论都是理解和控制核反应过程中原子结构变化的关键。

（三）周期表的分区

根据元素原子中最后一个电子填充的轨道（或亚层），常把周期表中的元素划分为 s、p、d、ds 和 f，共 5 个区，如图 1-6 所示。

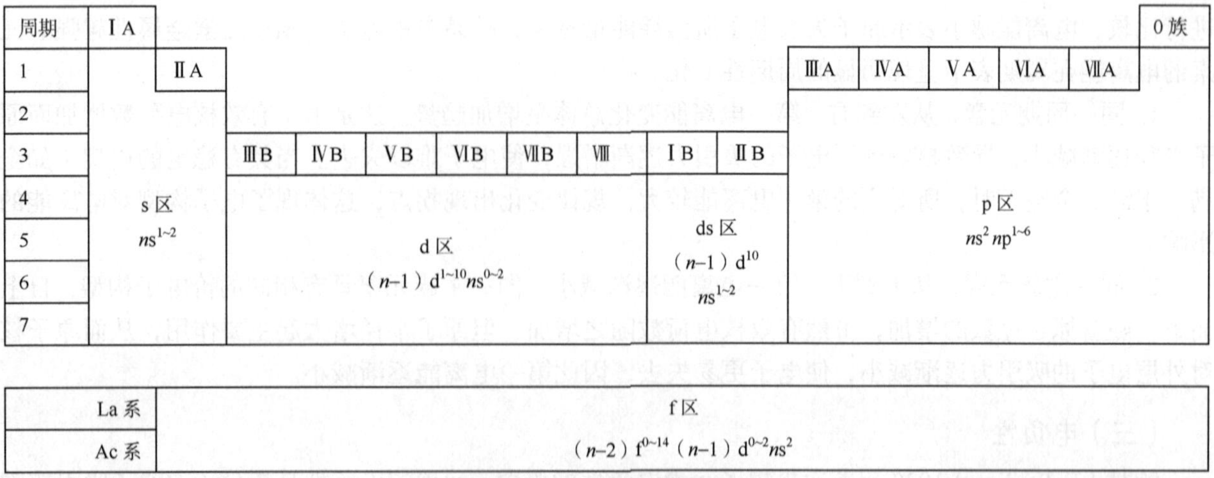

图 1-6 周期表中元素的分区

二、元素周期律

元素的原子结构存在着周期性的变化，而原子结构又决定了元素的性质，因此，元素性质包括原子半径、电离能和电负性等，均随着原子序数的递增，呈现周期性的变化规律。

（一）原子半径

单个原子的真实半径很难测定，但通过 X 射线衍射法等方法可以测定两原子的核间距离，然后以单质晶体中相邻两原子核间距的一半作为元素的原子半径，单位是纳米（nm）或皮米（pm）。常用原子半径有三种，即共价半径、金属半径和范德瓦耳斯（范德华）半径。通常情况下，范德瓦耳斯半径相对较大，而金属半径比共价半径大一些。在比较元素的性质时，原子半径最好采用同一种数据。

元素的原子半径取决于电子层数、有效核电荷数和电子构型。原子半径变化规律如下。

1. 同一周期，从左到右，原子半径逐渐减小。

同一周期元素的电子层数相同，从左到右随着原子序数的增大，有效核电荷数增加，原子核对核外电子的吸引力逐渐增强，所以原子半径逐渐减小。但最后稀有气体的原子半径变大，这是由于稀有气体的原子半径采用的是范德瓦耳斯半径。

原子半径的这种变化规律在短周期和长周期中有所不同。在同一短周期中，从左到右，原子半径减小明显；而在同一长周期中，从左到右，原子半径减小趋势缓慢。原因是对于过渡元素，因为所增加的电子填充在次外层的 d 轨道上，电子所受屏蔽效应较大，其原子半径逐渐减小的幅度也较为缓慢。

2. 同一族，从上到下，原子半径逐渐增大。

同一主族元素，从上到下，有效核电荷数的增加使原子半径减小，电子层数增加使原子半径增大，而电子层数增加所起的作用大于有效核电荷数增加的作用，因此，原子半径呈现逐渐增大的趋势。同一副族元素，从上到下，原子半径变化趋势与主族元素相似，但增大幅度较小。

（二）电离能

元素的 1 个基态气体原子失去 1 个电子成为气态的+1 价离子时所消耗的能量，称为该元素的第一电离能，用符号“I_1”表示，常用单位为 kJ/mol。气态的+1 价离子再失去 1 个电子成为气态的+2 价离子所消耗的能量，称为第二电离能，用符号“I_2”表示。I_3、I_4…等依此类推，通常情况下各级电离能大小顺序为：$I_1 < I_2 < I_3 < I_4$ …

电离能的大小可表示原子失去电子的倾向，从而可说明元素的金属性强弱。一般常用第一电离能进行比较，电离能越小表示原子失去电子所消耗能量越少，越易失去电子，则该元素金属性越强。元素的电离能在周期表中呈现明显的周期性变化。

1. 同一周期元素，从左到右，第一电离能变化总体呈增加趋势。这是由于有效核电荷数增加而原子半径逐渐减小，导致核对外层电子的吸引力逐渐增强，使电子难以失去。当具有稳定的构型（如全满、半满、全空）时，所对应的第一电离能较大，规律变化出现拐点，这体现了电子构型对电离能的影响。

2. 同一主族元素，从上到下，第一电离能逐渐减小。同一主族元素具有相同的价电子构型，自上而下，随着原子序数的增加，虽然有效核电荷数随之增加，但原子半径增大起主要作用，从而原子核对外层电子的吸引力逐渐减小，使电子更易失去，因此第一电离能逐渐减小。

（三）电负性

鲍林（F. Pauling）1932 年首次提出了元素电负性的概念。元素的电负性是指分子中原子吸引成键电子的能力。元素的电负性是一个相对数值，鲍林规定最活泼的非金属元素氟（F）的电负性为 4.0，通过对比求出了其他元素电负性的数值。因此，元素的电负性没有单位。部分元素的电负性数值，如图 1-7 所示。

H 2.1																
Li 1.0	Be 1.5											B 2.0	C 2.5	N 3.0	O 3.5	F 4.0
Na 0.9	Mg 1.2											Al 1.5	Si 1.8	P 2.1	S 2.5	Cl 3.0
K 0.8	Ca 1.0	Sc 1.3	Ti 1.5	V 1.6	Cr 1.6	Mn 1.5	Fe 1.8	Co 1.9	Ni 1.9	Cu 1.9	Zn 1.6	Ga 1.6	Ge 1.8	As 2.0	Se 2.4	Br 2.8
Rb 0.8	Sr 1.0	Y 1.2	Zr 1.4	Nb 1.6	Mo 2.1	Te 1.9	Ru 2.3	Rh 2.2	Pd 2.2	Ag 1.9	Cd 1.7	In 1.7	Sn 1.8	Sb 1.9	Te 2.1	I 2.5
Cs 0.7	Ba 0.9	La 1.1	Hf 1.3	Ta 1.5	W 2.3	Re 1.9	Os 2.2	Ir 2.2	Pt 2.3	Au 2.5	Hg 1.9	Tl 1.8	Pb 1.8	Bi 1.9	Po 2.0	At 2.2

图 1-7　部分元素的电负性

电负性从吸引电子能力强弱方面反映出元素的金属性和非金属性的强弱。电负性越大，表示分子中原子吸引电子的能力越强，元素的非金属性越强，金属性越弱；反之，电负性越小，表示中分子中原子吸引电子的能力越弱，元素的非金属性越弱，金属性越强。从图 1-7 可以看出，元素的电负性呈周期性变化。

1. 同一周期主族元素，从左向右，电负性逐渐增大，表示元素的非金属性逐渐增强，金属性逐渐减弱，对成键电子的吸引能力逐渐增强。

2. 同一主族元素，从上往下，电负性逐渐减小，表示元素的金属性逐渐增强，非金属性逐渐减弱，对成键电子的吸引能力逐渐减弱。

3. 副族元素的电负性及金属性变化规律不太明显。

一般情况下，非金属元素的电负性大于 2.0，金属元素的电负性小于 2.0，但该界限并非绝对的。

链接 能源存储的未来之星——锂离子电池

锂离子电池是目前应用最广泛的电池之一，其正极材料通常具有较高的电负性（如钴酸锂、磷酸铁锂等），能够吸引并储存来自负极（如石墨）的电子。当电池放电时，这些电子通过外部电路流回负极，同时释放出储存的能量。

自测题

一、选择题

【单项选择题】

1. p 电子云的形状是（　　）
   A. 球形　B. 哑铃形
   C. 花瓣形　D. 更为复杂的形状
   E. 以上都不是
2. 原子轨道能量的高低由（　　）量子数决定。
   A. n　B. l
   C. m　D. n，l 共同决定
   E. n，l，m 共同决定
3. 下列轨道为等价轨道的是（　　）
   A. 2s　3s　4s　B. 2p　3p　4p
   C. $2p_x$　$2p_y$　$2p_z$　D. $2p_x$　$3p_x$　$4p_x$
   E. $2p_x$　$3p_y$　$4p_z$
4. 下列能级符号不正确的是（　　）
   A. 6s　B. 5p　C. 4d
   D. 3f　E. 4f
5. 若将钾原子的电子排布式写成 $1s^22s^22p^63s^23p^63d^1$，它违背了（　　）
   A. 泡利不相容原理
   B. 能量最低原理
   C. 能量守恒原理
   D. 洪德规则
   E. 洪德规则特例
6. 24 号元素 Cr 的核外电子排布式是（　　）
   A. $1s^22s^22p^63s^23p^63d^54s^1$
   B. $1s^22s^22p^63s^23p^63d^44s^2$
   C. $1s^22s^22p^63s^23p^63d^54s^2$
   D. $1s^22s^22p^63s^23p^63d^64s^1$
   E. $1s^22s^22p^63s^23p^63d^64s^2$
7. 价层电子结构为 $3s^2$ 的元素是（　　）
   A. 第三周期第ⅠA 族
   B. 第三周期第ⅡA 族
   C. 第三周期第ⅠB 族
   D. 第三周期第ⅡB 族
   E. 第四周期第ⅠA 族
8. 下列原子半径最大的是（　　）
   A. Na　B. Mg　C. Al
   D. K　E. Si
9. 下列元素第一电离能最小的是（　　）
   A. C　B. N　C. O
   D. F　E. Ne
10. 下列元素中电负性依次增大的是（　　）
   A. Li　Na　K　B. O　S　Se
   C. Na　Mg　Al　D. N　P　As
   E. F　Cl　Br

【多项选择题】

11. 核外电子的运动状态从以下（　　）方面描述。
   A. 主量子数（n）
   B. 角量子数（l）
   C. 磁量子数（m）
   D. 自旋量子数（m_s）
   E. 波函数（ψ）
12. 下列各组量子数合理的一组是（　　）
   A. n=2，l=1，m=0，$m_s=+\frac{1}{2}$
   B. n=2，l=1，m=1，$m_s=+\frac{1}{2}$
   C. n=2，l=1，m=−1，$m_s=+\frac{1}{2}$
   D. n=2，l=3，m=2，$m_s=+\frac{1}{2}$
   E. n=2，l=2，m=1，$m_s=+\frac{1}{2}$
13. 多电子原子核外电子排布遵循的规则有（　　）
   A. 能量最低原理
   B. 泡利不相容原理
   C. 洪德规则
   D. 能量守恒定律
   E. 电量守恒定律
14. 根据原子的电子层结构，可将周期表中的元素分为（　　）
   A. s 区　B. p 区　C. d 区
   D. ds 区　E. f 区
15. 对于主族元素，同一主族从上到下元素性质的递变规

律是（　　）

A. 原子半径逐渐增大

B. 电离能逐渐减小

C. 电离能逐渐增大

D. 电负性逐渐减小

E. 电负性逐渐增大

二、简答题

1. n=4 时，l 和 m 有多少可能的值？

2. 简述原子轨道能级基本规律。

3. 某元素原子的电子排布式是 $1s^22s^22p^63s^23p^63d^{10}4s^2$，该元素原子核外电子层数目、原子轨道总数和电子总数分别是多少？

4. 写出 20 号元素的电子排布式、在元素周期表中所处的周期、族和区，并指出它是金属元素还是非金属元素。

5. 请说明主族元素的原子半径在周期表中呈现什么样的周期性变化规律。

（秦晋钰）

第二章 分子结构

学习目标

1. 知识目标：了解分子结构的基本概念，包括分子的组成、键合顺序和空间排列方式；了解晶体结构的基本特征和不同类型晶体的性质；掌握离子键和共价键的形成原理及其特点；认识分子间作用力的类型及其对物质性质的影响。

2. 能力目标：能够通过电子结构和电负性解释化学键的形成及其性质；运用价键理论和杂化轨道理论解释分子的空间构型；分析分子间作用力对物质熔沸点和溶解度等物理性质的影响；识别并区分金属晶体、离子晶体、分子晶体和原子晶体的结构特点及其应用。

3. 素质目标：激发学生对分子结构及化学键理论的兴趣，培养学生通过独立思考和分析探索化学现象背后规律的能力，提升创新意识和解决实际问题的综合能力。

自然界中的大多数物质由分子构成。分子是物质保持其化学性质的最小单元，也是化学反应的基本参与者。分子的性质由其结构决定，包括组成分子的原子种类、数量、键合顺序及空间排列方式。通过学习分子结构，可以更深入地从分子层面理解食品和药品的特性，为解决其在生产、储藏和使用过程中出现的问题提供理论支持。

在分子或晶体中，相邻原子之间的强烈的相互作用称为化学键。根据化学键形成的原因，化学键通常分为离子键、共价键和金属键三种类型。本章主要介绍离子键的形成、共价键理论及分子间作用力等内容。

第1节 离 子 键

任务导入 2-1

NaCl 不仅是食盐的主要成分，也是重要的化学工业原料，可广泛应用于食品保存、化学品制造等多个领域。结合第一章所学的电子结构和电负性可以解释 NaCl 中离子键的形成过程，并理解为什么 NaCl 在化学工业上如此重要。

一、离子键的形成

当活泼金属原子与活泼非金属原子在适当条件下接近时，它们倾向于达到稀有气体原子的稳定结构。由于两者的电负性差异显著，电子容易在原子间发生转移，导致金属原子失去电子成为阳离子，非金属原子获得电子成为阴离子。阴、阳离子由于静电引力相互吸引并接近，当达到吸引力与排斥力平衡时，阴、阳离子之间形成了一种稳定的化学键，即离子键。离子键的本质是阴、阳离子间的静电相互作用。

例如，NaCl 的形成过程，可表示如下：

$$Na\,(1s^22s^22p^63s^1) - e \longrightarrow Na^+\,(1s^22s^22p^6)$$

$$Cl\,(1s^22s^22p^63s^23p^5) + e \longrightarrow Cl^-\,(1s^22s^22p^63s^23p^6)$$

$$Na^+ + Cl^- \longrightarrow NaCl$$

活泼的非金属元素原子与活泼的金属元素原子结合时，如果它们的电负性差值大于1.7，通常容易形成离子键。含有离子键的化合物称为离子化合物，常见的例子包括强碱、盐类（包括铵盐）和大部分金属氧化物，如 NaOH、$MgCl_2$、NH_4Cl 和 CaO。通常，离子化合物具有较高的熔点和沸点，并且在熔融状态或溶解于水后能够导电。

二、离子键的特点

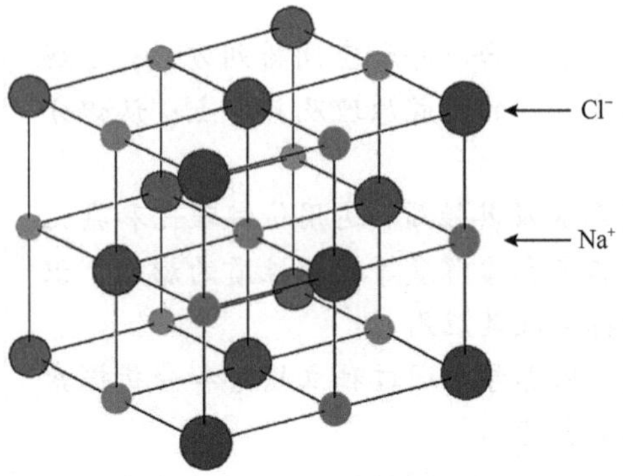

图 2-1 NaCl 晶体结构示意图

离子键是由阴、阳离子通过静电作用形成的。由于这两种离子的电荷分布呈球形对称，因此离子键没有方向性，可以在任何方向上与带相反电荷的离子相互吸引形成键。例如，NaCl 晶体中，每个 Na^+周围吸引 6 个等距离的 Cl^-，每个 Cl^-周围吸引 6 个等距离的 Na^+。这说明离子在所有方向上都可与带相反电荷的离子发生电性吸引作用，如图 2-1 所示。

同时，只要空间条件许可，每个离子总是尽可能多地与异性离子相吸引，因此离子键也没有饱和性。例如，NaCl 晶体中，Na^+周围吸引 6 个 Cl^-，这些数目是由阴、阳离子半径的相对大小、电荷多少等因素决定的，但并不意味着 6 个 Cl^-包围的 Na^+的电场已饱和。远距离处的 Cl^-，同样会感受到该 Na^+的电场作用，只不过距离较远，相互作用较弱。

三、离子的极化

在离子化合物中，正负离子相互作用，使对方的电子云发生变形，这种现象称为离子极化。通常，半径较小的阳离子对相邻的阴离子产生诱导作用，而半径较大的阴离子由于外围带有较多的负电荷，在电场作用下更容易发生电子云变形。

离子极化会影响离子化合物的物理性质，如熔点、沸点、颜色和溶解度。通常，随着极化程度的增强，熔点和沸点降低，颜色变深，而在水中的溶解度逐渐减小。例如，卤化银中，随着 F^-、Cl^-、Br^-、I^- 的变形性依次增强，相对应的化合物 AgF、AgCl、AgBr、AgI 的熔沸点依次降低，颜色逐渐加深，在水中的溶解度逐渐变小。

第2节 共 价 键

任务导入 2-2

合成氨是指氮和氢在高温高压与催化剂存在下直接生成氨（NH_3）。合成氨工业在 20 世纪初期开始形成，发展到现在，氨已经是现代化学工业中化肥工业和基本有机化工的主要原料之一，广泛用于制造化肥、炸药和清洁剂等。2024 年 6 月，国家发展改革委等 5 部门联合发布了合成氨等 4 个行业节能降碳专项行动计划。通过价键理论的学习，解释氨分子中氮原子的杂化方式及共价键的形成，从而理解氨的工业用途与相关的行业指导政策。

一、价 键 理 论

1916 年，美国化学家路易斯（G. N. Lewis）提出了经典价键理论。路易斯认为，分子中每个原子均可通过原子间共用电子对的方式达到最外电子层的 8 电子稳定结构，习惯上称为“八隅规则”。1927

年，德国化学家海特勒（W. H. Heitler）和伦敦（F. W. London）用量子力学的原理阐明了共价键的本质，这是近代价键理论的基础。后来美国化学家鲍林（L. C. Pauling）等发展了这一成果，引入杂化轨道概念，建立了现代价键理论。

（一）现代价键理论的要点

1. 电子配对原理 一个原子有几个未成对的电子，便可和几个自旋方向相反的未成对电子配对成键。

2. 原子轨道最大重叠原理 成键过程中，原子间总是尽可能地沿着原子轨道最大重叠的方向成键。成键电子的原子轨道重叠程度越高，电子在两核间出现的概率密度也越大，形成的共价键也越稳固。

（二）共价键的形成

以氢分子的形成为例说明共价键的形成。两个氢原子各提供一个自旋方向相反的未成对电子，当它们相互接近时，两个氢原子的 1s 原子轨道发生重叠，两核间的电子云密度增大，体系的能量降低，两个氢原子形成稳定的共价键，如图 2-2 所示。

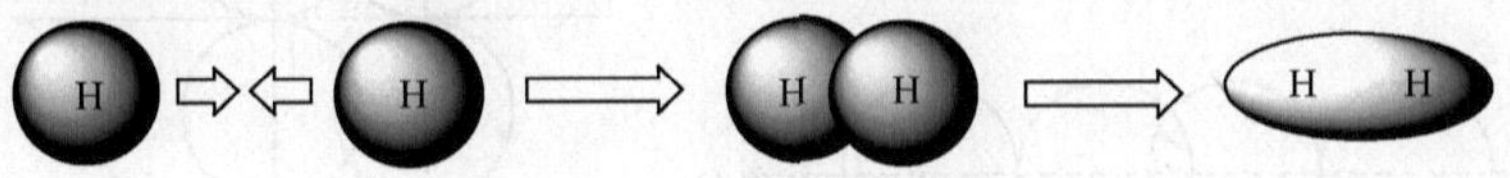

图 2-2 氢分子的形成示意图

原子间通过共用电子对形成的化学键称为共价键。化学上常用短线“—”表示一个共用电子对，如 Cl_2 分子可表示为 Cl—Cl。

（三）共价键的特点

价键理论的基本要点决定了共价键具有饱和性和方向性。

1. 共价键具有饱和性 一个原子含有几个未成对电子，就能与相同数目的自旋方向相反的未成对电子形成稳定共价键。例如，Cl 原子最外层只有 1 个未成对电子，所以只能接受 1 个自旋方向相反的未成对电子，如只能接受 1 个 H 原子形成 HCl。

2. 共价键具有方向性 成键时，成键原子轨道重叠得越多，所形成的共价键越牢固。例如，在形成 HCl 时，只有 H 原子的 1s 轨道沿着 Cl 原子的 3p 轨道对称轴的方向靠近、重叠，才能达到最大重叠，从而形成稳定的共价键，如图 2-3A 所示；若沿其他方向相互接近时，两原子轨道重叠很少或不能有效重叠，故不能形成稳定的共价键，如图 2-3B、C 所示。

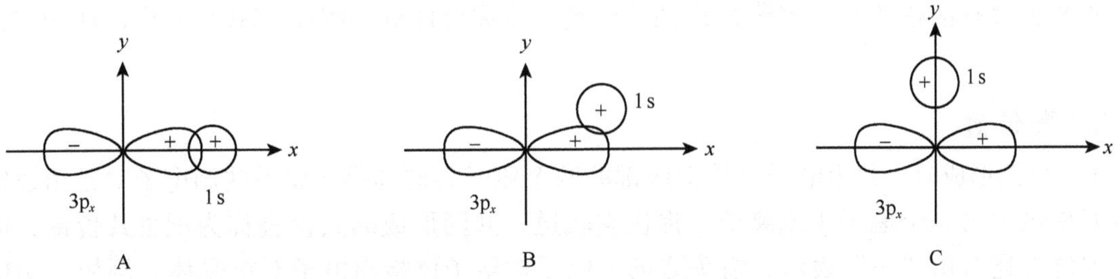

图 2-3 H 原子的 s 轨道和 Cl 原子的 3p 轨道在不同方向的重叠示意图

（四）共价键的类型

1. σ 键与 π 键 根据原子轨道重叠方式的不同，通常把共价键分为 σ 键和 π 键。

（1）σ 键　两个原子轨道沿键轴方向以“头碰头”的方式重叠而形成的共价键称为 σ 键，如图 2-4 所示。形成 σ 键的电子称为 σ 电子。

σ 键沿对键轴呈圆柱形对称，且 σ 键满足原子轨道最大重叠原理，所以 σ 键稳定，不易断键，能独立存在于两个原子之间。

（2）π 键　两个原子轨道垂直于键轴方向以“肩并肩”的方式重叠而形成的共价键称为 π 键。如图 2-5 所示，如果以 x 轴为键轴，则 p_y 与 p_y 原子轨道、p_z 与 p_z 原子轨道重叠可形成 π 键。形成 π 键的电子称为 π 电子。

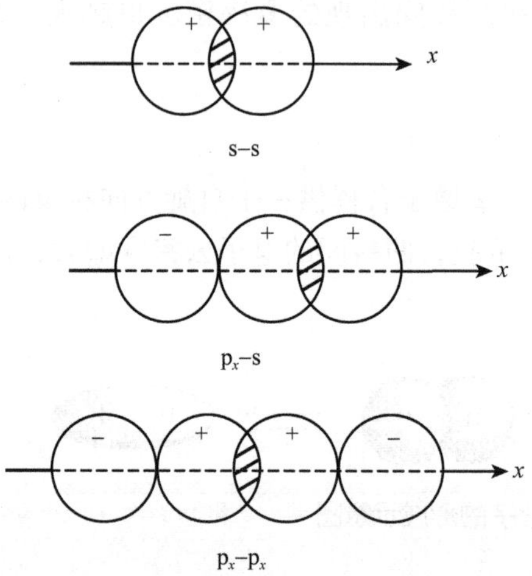

图 2-4　σ 键重叠方式示意图

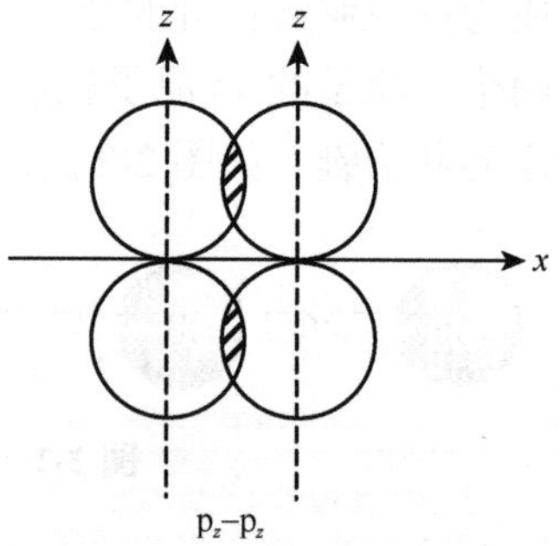

图 2-5　π 键重叠方式示意图

形成 π 键时轨道不能满足最大重叠原理，只能采用“肩并肩”的方式重叠，故 π 键的稳定性小，π 电子活泼，容易参与化学反应。

如果两个原子可以形成多重键，其中必定先形成一个 σ 键，其余为 π 键。例如，N_2 分子有三个键：一个 σ 键，两个 π 键。

2. 共价键的极性　根据共用电子对有无偏移，可以将共价键分为非极性共价键和极性共价键。

由同种原子形成的共价键，由于两原子吸引共用电子对的能力相等，成键电子对平均分布在两原子核之间，不偏向任何一个原子，成键的原子都不显电性，这种共价键称为非极性共价键，简称非极性键。例如，H_2 分子中 H—H 键为非极性键。

由不同种原子形成共价键时，因为两原子吸引电子的能力不同，共用电子对将偏向吸引电子能力较强的一方，使吸引电子能力较强的一方带负电荷，而吸引电子能力较弱的原子一方带正电荷。这种电子对有偏移的共价键称为极性共价键，简称极性键。例如，HCl 分子中 H—Cl 键为极性键。

（五）配位键

上述共价键形成时，共用电子对是由成键的两个原子共同提供。如果共用电子对是由成键的原子单方面提供，另一个原子（或离子）提供空轨道，共同形成的共价键称为配位共价键，简称配位键。配位键通常用“→”表示，箭头方向由电子对给予体指向电子对接受体。例如，NH_4^+ 的形成如下。

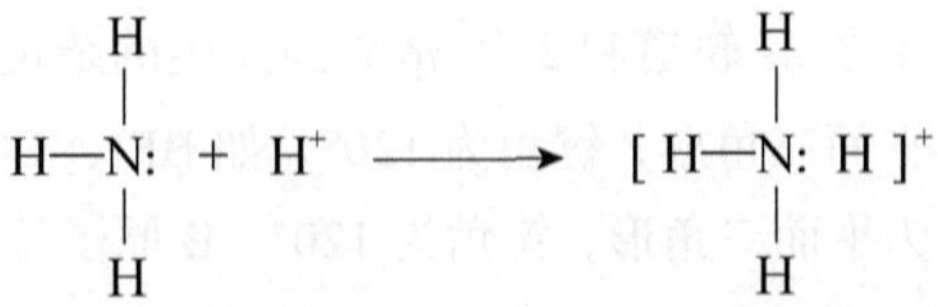

形成配位键必须具备两个条件：一是成键原子，其中一个原子的价电子层有孤对电子（即未共用的电子对）；二是另一个原子的价电子层有接受孤对电子的空轨道。

配位键仅表现在键的形成过程中，虽然共用电子对的电子来源不同，但成键后与普通共价键并无差别。例如，在 NH_4^+中，虽然有一个 N—H 键跟其他三个 N—H 键的形成过程不同，但形成后四个键表现出来的性质完全相同。

二、杂化轨道理论

价键理论成功地解释了共价键的成键本质、共价键的方向性和饱和性等问题，但在解释一些分子的空间构型方面遇到了困难。例如，根据价键理论，碳原子在 2p 轨道上有 2 个未成对电子，只能形成两个共价键，键角应为 90°；而实验测得最简单的碳氢化合物 CH_4 分子为正四面体，C—H 键间的夹角为 109°28′。1931 年鲍林在价键理论的基础上提出了杂化轨道理论，成功地解释了 CH_4 等简单分子的空间构型。1953 年我国化学家唐敖庆等提出了杂化轨道的一般方法，进一步丰富了杂化轨道理论的内容。

（一）杂化轨道理论的基本要点

1. 在原子形成分子的过程中，由于原子间的相互影响，同一原子中能量相近的原子轨道之间通过组合、重新分配能量和确定空间方向，组成数目相等的新原子轨道即杂化轨道。这种轨道重新组合的过程称为杂化。

2. 杂化后的轨道更有利于原子轨道间最大程度地重叠，因而杂化轨道比原来轨道的成键能力更强，形成的共价键更加牢固，且各杂化轨道能量相等。

3. 不同类型的杂化轨道之间夹角不同，成键后所形成的分子就具有不同的空间构型。

（二）杂化轨道类型

根据参与杂化的原子轨道种类，杂化轨道主要有 sp 和 spd 两种类型，本书只介绍 sp 型的杂化。

1. sp 杂化 同一原子内由 1 个 *n*s 轨道和 1 个 *n*p 轨道发生的杂化，称为 sp 杂化。杂化后形成 2 个 sp 杂化轨道，其空间构型为直线型，键角为 180°，如 $BeCl_2$、$ZnCl_2$ 等。气态 $BeCl_2$ 分子中 Be 原子为 sp 杂化，实验测知 $BeCl_2$ 是直线型的共价分子，Be 原子位于 2 个 Cl 原子的中间，键角为 180°，如图 2-6 所示。

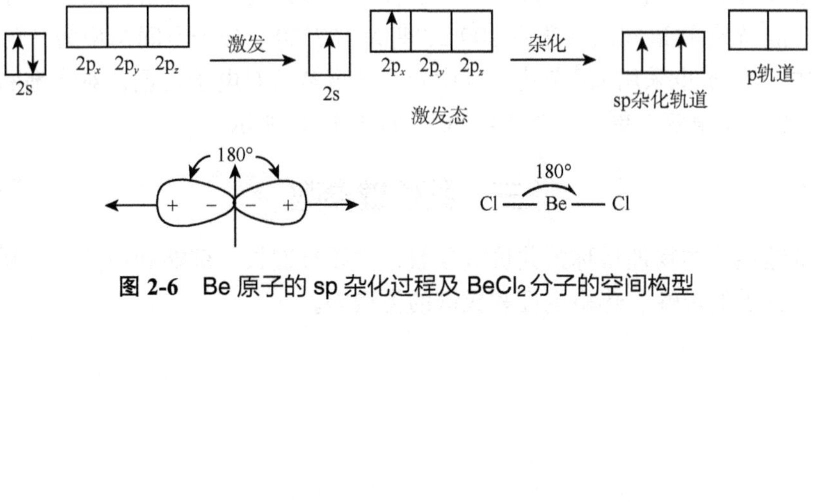

图 2-6 Be 原子的 sp 杂化过程及 $BeCl_2$ 分子的空间构型

2. sp^2杂化 同一原子内由1个ns轨道和2个np轨道发生的杂化，称为sp^2杂化。杂化后形成3个sp^2杂化轨道，其空间构型为平面三角形，键角为120°，如BF_3、CO_3^{2-}、NO_3^-等。气态BF_3中B原子为sp^2杂化，实验测定其结构为平面三角形，键角为120°。B原子位于三角形的中心，3个B—F键是等同的，如图2-7所示。

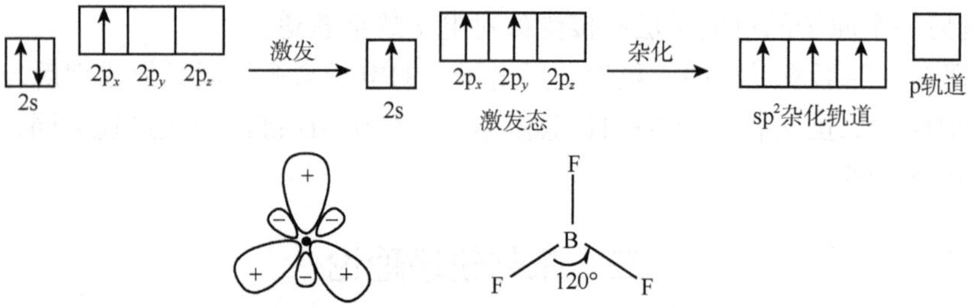

图2-7 B原子的sp^2杂化过程及BF_3分子的空间构型

3. sp^3杂化 同一原子内由1个ns轨道和3个np轨道发生的杂化，称为sp^3杂化，杂化后形成4个sp^3杂化轨道。

（1）等性sp^3杂化 原子轨道杂化后形成的4个杂化轨道是等同的，其空间构型为正四面体，键角为109°28′，如CH_4、CCl_4等，如图2-8所示。

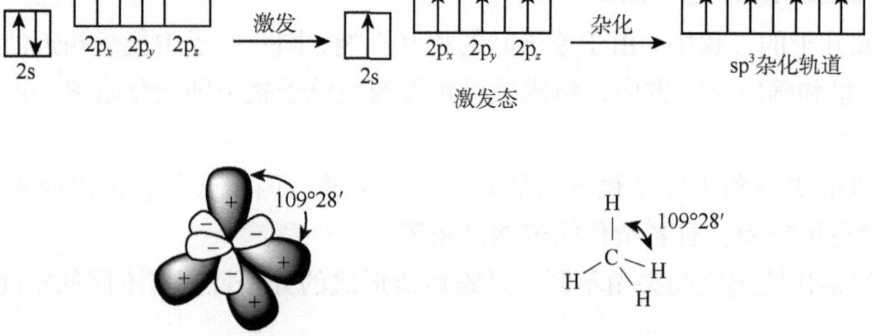

图2-8 C原子的sp^3杂化过程及CH_4分子的空间构型

（2）不等性sp^3杂化 如果原子轨道杂化后形成的杂化轨道中有一条或几条被孤对电子所占据，使得杂化轨道之间的夹角改变，这种由于孤对电子的存在而造成杂化轨道形状与能量不完全等同的杂化，称为不等性杂化。

例如，NH_3分子中的N原子即采用sp^3不等性杂化轨道成键，如图2-9A所示。在4个sp^3杂化轨道中有一个轨道被孤对电子占据，由于孤对电子不参与成键，电子云则密集在N原子周围，由于孤对电子的排斥作用，sp^3杂化轨道间的夹角由109°28′变为107°20′，分子空间构型为三角锥形，如图2-9B所示。H_2O分子中O原子也采用sp^3杂化，其中两个轨道被孤对电子占据，对成键的两个轨道排斥更大，使H—O—H键的夹角变得更小，为104°30′，如图2-9C所示。

三、共价键参数

用来表征共价键性质的物理量称为共价键参数，主要有键长、键能和键角等。利用键参数可以判断分子空间构型、分子的极性、热稳定性和成键的类型等。

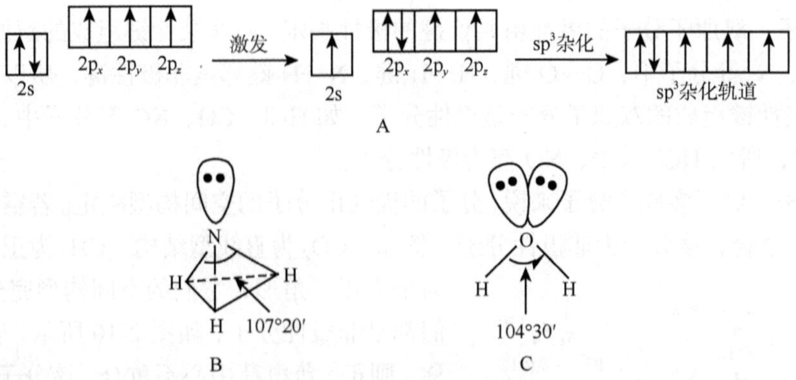

图 2-9 不等性 sp^3 杂化

A. NH_3 分子 N 原子的杂化方式；B. NH_3 分子的空间构型；C. H_2O 分子的空间构型

（一）键长

分子中两个成键原子核间的平均距离称为键长，单位为皮米（pm）。例如，氢气分子中 H—H 的键长为 76pm。一般同类型的共价键，键长越小，形成的共价键越牢固。

（二）键能

键能是表征化学键强弱的物理量。在标准状态下，将 1mol 气态分子 AB 解离为气态原子 A 和 B 所需的能量称为键能，单位为 kJ/mol。例如，H—H 键的键能为 436 kJ/mol。键能的大小与成键原子的核电荷数、电子层结构、原子半径、所形成的共用电子对数目等有关。一般键能越大，表明键越牢固，由该键构成的分子也就越稳定。

（三）键角

分子中键与键之间的夹角称为键角。键角是由共价键的方向性决定的，键角反映了分子或物质的空间构型。例如，水分子为 V 形分子，水分子中两个 O—H 键的键角为 104°30′。

对于双原子分子，其空间构型总是直线型的。对于多原子分子，原子在空间的排列方式不同，各键之间的夹角便不同，分子的空间构型也不同。

第 3 节　分子间作用力与氢键

原子之间通过较强的作用力即化学键形成分子，但对于一定聚集状态的物质来讲，分子与分子之间还存在着一种较弱的作用力，称为分子间作用力。

任务导入 2-3

地球表面约 71%被水覆盖，水通过气液固三态在自然界中循环，发挥着极为重要的生态和环境意义。在整个过程中，水分子中的氢键起到了重要的作用。想一想氢键在水的蒸发、冰的形成和融化过程中带来了什么影响。

一、分子的极性

在每个分子中，可以设想正、负电荷各集中于某点上，我们把电荷的这种集中点称为正电荷中心或负电荷中心。正、负电荷中心重合的分子称为非极性分子，正、负电荷中心不重合的分子称为极性分子。

1. 双原子分子 双原子分子的极性由共价键的极性决定。由非极性键组成的双原子分子是非极性分子，如 O_2、H_2、N_2 等分子中，O—O 键、H—H 键、N—N 键都是非极性键，所以 O_2、H_2、N_2 都是非极性分子。由极性键组成的双原子分子是极性分子，如 HCl、CO、NO 等分子中，H—Cl、C—O、N—O 键为极性键，所以 HCl、CO、NO 都为极性分子。

2. 多原子分子 对于多原子分子来说，分子的极性由分子的空间构型决定。若空间构型完全对称，则正、负电荷中心重合，该分子为非极性分子。例如，CO_2 为直线型结构，CH_4 为正四面体构型，BF_3 为平面正三角形，它们的空间构型完全对称，所以它们都是非极性分子，如图 2-10 所示。若空间构型不对称，则正、负电荷中心不重合，该分子则为极性分子，SO_2、H_2O 为 V 形，NH_3 为三角锥形，它们的空间构型不对称则为极性分子，如图 2-11 所示。

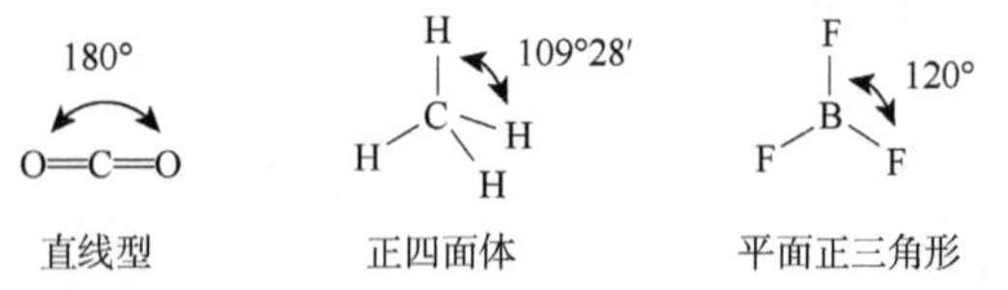

图 2-10 CO_2、CH_4、BF_3 等非极性分子的空间构型

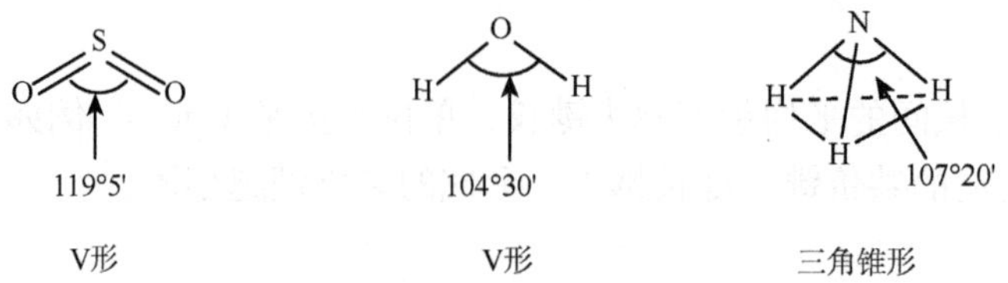

图 2-11 SO_2、H_2O、NH_3 等极性分子的空间构型

分子的极性大小通常用偶极矩（μ）来衡量。偶极矩的定义为：分子中正、负电荷中心所带的电荷量（q）乘以正、负电荷中心的距离 d 所得的积，单位是 C · m。

$$\mu=q\cdot d$$

偶极矩与正、负电荷中心间的距离有关。非极性分子的偶极矩为零；极性分子的偶极矩不等于零，且偶极矩越大，分子的极性越强。

二、分子间作用力

分子间作用力是只存在于分子与分子之间或惰性气体原子间的作用力，又称范德瓦耳斯力（范德华力）。分子间作用力具有加和性，包括色散力、诱导力和取向力三种。

（一）色散力

所有分子或原子间都存在色散力。由于电子的不断运动和原子核的不断振动，在某一瞬间产生电子与原子核的相对位移，造成正、负电荷中心分离，从而产生瞬时偶极而发生相互作用，这种由瞬时偶极产生的作用力称为色散力（dispersion force），如图 2-12 所示。

（二）诱导力

当极性分子与非极性分子相互靠近时，在极性分子固有偶极的电场下，非极性分子的正、负电荷中心发生相对位移，分子发生变形，从而产生诱导偶极。诱导偶极与极性分子固有偶极间的作用力称为诱导力（induction force），如图 2-13 所示。

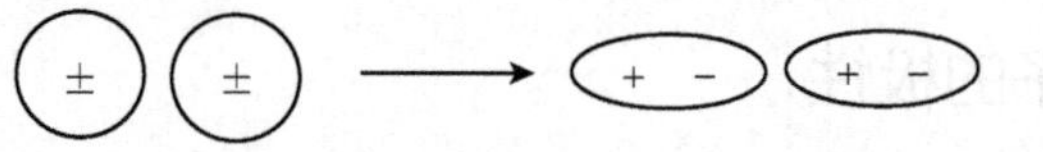
图 2-12 色散力的产生过程

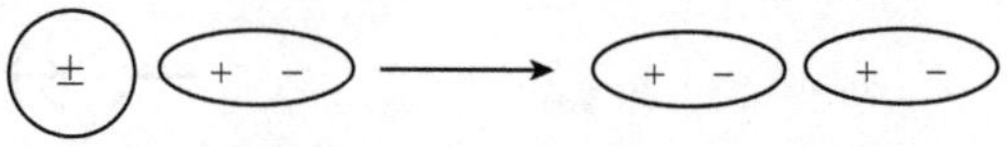
图 2-13 诱导力的产生过程

极性分子之间，由于固有偶极的相互诱导，也会产生诱导偶极，其结果使极性分子的偶极矩增大，

从而增强了分子间的作用力。所以极性分子之间也存在诱导力。

(三)取向力

当两个极性分子相互靠近时，由于极性分子有正、负偶极，根据“同极相斥、异极相吸”，两极性分子发生相对转动呈有序排列。这种由固有偶极的取向而产生的作用力称为取向力(orientation force)，如图 2-14 所示。分子的极性越强，取向力就越大。

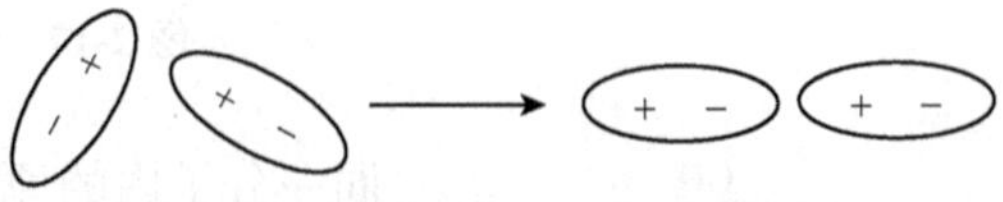

图 2-14 取向力的产生过程

综上所述，极性分子与极性分子之间，取向力、诱导力、色散力都存在；极性分子与非极性分子之间，则存在诱导力和色散力；非极性分子与非极性分子之间，则只存在色散力。对大多数分子来说，色散力是主要的；只有偶极矩很大的分子(如 H_2O)，取向力才是主要的；而诱导力一般很小。

分子间作用力是决定物质的熔点、沸点、溶解度等物理性质的主要因素。由于分子间作用力随分子量的增大而增大，因此同类物质的熔点、沸点随分子量的增大而升高。例如，常温常压下，F_2 和 Cl_2 是气体，Br_2 是液体，I_2 是固体；它们的熔点、沸点也依次升高。分子间作用力对物质的溶解度也有影响。通常所说的“相似相溶”原则，即极性溶质易溶于极性溶剂，非极性溶质易溶于非极性溶剂，实际上与分子间作用力的大小有密切联系。例如，I_2 难溶于水而易溶于 CCl_4 溶液。

三、氢 键

结构相似的同系列物质的熔点、沸点一般随分子量的增加而升高。但在氢化物中，HF、H_2O 和 NH_3 的熔点、沸点比同主族其他氢化物要高很多，如图 2-15 所示。沸点的异常现象，说明这些分子间除了分子间作用力外，还存在一种特殊的作用力——氢键(hydrogen bond)。

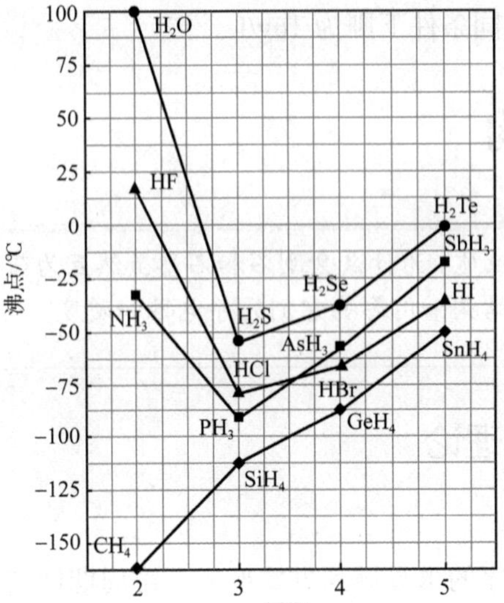

图 2-15 不同氢化物的沸点图

(一)氢键的形成

与电负性大、半径小的原子 X(F、O、N)相结合的氢原子，若与电负性大、半径小且外层有孤对电子的原子 Y(F、O、N)接近时，生成 X—H⋯Y 形式的一种特殊的作用力称为氢键。通常用 X—H⋯Y 表示氢键，其中 X 和 Y 可以是同种元素的原子，也可以是不同种元素的原子。

下面以 HF 分子为例来说明氢键的形成。因为 F 原子的电负性很大、原子半径很小，当 H 原子与 F 原子形成 H—F 共价键时，共用电子对强烈地偏向 F 原子一方，使 H 原子几乎成为裸露的原子核。这时 H 原子能与另一个含有孤对电子的 F 原子产生静电作用，从而形成氢键。HF 分子间的氢键如图 2-16 所示。

由此可见，氢键的形成必须同时具备两个条件：①有一个与电负性大、半径小的原子形成强极性键的 H 原子；②有一个含孤对电子、电负性大且半径小的原子，如 F、O、N 等原子。

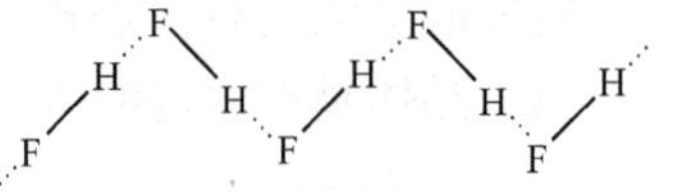

图 2-16 HF 分子间氢键形成示意图

(二)氢键的类型

氢键分为分子间氢键和分子内氢键。同种分子、不同种分子之间都可以形成氢键，如氨水中，H_2O 分子间、NH_3 分子间、NH_3 分子与 H_2O 分子间都可以形成分子间氢键，如图 2-17 所示。

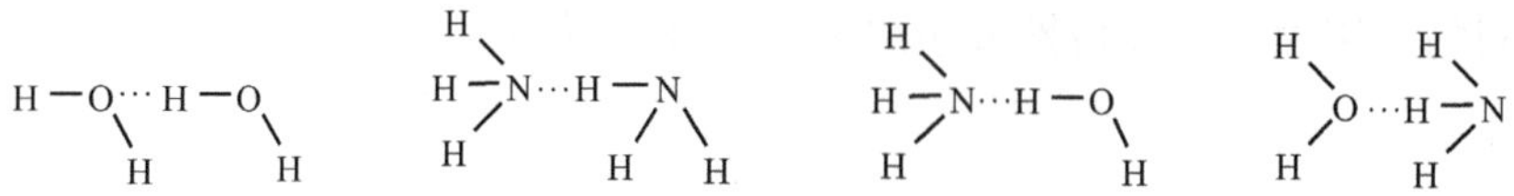

图 2-17 氨水中存在的分子间氢键片段

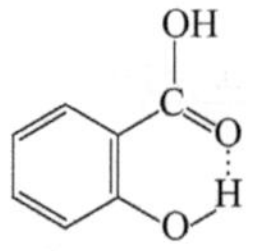

图 2-18 邻羟基苯甲酸中的分子内氢键

同一分子内的原子之间形成的氢键称为分子内氢键。分子内氢键除了具备形成氢键的必要条件，还要具备形成平面环的特定条件，且以五元环和六元环最为稳定，如 HNO_3、$C_6H_6O_6$（邻苯二酚）、$C_6H_5NO_3$（邻硝基苯酚）和 $C_7H_6O_3$（邻羟基苯甲酸）等均可以形成分子内氢键。邻羟基苯甲酸中的分子内氢键如图 2-18 所示。

（三）氢键对物质物理性质的影响

分子间氢键的形成，使物质的熔点、沸点、溶解度升高。这是因为分子间氢键使分子形成缔合分子，要使固体熔化或液体气化，要克服分子间作用力和分子间氢键，需要消耗更多的能量，从而使物质的熔点、沸点升高。氢化物 HF、H_2O 和 NH_3 的熔点、沸点比同主族其他氢化物高，正是 HF、H_2O 和 NH_3 分子间能形成氢键的缘故。如果溶质与溶剂能形成分子间氢键，将使溶质的溶解度增加，如氨极易溶于水。

分子内氢键的形成，通常使物质的熔点、沸点低于同类化合物的熔点、沸点，在水中的溶解度也相应变小。例如，邻硝基苯酚的沸点是 45℃，而间硝基苯酚、对硝基苯酚的沸点分别是 96℃、114℃；25℃时，邻硝基苯酚在水中的溶解度为 2g/L，而对硝基苯酚在相同条件下则为 16g/L。

第 4 节 晶体结构

任务导入 2-4

金刚石和石墨都是由碳元素组成，但它们具有截然不同的物理性质。为什么金刚石和石墨虽然互为碳的同素异形体，但却有完全不同的物理性质？金刚石和石墨的晶体结构如何影响它们的导电性和硬度？

一、晶体结构的特征和晶格理论

（一）晶体结构的特征

晶体是物质的一种固态形态，其原子、离子或分子以高度有序的重复排列方式形成三维周期性结构。晶体结构具有以下特征。

（1）晶体具有规则的多面体集合外形，指物质凝固或从溶液中结晶的自然生长过程中出现的外形。

（2）晶体呈现各向异性，许多物理性质，如光学性质、导电性、热膨胀系数和机械强度等在晶体的不同方向上测定时，是各不相同的。非晶体的各种物理性质不随测定的方向而改变。

（3）晶体具有固定的熔点。非晶体如玻璃受热渐渐软化成液态，有一段较宽的软化温度范围。

（二）晶格理论的基本概念

晶格理论是研究晶体结构的重要理论基础。晶格是指在空间中按一定规则排列的等价点的集合。晶格是用点和线反映晶体结构的周期性，是从实际晶体结构中抽象出来以表示晶体周期性结构的规律。

实际晶体的微粒（原子、离子和分子）就位于晶格的节点上。它们在晶格上可以划分成一个个平行六面体为基本单元。晶胞是晶体结构的最小重复单位，通过平移操作可以生成整个晶体。而晶胞则是包括晶格点上的微粒在内的平行六面体，是晶体的最小重复单元。一个晶胞由晶格点及其周围的原子构成，其形状和大小由晶格常数决定。晶胞的形状和大小可以用 6 个参数来表示，此即晶格特征参数，简称晶胞参数。它们是 3 条棱边的长度 a、b、c 和 3 条棱边的夹角 α、β、γ。

依据晶胞参数之间关系的不同，把所有晶体划归为 7 类，见表 2-1，不同类型的晶体结构示意图如图 2-19 所示。

表 2-1 晶系分类

序号	晶系	晶胞参数
1	三斜	$a \neq b \neq c$，$\alpha \neq \beta \neq \gamma \neq 90°$
2	单斜	$a \neq b \neq c$，$\alpha = \gamma = 90° \neq \beta$
3	斜方（正交）	$a \neq b \neq c$，$\alpha = \beta = \gamma = 90°$
4	四方（正方）	$a = b \neq c$，$\alpha = \beta = \gamma = 90°$
5	立方	$a = b = c$，$\alpha = \beta = \gamma = 90°$
6	三方（菱方）	$a = b = c$，$\alpha = \beta = \gamma \neq 90°$
7	六方	$a = b \neq c$，$\alpha = \beta = 90°$，$\gamma \neq 120°$

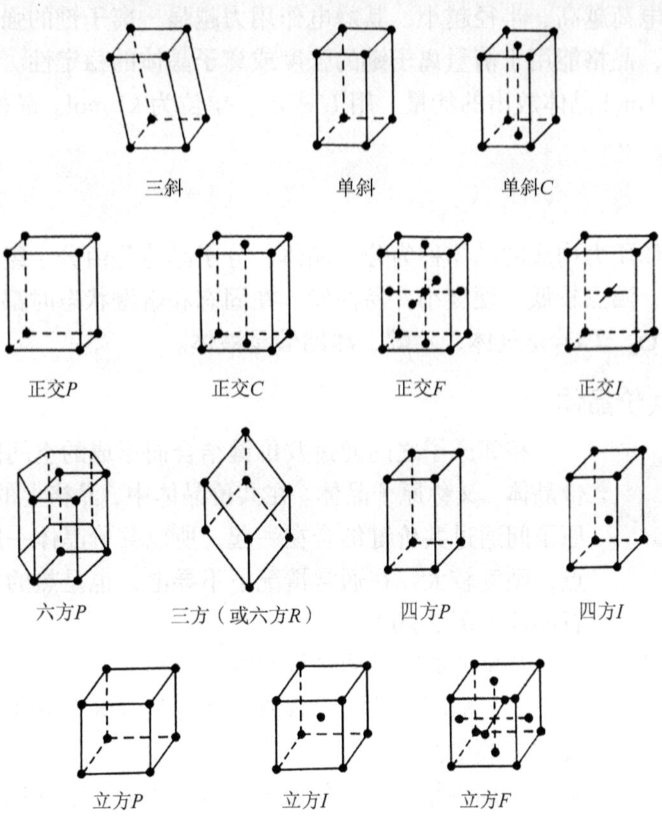

图 2-19 常见晶系结构示意图

二、晶体类型

根据组成晶体的粒子的种类及粒子之间作用力的不同，常见的晶体可分成四种基本类型：金属晶体、离子晶体、分子晶体和原子晶体。

（一）金属晶体

金属晶体是由金属原子通过金属键结合形成的固体，其结构具有高度的规则性和对称性。金属晶体的特征包括以下几点。

（1）金属键　金属原子通过金属键结合，电子在原子之间自由移动，形成电子海模型。

（2）高导电性　由于自由电子的存在，金属晶体具有良好的导电性和导热性。

（3）延展性和韧性　金属晶体中的金属键允许原子层滑移，使金属具有良好的延展性和韧性。

常见金属晶体结构有以下几种。

（1）体心立方（BCC）结构　每个晶胞中心和顶点都有一个原子，如铁和钨。

（2）面心立方（FCC）结构　每个晶胞面心和顶点都有一个原子，如铝、铜和金。

（3）六方密排（HCP）结构　每个晶胞的顶点和两个六边形面中心都有原子，如钛和锌。

（二）离子晶体

离子晶体是由离子化合物形成的规则排列的晶体结构，是离子化合物的一种特殊形式。例如，NaCl在液态和固态下都是离子化合物，但只有在固态且呈有序排列时才被称为离子晶体。强碱、活泼金属氧化物和大多数盐类通常属于离子晶体。

离子晶体一般硬而脆，具有较高的熔点和沸点。例如，NaCl晶体的熔点为801℃，沸点为 1413℃。离子晶体本身不导电，只有在熔融或溶解于水中时可以导电。

对于同构型离子，电荷越高、半径越小，其静电作用力越强，离子键的强度也越大，从而使离子化合物更加稳定。通常，晶格能用于衡量离子键的强度或离子晶体的稳定性。晶格能是指在标准状态下，由气体态离子生成1mol晶体放出的能量，用 U 表示，单位为kJ/mol。晶格能越大，离子键越强，离子晶体越稳定。

（三）分子晶体

分子间通过分子间作用力构成的晶体称为分子晶体。分子晶体是由分子组成，分子间的作用力很弱，所以分子晶体熔点、沸点较低，硬度小，易挥发，在固态和熔融状态时都不导电。许多物质在常温下呈气态或液态，如 O_2、CO_2 是气体，乙醇、冰醋酸是液体。

（四）原子晶体/共价晶体

图 2-20　金刚石晶体

相邻原子之间通过共价键结合而形成的空间网状结构的晶体称为共价晶体，又称原子晶体。在共价晶体中，晶格上的基本结构粒子是原子，原子间通过共价键结合在一起，所以共价晶体一般具有较高的熔点、沸点，硬度较大，在通常情况下不导电，也是热的不良导体。例如，金刚石晶体（图 2-20）。

常见的原子晶体结构有以下几种。

（1）金刚石结构　碳原子通过共价键形成四面体结构，每个碳原子与其他四个碳原子结合，形成非常坚硬的晶体。

（2）二氧化硅结构　每个硅原子周围结合 4 个氧原子，硅在中心，氧在四个顶角；这些四面体又通过顶角的氧原子相连接，每个氧原子为两个四面体所共有。整体上由硅和氧两种原子按 1:2 的比例形成正四面体空间网状结构。

链接　金刚石与石墨

金刚石与石墨均由碳元素构成，但其外观与物理性质大相径庭。天然金刚石形成于极高温高压条件下的地球深处，由于出色的硬度、折光率和热导率，它不仅是珍贵的宝石，工业应用上也非常广泛。例如，用于切割工具、钻探设备和高精度仪器制造中。石墨则完全不同，它的晶体结构是层状的，每层由碳原子形成六边形排列的平面结构，而层与层之间则通过分子间作用力结合。石墨因其优良的导电性、润滑性和耐高温性能，广泛应用于冶金、电池、润滑剂和铅笔芯制造等领域。

在特定条件下，金刚石可以转化为石墨，这是因为石墨在常温常压下是碳的更稳定形式。而人造钻石也称培育钻石，1954 年最先由通用电气公司在实验室里制造出来。发展到现在，成熟的制备工艺包括高温高压法（HTHP）和化学气相沉积法（CVD），中国已成为生产培育钻石的大国，产量全球占比超过 80%，成本却不到天然钻石的二十分之一。

金属晶体、离子晶体、分子晶体和原子晶体由于其内部结构和结合方式的不同，表现出各自独特的物理化学性质，四种晶体类型的特点总结如表 2-2 所示。理解这些晶体类型及其特性，对于材料科学、化学和工程学科的研究和应用具有重要意义。

表 2-2　四种晶体的特点

比较项		金属晶体	离子晶体	分子晶体	原子晶体
组成晶体的粒子		金属阳离子和自由电子	阳离子和阴离子	分子	原子
粒子间相互作用		金属键	离子键	分子间作用力	共价键
典型实例		Na、Mg、Al、Fe	NaOH、NaCl、K_2SO_4	冰（H_2O）、干冰（CO_2）	金刚石、晶体硅
特征	熔沸点	一般较高、部分较低	熔、沸点较高	熔、沸点较低	熔、沸点高
	导热性	良好	不良	不良	不良
	导电性	良好	固态不导电，熔化或溶于水能导电	差，有些溶于水可导电	多数差
	延展性	良好	不良	不良	不良
	硬度	一般较高、部分较低	略硬而脆	硬度较小	高硬度
	溶解性	不溶，但有的与水反应	多数溶于水，难溶于有机溶剂	相似相溶	不溶

自测题

一、选择题

【单项选择题】

1. 离子键形成过程中，金属原子的行为是（　　）
   A. 得到电子　　B. 失去电子
   C. 共享电子对　　D. 失去中子
   E. 增加质子
2. 价键理论中，决定共价键方向性的原理是（　　）
   A. 杂化轨道　　B. 最大重叠原理
   C. 配位键理论　　D. 电负性差异
   E. 八隅规则
3. 下列关于 NaCl 晶体的说法错误的是（　　）
   A. Na^+和 Cl^-间为静电引力
   B. 每个 Na^+周围有 6 个等距离的 Cl^-
   C. NaCl 晶体为分子晶体
   D. NaCl 在水中可导电
   E. NaCl 具有较高熔点
4. 以下关于 σ 键的描述正确的是（　　）
   A. σ 键为 π 键的组合
   B. σ 键由原子轨道“肩并肩”重叠形成
   C. σ 键的重叠方向为键轴方向
   D. σ 键不能独立存在
   E. σ 键的稳定性较低
5. 下列哪种分子含有 sp^3 杂化的原子（　　）
   A. $BeCl_2$　　B. CO_2
   C. NH_3　　D. BF_3
   E. C_2H_2
6. 离子晶体的熔点较高是因为（　　）
   A. 离子间的静电作用力较强
   B. 离子间形成氢键
   C. 离子间作用力为范德瓦耳斯力
   D. 离子间电子云发生极化
   E. 离子间作用力无方向性
7. 配位键的特征是（　　）
   A. 电子对由成键的两个原子共同提供

B. 电子对由一个原子提供，另一个原子提供空轨道
C. 电子对由阳离子提供
D. 电子对由电负性高的原子提供
E. 电子对在空间不对称分布

8. 共价键具有饱和性的原因是（　　）
A. 每个原子只能与一个其他原子成键
B. 每个原子含有几个未成对电子，就能与相同数目的自旋方向相反的未成对电子形成共价键
C. 共价键的形成需要电子共享
D. 共价键的形成需要能量重叠
E. 每个原子只能与电子轨道接触

9. 下列哪种作用力只存在于极性分子之间（　　）
A. 色散力　B. 诱导力
C. 取向力　D. 氢键
E. 离子力

10. 下列分子中含有 π 键的是（　　）
A. CH_4　B. C_2H_4　C. NH_3
D. H_2O　E. HF

【多项选择题】

11. 下列哪些是分子间作用力的类型（　　）
A. 色散力　B. 诱导力
C. 取向力　D. 离子力
E. 氢键

12. 离子晶体的特点包括（　　）
A. 高熔点　B. 熔融态导电
C. 固态不导电　D. 高硬度
E. 结构无方向性

13. 关于共价键的特点，正确的是（　　）
A. 具有方向性
B. 具有饱和性
C. 包括 σ 键和 π 键
D. 形成过程无电子转移
E. 可与离子键共存于一个化合物中

14. 氢键对物质性质的影响包括（　　）
A. 增加熔点
B. 增加沸点
C. 降低溶解度
D. 提高分子稳定性
E. 增强极性

15. 以下哪些分子具有极性（　　）
A. H_2O　B. CH_4　C. CO_2
D. NH_3　E. SO_2

16. 下列关于晶体类型的说法正确的是（　　）
A. 离子晶体具有固定的熔点
B. 分子晶体硬度较大
C. 原子晶体由共价键结合
D. 金属晶体导电性良好
E. 离子晶体不溶于水

17. 杂化轨道理论可以解释下列哪些现象（　　）
A. 共价键的饱和性
B. 分子的空间构型
C. 分子的电负性
D. 键角的大小
E. 分子的极性

18. 下列哪些分子具有极性共价键（　　）
A. HCl　B. CO_2　C. CH_4
D. NH_3　E. O_2

19. 下列哪些属于共价键的特点（　　）
A. 具有方向性
B. 形成时需共享电子
C. 键能较高
D. 通常无饱和性
E. 形成极性或非极性分子

20. 对于极性分子，下列描述正确的是（　　）
A. 正负电荷中心重合
B. 偶极矩为零
C. 存在取向力
D. 通常溶于极性溶剂
E. 分子中存在极性键

二、简答题

1. 解释离子键的形成过程。
2. 什么是共价键的饱和性和方向性？
3. 什么是配位键？举例说明。
4. 简述范德瓦耳斯力的三种类型及其产生原因。
5. 什么是杂化轨道理论？其基本要点是什么？

（郭　成）

第三章

化学反应速率与化学平衡

学习目标

1. 知识目标： 掌握化学反应速率的含义、表达方式及其影响因素，化学平衡的含义与特点，影响化学平衡的因素以及影响方式。熟悉化学平衡常数的书写方式及其影响因素，会利用反应熵 Q 和平衡常数 K 预测反应方向；了解催化剂的概念与特点。

2. 能力目标： 能够正确认识化学反应速率的规律及其影响因素，为后续课程的学习夯实理论基础，同时能够将化学反应速率理论知识与解决生活、学习中的实际问题相结合。

3. 素质目标： 掌握化学反应速率相关的思维方式和解决问题的方法，在日常工作、学习中具备发现问题、分析问题和解决问题的能力；培养严谨科学、精益求精的学习态度，养成持续学习的工作能力。

不同类型的化学反应其反应速率一般不同，在研究化学反应规律时主要考虑两个方面：一是化学反应速率，描述了反应进行的快慢；二是化学平衡，描述了反应进行的程度。研究化学反应速率和化学平衡对指导人们生产实践具有重要意义。

第 1 节　化学反应速率

任务导入 3-1

不同的化学反应，其反应速率有明显的差异。例如，燃烧、爆炸等化学反应速率很快，反应在瞬间完成；但塑料的降解过程相对较慢，可能需要数十到数百年，而煤和石油的生成可能需要数百年甚至亿万年。这说明不同的化学反应，其反应速率是不同的。另外，即使是相同的化学反应，如果改变了反应条件，反应速率也会相应地发生改变。通过本节内容的学习可以明确各种因素对化学反应速率的影响。

一、化学反应速率的表示方法

化学反应速率（chemical reaction rate）通常是指一段时间内反应物或生成物的浓度的变化量，反映一定条件下反应中各物质的浓度随时间的变化率。化学反应速率通常可用平均速率和瞬时速率表示。

平均速率的公式为

$$\bar{v} = \left|\frac{\Delta c}{\Delta t}\right| \tag{3-1}$$

式中，$\bar{v}$ 为反应的平均速率，常用单位为 mol/（L·s）；Δc 为浓度变化量，常用单位为 mol/L；Δt 为反应时间，常用单位为 s、min 和 h。

例如，在一定条件下的合成 NH_3 的反应：

$$N_2(g) + 3H_2(g) \rightleftharpoons 2NH_3(g)$$

	$N_2(g)$	$3H_2(g)$	$2NH_3(g)$
初始浓度（mol/L）	1.0	3.0	0

2.0s 后的浓度（mol/L） 0.80 2.40 0.40

则本反应可表示为

$$\bar{v}_{N_2} = \left|\frac{\Delta c(N_2)}{\Delta t}\right| = \left|\frac{0.80-1.0}{2.0}\right| = 0.10\,\text{mol/}(\text{L}\cdot\text{s})$$

$$\bar{v}_{H_2} = \left|\frac{\Delta c(H_2)}{\Delta t}\right| = \left|\frac{2.40-3.0}{2.0}\right| = 0.30\,\text{mol/}(\text{L}\cdot\text{s})$$

$$\bar{v}_{NH_3} = \left|\frac{\Delta c(NH_3)}{\Delta t}\right| = \left|\frac{0.40-0.0}{2.0}\right| = 0.20\,\text{mol/}(\text{L}\cdot\text{s})$$

合成 NH_3 反应的例子表明：在同一个反应中，选择不同物质浓度的变化表示的反应速率数值可能不同，但其所反映的问题在实质上是一致的，也就是说它们均可代表该反应的反应速率。

对于任一化学反应：$aA + bB \xlongequal{\quad} cC + dD$ 有

$$\frac{1}{a}\bar{v}_A = \frac{1}{b}\bar{v}_B = \frac{1}{c}\bar{v}_C = \frac{1}{d}\bar{v}_D \tag{3-2}$$

上述公式说明：对于某一个化学反应，可以用反应中任意一种物质的浓度变化表示其反应速率，但须注明是何种物质。

【例 3-1】 在 $N_2(g) + 3H_2(g) \rightleftharpoons 2NH_3(g)$ 反应中，经过一段时间后，测得反应釜中 NH_3 的浓度增加了 0.6mol/L。在此段时间内用 H_2 表示的平均反应速率为 0.45mol/(L·s)，则反应所经过的时间是多少？

解： 由式（3-2）可知

$$\bar{v}_{NH_3} = \frac{2}{3}\bar{v}_{H_2} = \frac{2}{3}\times 0.45 = 0.3\text{mol/(L}\cdot\text{s)}$$

由

$$\bar{v}_{NH_3} = \left|\frac{\Delta c_{NH_3}}{\Delta t}\right|$$

得

$$\Delta t = \frac{0.6}{0.3} = 2\,\text{s}$$

由于在实际反应过程中，大多数反应都不是匀速的，所以仅使用平均速率并不能体现反应进行的真实情况。反应时间 Δt 越小，反应的平均速率就越接近反应实际的速率。瞬时速率是指化学反应在某一个时刻的真实速率，是 $\Delta t \to 0$ 的平均速率的极限值：

$$v = \lim_{\Delta t\to 0}\left|\frac{\Delta c}{\Delta t}\right| \tag{3-3}$$

瞬时速率反映了化学反应进行的真实情况，其几何意义是 c-t 曲线上某一点的斜率。如图 3-1 所示为 H_2O_2 分解反应的浓度-时间曲线，以反应时间 t 为横坐标，物质浓度 c 为纵坐标，作 c-t 曲线，曲线上某一点斜率的绝对值就是 t 时刻反应的瞬时速率。

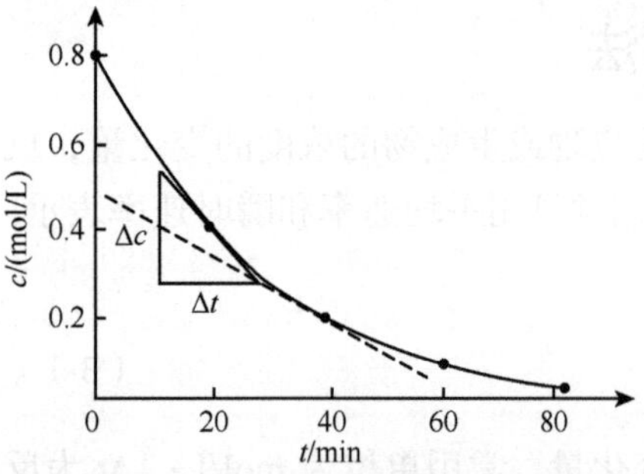

图 3-1 H_2O_2 分解反应的浓度-时间曲线

二、化学反应速率理论简介

为了研究影响化学反应速率的内部因素，科学家自 19 世纪末开始从分子运动和分子结构的微观层面入手，寻找化学反应速率不同的原因。在 20 世纪初由化学家路易斯（W. C. M. Lewis）和艾林（H. Eyring）在前人研究的基础上分别提出了碰撞理论和过渡态理论。

（一）碰撞理论

1918 年，路易斯在阿伦尼乌斯（S. Arrhenius）活化能和活化分子概念的基础上，结合气体运动理论，提出了化学反应速率的碰撞理论。该理论认为，能够发生化学反应的前提是反应物分子（或离子）可以克服外层电子的斥力而接近和相互碰撞，碰撞的结果是外层电子重新排列，旧化学键断裂、新化学键形成，最终反应物转化为产物。

1. 有效碰撞理论的主要论点

（1）反应物分子之间的相互碰撞是化学反应能够发生的先决条件，且反应速率与碰撞频率呈正比关系，但并不是所有的分子间碰撞都会发生化学反应。例如，HI 的分解反应 $2HI \rightleftharpoons H_2+I_2$，在 556 K、$c_{HI}=1.0\times10^{-3}$ mol/(L·s) 时，若每次碰撞都可以发生反应，则计算得到其理论反应速率是 1.2×10^{-5} mol/(L·s)，但实验测得其实际反应速率仅为 3.5×10^{-13} mol/(L·s)。这说明，仅有少量满足条件的碰撞才可以发生化学反应，碰撞需要满足的条件与分子的空间位置和分子能量等因素有关。

（2）只有分子相对平均动能大于等于某一临界值时，它们的碰撞才可能发生化学反应，能发生化学反应的碰撞是有效碰撞。

（3）有效碰撞需要满足的条件还与分子的空间位置等因素有关。气体运动理论将分子想象成刚性小球，但实际分子各自具有一定几何形状和空间结构，因此反应物分子除了需要具备足够的相对平均动能外，还需要考虑到分子碰撞时的空间方位。化学反应的发生还需要分子间碰撞有合适的取向。如图 3-2 所示，反应 $HCl+NH_3 \rightleftharpoons NH_4Cl$，只有 NH_3 分子中的 N 原子与 HCl 分子中的 H 原子碰撞，才可能生成新的 N—H 键，而那些不能发生反应的碰撞称为无效碰撞。

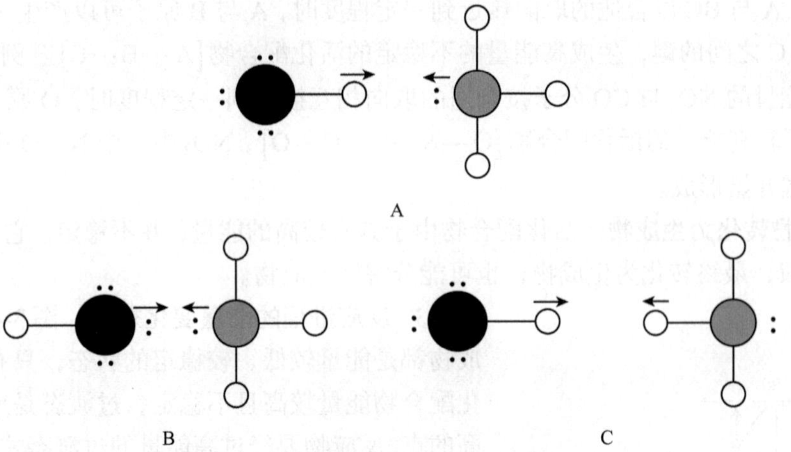

图 3-2 分子碰撞不同取向的示意图

A. $HCl+NH_3$ 的有效碰撞；B、C. $HCl+NH_3$ 的无效碰撞

2. 活化能与活化分子 分子发生碰撞时，只有具有足够的能量才能使旧键断开、新键形成。这种具有足够能量，能发生有效碰撞的分子是活化分子。普通分子需吸收足够能量才能转化为活化分子，因此活化分子相比于普通分子具有更高的能量。

活化分子具有的最低能量和反应物分子的平均能量之差就是反应的活化能（activation energy），如图 3-3 所示。$E_a = E_1 - E_{平均}$，式中 E_a 是反应的活化能；E_1 是活化分子具有的最低能量，即化学反应的临界能；$E_{平均}$ 是反应物分子的平均能量。图中阴影部分面积是能量高于 E_1 的活化分子在分子总数中所占比例。一定温度下，反应的活化能越低，阴影面积越大，活化分子的比例越高，有效碰撞概率越大，反应速率越大。

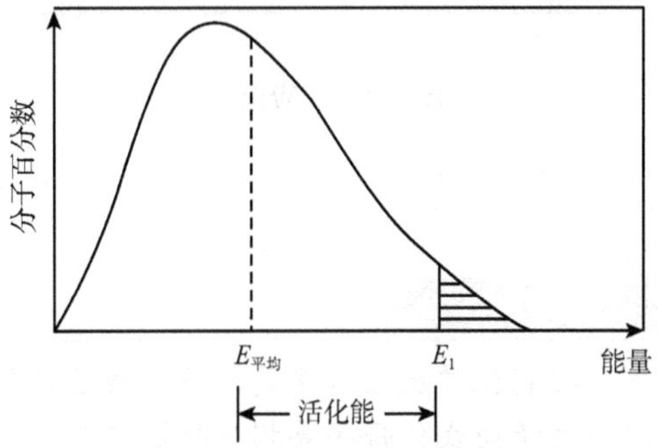

图 3-3 分子能量分布图

通常温度升高，化学反应速率变大。这是由于温度的升高使得分子的平均能量增大，活化分子数增多；另外温度升高还可以使分子振动频率加快，分子间碰撞概率变大。因此反应物分子间有效碰撞概率增大，反应速率加快。

不同化学反应的活化能不同，活化能的不同是反应速率不同的本质原因。多数反应的活化能与化学键断裂所需能量接近，为 40～400 kJ/mol；当 E_a <40 kJ/mol 时反应速率非常大，多为爆炸反应；当 E_a >400 kJ/mol 时反应速率非常小，甚至不能实际发生。

（二）过渡态理论

简单的双分子反应用有效碰撞理论计算其反应速率与实验结果比较一致。但由于有效碰撞理论仅将分子看作忽略内部结构和运动的刚性小球，因此对于较复杂的反应系统，有效碰撞理论的适应性较差。1935 年，艾林（H. D. Eyring）等在量子力学和统计力学的基础上，提出了化学反应速率的过渡态理论。该理论要点如下：

1. 化学反应过程中形成了活化配合物 过渡态理论认为，在反应物转化成生成物的过程中，反应物分子不是通过简单的有效碰撞直接生成产物，而是要经过一个高能量的不稳定的过渡态，这种中间过渡态物质被称为活化配合物，它可以重新回到反应物，也可以分解为生成物从而使得反应发生。

对于反应 $A+BC \longrightarrow AB+C$，其实际反应过程是

$$A+BC \rightleftharpoons [A\cdots B\cdots C] \rightleftharpoons AB+C$$

反应过程中，A 与 BC 以合适的取向接近到一定程度时，A 与 B 原子可以产生一定的相互作用力，同时会削弱 B 和 C 之间的键，生成高能量的不稳定的活化配合物 $[A\cdots B\cdots C]$。例如，NO_2 与 CO 反应时，具有较高能量的 NO_2 与 CO 分子按合适的取向相互接近到一定程度时，O 原子与 C 原子电子云发生重叠，形成了较高能量的活化配合物 $[O—N\cdots O\cdots C—O]$，NO_2 中一个 N—O 键减弱，NO_2 与 CO 分子间的 C—O 键开始形成。

2. 活化配合物转化为生成物 活化配合物由于具有较高的能量，并不稳定。它可能进一步发生旧键断裂、新键形成，最终转化为生成物；也可能分解回反应物。

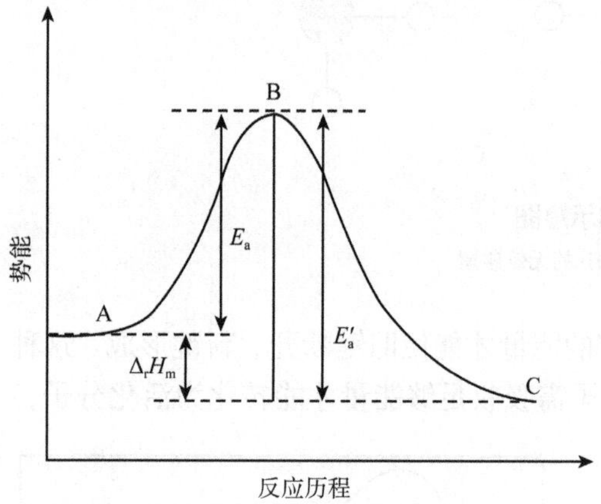

图 3-4 反应进程

3. 反应进程的能量变化规律 图 3-4 表明反应物与生成物都是能量较低、较稳定的状态，只有中间过渡态的活化配合物能量较高且不稳定，过渡态是反应进程中能量最高的点，反应物要经过高能量的过渡态才能转化为生成物。图中 A、C 点分别代表反应物与生成物的平均势能，B 点代表活化配合物的平均势能。AB 间的势能差是正反应的活化能 E_a。由反应物转化为生成物时需要克服的势垒越高，活化分子数越少，反应速率越小。BC 间的势能差则是逆反应的活化能 E'_a，正、逆反应的活化能之差即为本反应的焓变：$\Delta H = E_a - E'_a$。过渡态理论将反应的动力学和热力学理论联系在一起。

第 2 节 影响化学反应速率的因素

任务导入 3-2

控制化学反应速率是许多实践活动的需要。例如，防止钢铁生锈至今仍是人们苦苦追求的目标，因为生锈使我们每年要损失将近四分之一当年钢铁产量。又例如，水果、粮食、鱼肉等食物的腐败或霉变导致的经济损失也十分惊人，而水泥固化的速率是影响建筑楼房施工速度的重要制约因素。不同

的化学反应具有不同反应速率，其原因既有内部因素，也有外部因素。本节主要讨论的是外部因素对化学反应速率的影响。

一、浓度对化学反应速率的影响

（一）反应机理

反应机理是指发生在微观层面上的反应的实际过程，它表达的是化学反应从初始状态到最终状态经历的所有反应步骤的集合。根据反应机理的不同，可以把化学反应分为基元反应与复合反应。

1. 基元反应与复合反应　基元反应（elementary reaction）是反应物分子发生有效碰撞后一步直接转化成生成物的反应，也称简单反应。例如：

$$2NO_2 = 2NO + O_2$$
$$SO_2Cl_2 = SO_2 + Cl_2$$
$$NO_2 + CO = NO + CO_2$$

复合反应（complex reaction）是由两个或两个以上的基元反应所组成的化学反应，也称复杂反应或总反应。大多数的反应都不是一步直接转化为生成物的。例如：

$$2N_2O_5 = 4NO_2 + O_2$$

是由三个步骤组成的：

$$N_2O_5 \xrightarrow{\text{慢}} N_2O_3 + O_2$$
$$N_2O_3 \xrightarrow{\text{快}} NO_2 + NO$$
$$N_2O_5 + NO \xrightarrow{\text{快}} 3NO_2$$

以上三个基元反应共同构成了总反应的反应历程。中间产物 NO、N_2O_3 在之后的反应中被消耗了，所以不写在总反应中。复合反应中各步反应的反应速率各不相同，总反应的反应速率由最慢的那一步反应决定，在上述例子中就是由第一步基元反应的速率决定总反应速率。

2. 速率方程　1867 年，挪威科学家古德贝格（Guldberg）和瓦格（Waage）提出了质量作用定律，用来表达反应速率与反应物浓度之间的定量关系：一定温度下，某一基元反应的反应速率与其反应物浓度幂的乘积成正比。质量作用定律的数学表达式描述反应速率与反应物浓度之间的定量关系，也被称为速率方程。

对于基元反应：

$$aA + bB = dD + eE$$

其速率方程的表达式为

$$v = kc_A^{\alpha}c_B^{\beta} \tag{3-4}$$

式中，v 为反应的瞬时速率；c_A、c_B 分别为反应物 A、B 的瞬时浓度；k 为速率常数，表示一定温度下，反应物都为单位浓度（1mol/L）时的反应速率。k 值与反应物本身性质、温度及催化剂等因素有关，与反应物浓度无关。同一温度下，不同的化学反应，其 k 值也不同。相同条件下，k 值越大，反应速率越大。

α、β 是反应对反应物 A、B 的反应级数，通常基元反应的反应物的反应级数与其化学计量数一致，但复合反应中可能不同，反应级数只能通过实验测得。

反应级数可以是整数，也可以是零或分数。表 3-1 列出了一定条件下的部分反应的反应级数和速率方程。

表 3-1 部分化学反应的反应级数和速率方程

化学反应	速率方程	反应级数
$SO_2Cl_2 = SO_2 + Cl_2$	$v = kc(SO_2Cl_2)$	一级
$2H_2O_2 = 2H_2O + O_2$	$v = kc(H_2O_2)$	一级
$NO_2 + CO = NO + CO_2$	$v = kc(NO_2) \cdot c(CO)$	二级
$4HBr + O_2 = 2Br_2 + 2H_2O$	$v = kc(HBr) \cdot c(O_2)$	二级
$2NO + O_2 = 2NO_2$	$v = kc^2(NO) \cdot c(O_2)$	三级
$2NH_3 = N_2 + 3H_2$	$v = k$	零级

（二）对化学反应速率的影响

由速率方程可知，一定温度下，增大反应物浓度可以提高反应速率。例如，煤可在空气中燃烧，若提高氧气浓度，将煤置于纯氧中燃烧会更迅速。这是由于增大了反应物浓度可以使反应物分子中活化分子总数增多，提高了单位时间单位体积内反应物分子间的有效碰撞次数，从而使反应速率加快；反之则使化学反应速率降低。

二、压强对化学反应速率的影响

若化学反应中有气体参与，减小压强相当于减小气体反应物的浓度，使反应速率减小；增大压强相当于增大反应物的浓度，使反应速率增大。例如，合成氨工业中，工厂一般采用 20～50MPa 的工艺条件进行生产，这就是利用了增大压强可以提高反应速率，从而提高生产效率。本质上，压强对反应速率的影响，与浓度对反应速率的影响规律是一致的，遇到压强发生改变的情况，可将其转化为相应物质浓度的变化来处理。

压强的改变对液相和固相物质的体积影响很小，通常认为对浓度及反应速率的影响可忽略不计。

三、温度对化学反应速率的影响

与浓度相比，温度的改变对化学反应速率的影响更加明显。对大多数反应，提高反应温度会使反应速率显著加快。例如，H_2 和 O_2 生成 H_2O 的反应，在常温下进行得十分缓慢，几乎察觉不到有 H_2O 的生成。若将温度提高到 600℃，两者间的反应以爆炸的形式在一瞬间完成。荷兰科学家范托夫提出了经验规则：温度每升高 10℃，化学反应速率加快 2～4 倍。温度升高可以加快化学反应速率的主要原因在于：一方面，温度的升高可以为反应体系提供能量，使部分反应物分子获取一定能量后转化为活化分子，增加了活化分子的总数，提高了单位体积单位时间内反应物分子间有效碰撞的概率；另一方面，升高温度可以加快反应物分子的运动速度，提高了单位体积单位时间内体系中反应物分子间的有效碰撞次数。在以上两方面原因共同作用下，化学反应速率随温度的升高显著加快。

1889 年，阿伦尼乌斯（S.Arrhenius）总结大量实验结果后，提出了关于温度与反应速率关系的经验公式，即阿伦尼乌斯方程：

$$k = A \cdot e^{-\frac{E_a}{RT}} \tag{3-5}$$

或使用其对数形式：

$$\ln k = -\frac{E_a}{RT} + \ln A \tag{3-6}$$

式中，k 为速率常数；A 为常数，称为碰撞频率因子或指前因子；E_a 为反应的活化能；R 为摩尔气体常数，$R = 8.314\ \text{J/(mol·K)}$；$T$ 为热力学温度。

由阿伦尼乌斯方程可知，速率常数 k 随温度 T 的升高而增大，两者间呈指数关系，温度的微小改变会导致 k 值发生较大变化。

若对同一个反应，温度为 T_1 时速率常数是 k_1，温度为 T_2 时速率常数是 k_2，则：

$$\ln k_1 = -\frac{E_a}{RT_1} + \ln A$$

$$\ln k_2 = -\frac{E_a}{RT_2} + \ln A$$

$$\ln\frac{k_2}{k_1} = \frac{E_a(T_2 - T_1)}{RT_1T_2} \qquad (3\text{-}7)$$

可用式（3-5）～式（3-7）计算某一温度下，反应的活化能 E_a、速率常数 k；也可在不同温度下，根据速率常数 k_1 求速率常数 k_2。

链接　“电离学说”的创始者——阿伦尼乌斯

阿伦尼乌斯（S. Arrhenius），瑞典化学家。1859 年生于瑞典，17 岁考入乌普萨拉大学。1885 年到德国留学，与当时著名的化学家范托夫和能斯特合作，进行物理化学方面的研究。

阿伦尼乌斯在研究化学反应速率时发现，随着温度升高，反应速率也随之加大。为描述这种关系，他提出了阿伦尼乌斯方程，用于阐明化学反应速率常数随温度变化的关系。在 1896 年研究空气中二氧化碳对地壳温度的影响时，他发现二氧化碳等温室气体可以增加地表的温度，预测了人类活动对全球变暖的影响。

在生产生活中，常采用控制温度的方法来控制反应速率。为防止酶试剂、疫苗等变性失效，需全程冷链保存以降低反应速率，抑制其变质。日常食品保存在冰箱或阴凉处以延长保质期也是同样的原因。

四、催化剂对化学反应速率的影响

在现代工业生产中，大部分反应都会用到催化剂，如药物合成、石油裂解、合成氨等。催化剂是一种能够改变化学反应速率，但自身的组成、质量与化学性质在反应前后没有发生改变的一类物质。催化剂对化学反应速率的影响称为催化作用。凡是能提高反应速率的催化剂称为正催化剂，凡是能降低反应速率的催化剂称为负催化剂或抑制剂。通常不作特别说明的催化剂一般是指正催化剂。

（一）催化剂的特点

1. 催化剂参与反应过程　催化剂改变了反应的历程、降低了反应的活化能，增加了反应物分子中活化分子的百分数，从而提高参与反应的反应速率。从图 3-5 中可以看出，非催化反应的活化能 E_a 明显高于催化反应的活化能 E_{a1} 和 E_{a2}。催化反应将原反应分为多步进行，每一步的反应活化能均低于原反应的活化能，反应将沿活化能较低的路径进行，总反应的反应速率明显提高了。另一方面，反应前后催化剂的质量、化学性质不会发生改变，但催化剂的某些物理性质，尤其是表面形状可能会改变。

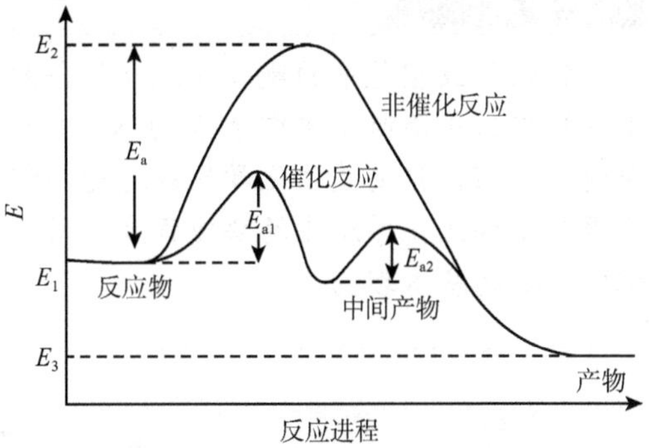

图 3-5　催化剂反应势能变化曲线

2. 催化剂对正、逆反应有同等影响　从图 3-5 中可以看出，两条曲线的起点、终点均相同，说明催化剂不影响反应体系的热力学始态与终态，反应的 $\Delta_r G_m$ 不变。另外，催化剂的加入同时改变了正、逆反应的活化能，因此，催化剂的加入对正、逆反应速率具有同等影响，却不会改变反应方向。

3. 催化剂具有选择性 并不存在万能的催化剂，不同的反应使用的催化剂各不相同，每种催化剂都有其特定的催化反应类型。

链接 催化活性与催化剂中毒

催化剂的催化能力一般称为催化活性。理论上说，催化剂在反应前后的化学性质和质量不变，但实际上许多催化剂在使用过程中，活性从小到大，逐渐达到正常水平，并且在一段时间里保持稳定，然后再下降。活性保持稳定的时间即为催化剂的寿命，其长短因催化剂的制备方法和使用条件而异。

催化剂在使用期间，还可能因接触各种杂质而使活性明显下降甚至被破坏，这种现象称为催化剂的中毒。例如，对于合成氨反应中的铁催化剂，O_2、CO、CO_2和水蒸气等都能使催化剂中毒。但利用纯净的氢、氮混合气体处理后，活性又能恢复，因此这种中毒是暂时性中毒。而含 P、S、As 的化合物则可使铁催化剂永久性中毒。工业上为了防止催化剂中毒，要把反应原料加以净化，以除去毒物。

（二）酶——生物催化剂

酶（enzyme）是生物体内特有的催化剂，一般是 RNA、蛋白质或其结合体。几乎生物体内所有的化学反应都有酶的参与，如脂肪、蛋白质的合成，能量的释放、食物的消化等。酶作为生物催化剂，除了具有一般催化剂的特点以外，还具有如下几个特点。

1. 催化效率高 对相同的化学反应，酶的催化效率远远高于普通催化剂。例如，室温下 1 mol 乙醇脱氢酶可以在 1s 内使 720 mol 的乙醇转化为乙醛。而相同的反应在工业上使用 Cu 作催化剂，200℃下 1 mol Cu 只能使 0.1～1.0 mol 乙醇发生转化。

2. 反应条件温和但依赖性强 酶催化反应的反应条件比较温和，通常在生物体内是近中性或中性介质、常温常压下即可发生催化反应。但酶大多为蛋白质，对外界条件较敏感，极易因外界条件的改变而变性和失活。例如，温度或酸度的改变、酶抑制剂的存在等因素，都会对酶的活性产生明显影响。人的正常体温在 37℃左右，若高热则会有食欲不振、浑身乏力等体征，这是由于体温升高对酶的活性产生抑制作用的具体表现。

3. 高度专一性 酶的催化作用具有非常高的选择性，一种酶只能催化某一个或某一种化学反应，如淀粉酶只能促进淀粉的水解、脲酶只能促进尿素的水解。

第 3 节 化学平衡与平衡常数

任务导入 3-3

雷雨导致空气中的氮气和氧气化合为 NO 是自然界中氮固定的主要反应之一。在 2033 K 和 3000 K 下该反应达平衡时系统中 NO 的体积分数分别为 0.8%和 4.5%。研究一个化学反应，不仅要看它的反应速率如何，更要关注化学反应进行的程度，这涉及化学平衡的问题。科学实验和生产实践中用反应速率定量描述化学反应的快慢程度，用化学平衡表示反应进行的程度。通过本节内容的学习可以知道化学平衡的基本理论。

一、可逆反应

不同的化学反应，其反应物对生成物的转化程度不同。有的化学反应，反应物能够完全转化为生成物，即反应能够进行到底。例如，一定条件下过氧化氢的分解反应：

$$2H_2O_2(l) = 2H_2O(l) + O_2(g)$$

然而以上反应在相同条件下并不能逆向进行，一定条件下只能向一个方向进行的反应称为不可逆反应（irreversible reaction）。实际上，大多数反应在反应物转化为生成物的同时，伴随生成物转化为反应物。在相同条件下既能正向进行，又能逆反应方向进行的反应，称为可逆反应（reversible reaction）。可逆反应常用可逆符号“$\rightleftharpoons$”表示。例如，合成氨的反应：

$$N_2(g)+3H_2(g)\rightleftharpoons 2NH_3(g)$$

在 H_2 和 N_2 反应生成 NH_3 的同时，也伴随着 NH_3 分解为 H_2 和 N_2。在可逆反应中，通常将按化学反应方程式由左向右进行的反应称为正反应；从右向左进行的反应称为逆反应。可逆反应与不可逆反应的主要区别在于：在密闭容器中，一定反应条件下，不可逆反应某种或多种反应物终将消耗完全；而可逆反应无论进行多长时间，始终都有反应物和生成物同时存在。

二、化学平衡

对可逆反应来说，正、逆反应是同时存在的，反应物不能彻底转化为生成物。

如图 3-6 所示，反应初始时，由于反应物浓度大，正反应速率大；随着反应的进行，反应物不断被消耗、浓度降低，正反应速率开始逐渐降低，另外生成物逐渐生成、浓度升高，逆反应开始进行且速率逐渐增大。当反应进行到一定程度时，正、逆反应速率曲线出现交点继而重合，说明正反应速率与逆反应速率达到相等状态。此状态下反应物与生成物浓度均不再发生变化，反应达到了最大的限度，处于相对静止的状态。将可逆反应的这种在一定条件下正、逆反应速率相等，反应处于相对静止的状态称为化学平衡（chemical equilibrium）。平衡状态下的各物质浓度，称为平衡浓度。

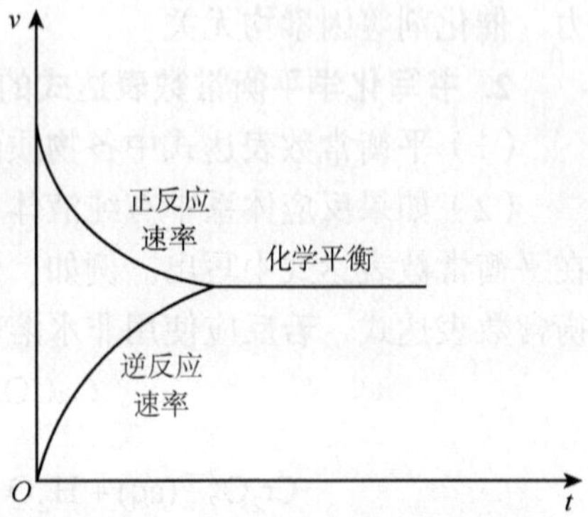

图 3-6　正、逆反应速率变化示意图

化学平衡具有以下特点。

1. 化学平衡是一种动态平衡，并不是真正的静止状态。在平衡状态下，正、逆反应依然在进行，只是正反应速率与逆反应速率相等。

2. 化学平衡是一定条件下可逆反应可以进行到的最大限度，达到平衡状态后各物质浓度不再随时间变化而变化，单位时间内，各物质的生成量等于其消耗量。

3. 化学平衡是一定条件下的平衡状态，如果外界条件改变，原平衡状态将被破坏，反应限度发生改变，反应将继续进行，直到重新建立起新的平衡。

4. 平衡状态的组成与达到平衡状态的反应历程无关。

三、平衡常数

1. 化学平衡常数表达式　在一定温度条件下，当可逆反应达到平衡状态时，反应体系中的生成物浓度（或分压）幂的乘积与反应物浓度（或分压）幂的乘积之比是一个常数，称为平衡常数，用 K 表示。对于可逆反应：

$$a\text{A}+b\text{B}\rightleftharpoons d\text{D}+e\text{E}$$

在一定温度下达到平衡状态时，其平衡常数可表达为

$$K=\frac{[\text{D}]^d[\text{E}]^e}{[\text{A}]^a[\text{B}]^b} \tag{3-8}$$

式中，[A]、[B]、[D]、[E]代表了各组分在平衡时的相对浓度，是各组分的平衡浓度与标准浓度的比值。若可逆反应在溶液中进行，四种组分的[A]、[B]、[D]、[E]可表示为 $\frac{c(\text{A})}{c^{\ominus}}$、$\frac{c(\text{B})}{c^{\ominus}}$、$\frac{c(\text{D})}{c^{\ominus}}$、$\frac{c(\text{E})}{c^{\ominus}}$。

若反应体系中各物质均为气态，则上述化学反应平衡常数可写作

$$K_p=\frac{p_D^d p_E^e}{p_A^a p_B^b}=\frac{\left[\frac{p(D)}{p^\ominus}\right]^d\left[\frac{c(E)}{p^\ominus}\right]^e}{\left[\frac{p(A)}{p^\ominus}\right]^a\left[\frac{p(B)}{p^\ominus}\right]^b} \tag{3-9}$$

式中，标准压力 $p^\ominus=10^5\,\mathrm{Pa}$，$p_A$、$p_B$、$p_D$、$p_E$ 各气体组分的平衡分压与标准分压之比，为各气体组分平衡时的相对分压。

平衡常数 K 只与反应体系内物质本身的性质和体系温度有关，与各组分浓度、分压、催化剂等因素均无关。理论上，平衡常数 K 是反应进行的程度标志，K 值越大，反应正向进行的完全程度越大；K 值越小，反应正向进行的完全程度越小。同一个化学反应的平衡常数 K 只与温度有关，与浓度、压力、催化剂等因素均无关。

2. 书写化学平衡常数表达式的注意事项

（1）平衡常数表达式中各物质的浓度或气体分压均为平衡时的相对浓度或分压。

（2）如果反应体系中有纯液体、纯固体或稀溶液的溶剂参与反应时，视其相对浓度为常数 1，不在平衡常数表达式中写出。例如，体系中有 $H_2O(l)$参与反应，若反应以水为溶剂，则其浓度不写入平衡常数表达式，若反应使用非水溶剂，则 $H_2O(l)$需要写入。例如：

$$CaCO_3(s) \rightleftharpoons CaO(s)+CO_2(g) \qquad K=p_{CO_2}$$

$$Cr_2O_7^{2-}(aq)+H_2O \rightleftharpoons 2CrO_4^{2-}(aq)+2H^+(aq) \qquad K=\frac{[CrO_4^{2-}]^2[H^+]^2}{[Cr_2O_7^{2-}]}$$

（3）平衡常数表达式必须与反应方程式对应，即使是同一反应，若方程式写法不同，其平衡常数表达式也不同。例如：

$$2CO(g)+O_2(g) \rightleftharpoons 2CO_2(g) \qquad K_1=\frac{p_{CO_2}^2}{p_{CO}^2\cdot p_{O_2}}$$

若上述反应写成：

$$CO(g)+\frac{1}{2}O_2(g) \rightleftharpoons CO_2(g) \qquad K_2=\frac{p_{CO_2}}{p_{CO}\cdot p_{O_2}^{\frac{1}{2}}}$$

则两平衡常数的关系为：$K_1=K_2^2$。

（4）正反应平衡常数与逆反应平衡常数互为倒数关系。例如：

$$2H_2(g)+O_2(g) \rightleftharpoons 2H_2O(g) \qquad K_1=\frac{p_{H_2O}^2}{p_{H_2}^2\cdot p_{O_2}}$$

$$2H_2O(g) \rightleftharpoons 2H_2(g)+O_2(g) \qquad K_2=\frac{p_{H_2}^2\cdot p_{O_2}}{p_{H_2O}^2}$$

显然对于正、逆反应，其平衡常数有：$K_1\cdot K_2=1$。

3. 化学平衡常数的应用

（1）计算平衡状态时各组分的平衡浓度或分压以及反应物的转化率。

某化学反应在一定条件下的最大转化率，称为平衡转化率，可表示为

$$\alpha(A)=\frac{达到平衡时反应物A的消耗量}{反应物A的初始量}\times 100\% \tag{3-10}$$

（2）判断可逆反应所处的状态，预测可逆反应进行的方向。

对于某可逆反应 $a\mathrm{A}+b\mathrm{B} \rightleftharpoons d\mathrm{D}+e\mathrm{E}$，平衡状态是一定条件下正、逆反应可进行到的最大限度，相应地，其反应平衡常数 K 表达的是平衡状态时，体系中各组分相对平衡浓度之间的关系。而在任意状态下，该可逆反应中的反应熵可表示为

$$Q=\frac{[\mathrm{D}]^d[\mathrm{E}]^e}{[\mathrm{A}]^a[\mathrm{B}]^b} \tag{3-11}$$

式中，[A]、[B]、[D]、[E]分别表示当前时刻体系中反应物和生成物的瞬时浓度。反应熵 Q 表达式与平衡常数表达式类似。通过反应熵 Q 与平衡常数 K 的关系，可以判断反应进行的程度与方向。

若 $Q>K$，此时 $v_{正}<v_{逆}$，反应向逆反应方向自发进行。

若 $Q<K$，此时 $v_{正}>v_{逆}$，反应向正反应方向自发进行。

若 $Q=K$，此时 $v_{正}=v_{逆}$，说明反应已经达到平衡状态。

【例 3-2】 25℃时，$Pb^{2+}(aq)+Sn(s) \rightleftharpoons Pb(s)+Sn^{2+}(aq)$ 可逆反应的平衡常数 $K_c=2.2$，若 Pb^{2+}的起始浓度 0.10 mol/L，计算 Pb^{2+}和 Sn^{2+}的平衡浓度及 Pb^{2+}的转化率。

解：根据式（3-8）可得

$$K_c=\frac{c_{\mathrm{Sn}^{2+}}}{c_{\mathrm{Pb}^{2+}}}$$

当反应达到平衡时，设 $c_{\mathrm{Sn}^{2+}}=x$，则

$$\frac{c_{\mathrm{Sn}^{2+}}}{c_{\mathrm{Pb}^{2+}}}=\frac{x}{0.10-x}=2.2$$

通过计算可知：$c_{\mathrm{Sn}^{2+}}=0.069\ \mathrm{mol/L},\ c_{\mathrm{Pb}^{2+}}=0.031\ \mathrm{mol/L}$

由式（3-10）可知：$\alpha_{\mathrm{Pb}^{2+}}=\dfrac{0.10-0.031}{0.10}\times100\%=69\%$

【例 3-3】 某温度下，在密闭容器中进行如下反应 $2SO_2(g)+O_2(g) \rightleftharpoons 2SO_3(g)$。已知 SO_2 和 O_2 的起始浓度分别为 0.4 mol/L 和 1.0 mol/L，当有 80%的 SO_2 转化为 SO_3 时，反应即达平衡，求平衡时三种气体的浓度和该温度下的平衡常数。

解：反应式	$2SO_2(g)$+	$O_2(g) \rightleftharpoons$	$2SO_3(g)$
起始浓度（mol/L）	0.4	1.0	0
平衡浓度（mol/L）	0.08	0.84	0.32

根据化学平衡常数表达式

$$K_c=\frac{[\mathrm{SO_3}]^2}{[\mathrm{SO_2}]^2[\mathrm{O_2}]}=\frac{0.32^2}{0.08^2\times0.84}=19$$

答：平衡时 SO_2、O_2 和 SO_3 三种气体的浓度分别为 0.08 mol/L、0.84 mol/L 和 0.32 mol/L，该温度下的平衡常数为 19。

第 4 节 影响化学平衡的因素

任务导入 3-4

啤酒瓶盖被打开时，瓶中立即泛起泡沫。这个现象的出现是因为原先的啤酒瓶里存在着一个气体溶解平衡，当瓶盖被打开，溶解在啤酒里的二氧化碳被释放出来，说明平衡发生了移动。化学平衡也是如此，它是一种有条件的动态平衡，当外界条件（组分浓度、压力、温度等）改变时，原来的平衡

状态有可能被打破，正、逆反应将按照不同的反应速率继续进行。直至一段时间后正、逆反应速率再次相等，体系达到新的平衡状态。

化学平衡是一种动态平衡。外部条件发生改变会引起可逆反应由旧平衡状态向新平衡状态发生转变，我们将这一过程称为化学平衡的移动。若达到新平衡状态时，生成物的浓度大于旧平衡状态时的浓度，则称化学平衡向正反应方向发生移动（向右移动）；反之，则称化学平衡向逆反应方向发生移动（向左移动）。

一、浓度对化学平衡的影响

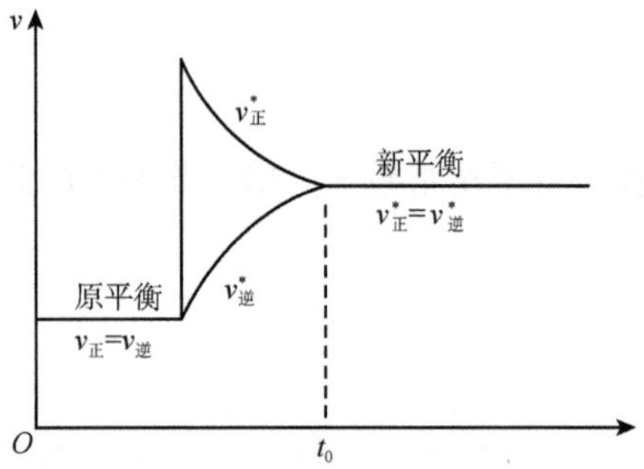

图 3-7 反应物浓度增大对化学平衡的影响

一定条件下，浓度的改变会使平衡发生移动，但不能改变平衡常数的值。从上节反应熵 Q 与平衡常数 K 的关系可知：温度一定时，对于已经达到平衡状态的体系，若增大反应物浓度或减小生成物浓度，会使 $Q<K$，此时 $v_正>v_逆$，原平衡被打破，体系平衡向正反应方向移动，直至达到新的平衡状态，如图 3-7 所示；同理，若减小反应物浓度或增大生成物浓度，会使体系平衡向逆反应方向移动。

总之，其他条件一定时，增大或减小平衡状态中某物质的浓度，平衡向减小或增大该物质浓度的方向进行。

链接

冬季来临，医院收治一氧化碳中毒患者显著增多。某日某医院接诊一老年一氧化碳中毒患者，经高压氧舱治疗后，患者身体显著好转。

请思考：为什么要选择高压氧舱而不是普通的氧气吸入方式治疗一氧化碳中毒？

二、压强对化学平衡的影响

由反应速率的影响因素可知，压力的改变对固体或液体浓度影响很小，因此在固相或液相反应中，可以不考虑压力对平衡状态的影响。压力的改变对有气体参与的化学反应，主要有两种可能的情况：一是平衡状态的体系中，某气体组分的分压发生改变；二是平衡体系的总压力发生改变。

某气体组分的分压发生改变相当于浓度改变。

例如，$CO + H_2O \rightleftharpoons CO_2 + H_2$ 等反应前后，平衡体系内气体分子数不发生改变，无论体系总压力增大还是减小，对反应物和生成物的分压产生的影响都是一样的。因此，对于该类反应，改变体系总压力并不会引起化学平衡的移动。只有对反应前后气体分子总数发生变化时，改变体系总压力才会对其平衡状态产生影响。

例如，一定温度下的可逆反应 $N_2O_4(g) \rightleftharpoons 2NO_2(g)$

$$其平衡常数\ K=\frac{(p_{NO_2})^2}{p_{N_2O_4}}$$

若其他条件不变，仅将体系总压力改变 n 倍，则体系内各气体分压也随之改变 n 倍，此时反应熵

$$Q=\frac{(p'_{NO_2})^2}{p'_{N_2O_4}}=\frac{(np_{NO_2})^2}{np_{N_2O_4}}=n\frac{(p_{NO_2})^2}{p_{N_2O_4}}=nK$$

当 $n<1$ 时，体系总压力减小，此时 $Q<K$，平衡向正反应方向发生移动，即向体系内气体分子总

数增大的方向移动。当 $n>1$ 时，体系总压力增大，此时 $Q>K$，平衡向逆反应方向发生移动，即向体系内气体分子总数减少的方向移动。

总之，对有气体参与的可逆反应，体系压力对化学平衡的影响有如下规律：一定条件下，若减小压力，体系化学平衡向气体分子总数增多（气体总体积增大）的方向移动；若增大压力，体系化学平衡向气体分子总数减少（气体总体积减小）的方向移动。

三、温度对化学平衡的影响

上述影响化学平衡的因素中，浓度和压力的改变都是直接改变了反应熵 Q，从而使化学平衡发生移动，但不会改变反应的平衡常数 K。温度对化学反应平衡状态的影响与前两者在本质上存在不同，平衡常数 K 是温度的函数，温度的改变可以使反应的平衡常数发生变化。荷兰化学家范托夫（van't Hoff）提出了一个用于计算在不同温度下反应平衡常数的方程，他因此成为物理化学和化学动力学的奠基人之一，并于 1901 年荣获首届诺贝尔化学奖。根据范托夫方程

$$\ln\frac{K_2}{K_1}=\frac{\Delta H}{R}\left(\frac{T_2-T_1}{T_2T_1}\right) \tag{3-12}$$

式中，K_1 和 K_2 为可逆反应在温度 T_1 和 T_2 时的平衡常数；ΔH 为反应的标准摩尔焓变，其值等于正、逆反应活化能之差。

对于放热反应，$\Delta H<0$，温度升高（$T_2>T_1$），$K_1>K_2$，平衡发生逆向移动，即反应向吸热方向移动。

对于吸热反应，$\Delta H>0$，温度升高（$T_2>T_1$），$K_2>K_1$，平衡发生正向移动，即反应向吸热方向移动。

例如，吸热反应 $N_2(g)+O_2(g) \rightleftharpoons 2NO(g)$，1538 K 时平衡常数 $K_1=1.46\times10^{-5}$，2404K 时平衡常数 $K_2=2.36\times10^{-3}$。说明升高温度，会使吸热反应平衡常数增大。

又例如，合成氨的反应 $N_2(g)+3H_2(g) \rightleftharpoons 2NH_3(g)$，其正反应为放热反应，逆反应为吸热反应。

降低反应体系温度，会使正、逆反应速率均减小，但放热反应（正反应）速率减小程度小于吸热反应（逆反应）速率减小程度，即 $v_{正}>v_{逆}$，平衡常数 K 变大，此时体系内 $Q<K$，化学平衡会向正向（放热反应方向）移动。反之，升高反应体系温度，会使正、逆反应速率均增大，但放热反应（正反应）速率增大程度小于吸热反应（逆反应）速率增大程度，即 $v_{正}<v_{逆}$，平衡常数 K 变小，此时体系内 $Q>K$，化学平衡会向逆向（吸热反应方向）移动。

通过以上分析可得到结论：对任意可逆反应，若提高体系温度，化学平衡将向吸热反应方向发生移动；若降低体系温度，化学平衡将向放热反应方向发生移动。

四、催化剂对化学平衡的影响

当可逆反应达到平衡后，$Q=K$，由于催化剂不能改变化学反应平衡常数和反应熵，所以加入催化剂不会使化学平衡发生移动。但是催化剂能同等程度地加快正、逆反应速率，使可逆反应更快达到化学平衡。

1884 年，法国科学家勒夏特列（Le Chatelier）总结了浓度、压强、温度等因素对化学平衡的影响，总结出一条普遍的规律：对于任何已经达到平衡状态的体系，如果改变平衡体系的任意一个条件（浓度、压力、温度），平衡会向减弱这一改变的方向移动，这就是著名的勒夏特列原理，又称为平衡移动原理。平衡移动原理广泛适用于所有动态平衡的可逆反应，但需注意，该原理仅适用于已经达到平衡状态的体系。

链接 平衡移动原理之父——勒夏特列

1850 年 10 月 8 日，勒夏特列出生于巴黎的一个化学世家，1887 年获博士学位并受聘到巴黎高等矿业学校担任化学教授。

勒夏特列在 1888 年提出描述化学平衡移动方向的勒夏特列原理，正是这简单而深刻的定性分析，几乎

囊括了所有宏观的平衡移动现象。勒夏特列原理能够对影响这些平衡移动的因素做出粗浅但准确的判断，使某些工业生产过程的转化率达到或接近理论值，同时也可以避免一些无实效的方案，如经典的高炉加高，其应用十分广泛。

自测题

一、选择题

【单项选择题】

1. 下列因素中与速率常数无关的是（　　）

A. 温度　　B. 浓度
C. 压强（气体）　　D. 催化剂
E. 反应物的本性

2. 在 2 L 密闭容器中，发生 3A（g）+B（g）══2C（g）的反应，若最初加入 A 和 B 都是 4 mol，A 的平均反应速率为 0.12 mol/(L·s)，则 10s 后容器中含的 B 是（　　）

A. 1.6 mol　　B. 2.8 mol
C. 3.2 mol　　D. 3.6 mol
E. 4.8 mol

3. 在氢气和碘蒸汽反应生成碘化氢的反应中，碘化氢的生成速率与碘的减少速率之比是（　　）

A. 1∶1　　B. 1∶2　　C. 2∶1
D. 4∶1　　E. 5∶1

4. 将 0.5 mol PCl_5 充入体积为 1L 的密闭容器中，发生反应 $PCl_5 \rightleftharpoons PCl_3 + Cl_2$，一段时间后测得 PCl_5 的浓度为 0.3mol/L，且这段时间内的平均反应速率 $v_{(PCl_5)} = 0.4$ mol/(L·min)，则这段时间为（　　）

A. 4/3 min　　B. 3/4 min
C. 30 s　　D. 15 s
E. 20 s

5. 在 2L 的容器中进行的可逆反应：$2SO_3(g) \rightleftharpoons 2SO_2(g) + O_2(g)$，若用 SO_3 的浓度变化表示反应速率为 1 mol/(L·s)，则反应开始 2s 后 O_2 增加的物质的量是（　　）

A. 1 mol　　B. 1.5 mol
C. 2 mol　　D. 3 mol
E. 4 mol

6. 对于某反应 X+3Y ══ 2E+2F，在甲、乙、丙、丁四种不同条件下，分别测得反应速率为甲：$v_X = 0.3$ mol/(L·min)，乙：$v_Y = 1.2$ mol/(L·min)，丙：$v_E = 0.8$ mol/(L·min)，丁：$v_F = 0.9$ mol/(L·min)。则反应最快的是（　　）

A. 甲　　B. 乙　　C. 丙
D. 丁　　E. 同样快

7. 在一定条件下，将 A_2 和 B_2 两种气体通入密闭容器中，反应 $xA_2 + yB_2 \rightleftharpoons 2C$ 进行 2s 后测得反应速率如下：$v_{A_2} = 0.5$ mol/(L·s)，$v_{B_2} = 1.5$ mol/(L·s)，$v_C = 1$ mol/(L·s)，则 x、y 的值分别是（　　）

A. 3 和 2　　B. 1 和 3
C. 3 和 1　　D. 4 和 5
E. 1 和 2

8. 对于反应 M+N $\rightleftharpoons$ P，如果温度每升高 10℃化学反应速率增大为原来的 3 倍。在 10℃时完成反应 10%需 81min，则在 30℃时完成反应 10%所需的时间是（　　）

A. 27 min　　B. 9 min
C. 13.5 min　　D. 3 min
E. 5 min

9. 设反应 $C + CO_2 \rightleftharpoons 2CO$（正反应吸热）反应速率为 v_1，$N_2 + 3H_2 \rightleftharpoons 2NH_3$（正反应放热），反应速率为 v_2。对于上述反应，当温度升高时，v_1、v_2 的变化情况是（　　）

A. 同时增大
B. 同时减小
C. v_1 增大，v_2 减小
D. v_1 减小，v_2 增大
E. 保持不变

10. 已知可逆反应（1）减去可逆反应（2）可得可逆反应（3），若反应的标准平衡常数分别是 $K_1^{\ominus}$、$K_2^{\ominus}$、$K_3^{\ominus}$，则下列关系式正确的是（　　）

A. $K_3^{\ominus} = K_1^{\ominus} - K_2^{\ominus}$
B. $K_3^{\ominus} = K_2^{\ominus} / K_1^{\ominus}$
C. $K_3^{\ominus} = K_1^{\ominus} / K_2^{\ominus}$
D. $K_3^{\ominus} = K_1^{\ominus} \cdot K_2^{\ominus}$
E. $K_3^{\ominus} = K_2^{\ominus} - K_1^{\ominus}$

11. 向可逆反应体系中加入催化剂可以使体系内发生什么改变（　　）

A. 使体系化学平衡发生正向移动
B. 改变反应达到平衡的时间
C. 改变了反应的吸放热状态
D. 使原来不能发生的反应可以发生
E. 使体系化学平衡发生逆向移动

12. 反应 $2A(g) \rightleftharpoons 2B(g) + E(g)$ 达到平衡时，要使正反

应速率降低，A 的浓度增大，应采取的措施是(　　)

A. 加压　　B. 减压

C. 减少 E 的浓度　　D. 降温

E. 减小 B 的浓度

【多项选择题】

13. 某温度下，反应 $2N_2O_5 \rightleftharpoons 4NO_2 + O_2$ 开始进行时，N_2O_5 的浓度为 0.0408 mol/L，经过 1 min 后，N_2O_5 的浓度为 0.0300 mol/L，则该反应的反应速率为(　　)

A. $v_{N_2O_5} = 1.8 \times 10^{-4}$ mol/(L·s)

B. $v_{O_2} = 1.8 \times 10^{-4}$ mol/(L·s)

C. $v_{N_2O_5} = 1.08 \times 10^{-2}$ mol/(L·s)

D. $v_{NO_2} = 2v_{N_2O_5}$

E. $v_{NO_2} = 3.6 \times 10^{-4}$ mol/(L·s)

14. 催化剂能够影响化学反应速率的原因是(　　)

A. 降低了反应的活化能

B. 增大了生成物浓度

C. 改变化学反应的历程

D. 降低了生成物浓度

E. 增加了反应物活化分子百分数

15. 欲使已达到平衡状态的可逆反应 $2SO_2(g) + O_2(g) \rightleftharpoons SO_3(g) + Q$，化学平衡正向移动，可采取的措施有(　　)

A. 减小体系总压力

B. 升高温度

C. 降低 SO_3 的浓度

D. 降低温度

E. 加入催化剂

二、简答题

1. 什么是化学反应速率？如何表示化学反应的平均速率？

2. 什么是可逆反应？化学平衡状态有哪些特征？

3. 使用催化剂为什么不会改变化学平衡状态？

三、计算题

1. 将 6 mol H_2 和 3 mol CO 充入容积为 0.5 L 的密闭容器中，进行如下反应：

$2H_2(g)+CO(g) \xrightleftharpoons[\Delta]{催化剂} CH_3OH(g)$，6 s 末时容器内压强为开始时的 0.6 倍。试计算：

（1）H_2 的反应速率是多少？

（2）CO 的转化率为多少？

2. 已知可逆反应 $CO(g) + H_2O(g) \rightleftharpoons CO_2(g) + H_2(g)$，在 833 K 时反应的平衡常数 K=1。若起始浓度[H_2O]=3 mol/L，[CO]=2 mol/L，试计算 H_2O 的转化率。

（王树印　郭　成）

第四章

化学热力学基础

学习目标

1. 知识目标： 掌握热力学体系的概念与分类、基本状态函数、热力学第一定律、体系的过程与途径；熟悉化学反应的热效应、热化学方程式以及自发过程的判定；了解化学反应热的计算、吉布斯自由能与反应方向的关系。

2. 能力目标： 能够正确认识基于热力学定律的普适性规律，将化学热力学基本知识应用到后续课程的学习过程中，应用到解决具体生活和药学专业问题中。

3. 素质目标： 掌握热力学相关的科学思维方式和解决问题的科学方法，具备发现问题、独立分析和解决问题的能力；培养有创新精神、合作意识的学习习惯和精益求精、严谨踏实的工作态度。

热力学是研究物质在变化过程中能量相互转换规律的一门科学，它是第一次工业革命的理论核心，指导人们将化学能转化成机械能，从而发展出一系列设备（统称热机），除了广为人知的蒸汽机，还包括后来的汽轮机、燃气轮机、内燃机等，从根本上改变了人类社会的生产方式。将热力学理论应用到化学相关过程中，则产生了化学热力学，它的特点是着眼于宏观性质的变化，不涉及物质的微观结构，只需知道研究对象的起始状态和最终状态，而不需要知道变化过程的机理，即可解决化学反应中能量变化、化学反应进行的方向和限度等问题，但不能解决化学变化的速率及其他和时间有关的问题。本章重点介绍化学热力学的基本概念和基础理论。

第 1 节　热力学第一定律

任务导入 4-1

现代社会中，电力已成为日常生活和工作中不可或缺的能量来源，但可供人类利用的电能却不能从自然界中直接取得，需要由一次能源转换而来。在发电厂里，通常采用燃煤、燃气、核能等方式产生高温烟气或高温蒸汽，然后通过锅炉、汽轮机等设备转化为机械能或电能。在此过程中，热力学第一定律保证了能量的守恒。

一、基本概念

（一）体系与环境

热力学中被研究的对象叫做体系（也叫系统），体系之外的其他部分都可以称为环境，在大多数情况下，环境是指与体系密切相关的周围部分。体系与环境之间一般都有分界，分界可以是静止或动态的，也可以是真实或虚拟的。

例如，研究 NaOH 水溶液，其中 NaOH 水溶液就是体系，而盛溶液的容器及溶液上方的空气就是环境，这里体系与环境之间的分界是真实的。又例如，在 N_2 和 He 混合气体中，若将 N_2 作为研究对象，则 He 就属于环境的一部分，体系与环境的分界是虚拟的。

根据体系与环境之间物质和能量交换的情况，可以将体系分为三种类型：敞开体系、封闭体系和孤立体系。

例如，用一敞口杯子盛热水，将杯中热水作为体系，会发现既有水分子的逸出，又与环境进行了热量交换，此体系为敞开体系，如图 4-1A 所示；若将杯子盖住，体系与环境只有热量交换而没有物质交换，则变为封闭体系，如图 4-1B 所示；若将杯子改为理想保温杯，体系与环境既没有热量交换也没有物质交换，此时体系就接近孤立体系，如图 4-1C 所示。在化学热力学中，封闭体系是最常见的体系，也是主要的研究对象。

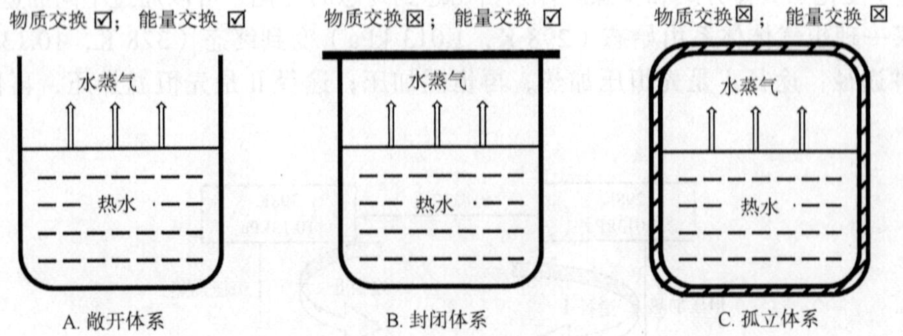

图 4-1 体系的分类

链接

炎热的夏天，在空间不大的密闭室内，打开冰箱门会有凉意，但过一段时间后室内温度没有降低，反而会升高。

请思考：为什么刚打开冰箱门时感觉有凉意，一段时间后室内的温度反而升高？

（二）状态与状态函数

体系的状态是体系各种宏观性质的综合表现。物质的量（n）、温度（T）、压力（p）、密度（ρ）、体积（V）包括后面将学到的热力学能（U）、熵（S）等都是体系的宏观状态性质。体系的性质可分为广度性质和强度性质两类。

1. 广度性质 又称容量性质，具有加和性，其数值与体系中物质的量成正比，如质量、体积、熵等。

2. 强度性质 数值与体系中物质的量无关，仅由体系中物质自身的特性决定，不具有加和性，如温度、压力、密度等。例如，两杯 20℃的水混合在一起，温度还是 20℃，不会上升到 40℃。

当体系宏观性质的数值是确定值时，表明体系处于一定的状态；相应地，当体系的状态确定后，对应的宏观性质的数值也就确定了。热力学上，将这些描述体系宏观性质的物理量称为体系的状态函数。例如，某理想气体，温度 $T = 273$ K、物质的量 $n = 1$ mol、压力 $p = 1.013$ kPa、体积 $V = 22.4$ L，即表示该理想气体体系的一种状态，而 T、n、p、V 就是其状态函数。

一个体系的状态确定后，体系的各个状态函数就有了确定的值。如果一个或几个状态函数发生改变，体系的状态也就随之改变。通常把体系发生改变前的状态称为始态，发生变化后的状态称为终态。热力学函数的变化值只取决于体系的始态和终态，与中间过程无关。无论体系经历多少复杂的变化又回到始态，状态函数都将恢复到原来的数值，其变化值为零。

（三）过程与途径

体系从一个状态（始态）到另一个状态（终态）的变化称为过程。而实现这个变化过程的具体步骤称为途径。根据过程发生时的条件，热力学中常见以下几种变化过程。

1. 恒温过程 体系状态变化在恒温条件下进行：T_1（始态）= T_2（终态）= T（环境），$\Delta T = 0$。

2. 恒压过程 体系状态变化在恒压条件下进行：p_1（始态）= p_2（终态）= p（环境），$\Delta p = 0$。

3. 恒容过程 体系状态变化在恒容条件下进行：V_1（始态）= V_2（终态），$\Delta V = 0$。

4. 绝热过程 体系状态变化是在绝热条件下进行：即状态变化过程中，体系与环境之间没有热传递，但可以做功。如体系被绝热壁包围或者体系内发生急剧变化（爆炸、压缩机内空气被压缩）等。

过程和途径是密不可分的两个概念，有过程发生，必然存在途径，过程侧重于始态和终态的变化，而途径则侧重于变化的具体方式和步骤。体系由始态到终态的变化，可以通过不同的途径来完成。

例如，某一理想气体体系由始态（298 K，1.013 kPa）变到终态（328 K，10.13 kPa），可以采取以下两种途径：途径Ⅰ是先恒压加热，再恒温加压；途径Ⅱ是先恒温加压，再恒压加热，如图 4-2 所示。

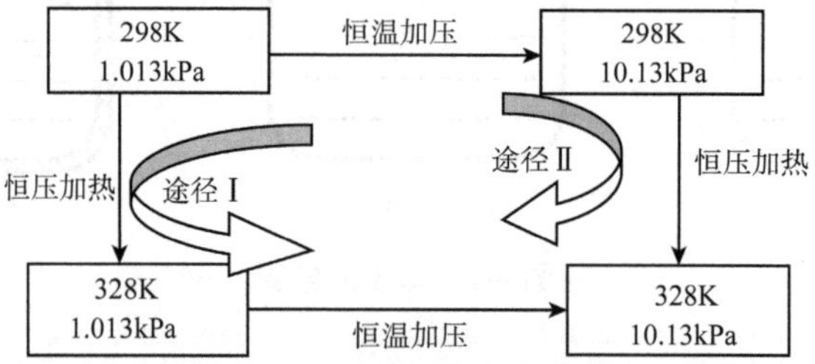

图 4-2 状态变化的过程与途径

（四）热与功

当体系状态发生改变时，体系和环境的能量也会随之变化。体系和环境之间的能量交换主要有两种方式：传热和做功。

由于温度变化而在体系和环境之间传递的能量称为热，用符号“Q”表示。除了热传递以外，其他各种形式被传递的能量全部称为功，用符号“W”表示。热和功的单位都是焦（J）或千焦（kJ）。

热力学中常把功分为体积功和非体积功。体积功也称膨胀功，是指当体系的体积发生变化时，为抵抗环境压力所做的功，数学表达式为$W_{体积} = p_{外}\Delta V$。非体积功是指除体积功以外的其他功，如电功、机械功等。化学反应过程中涉及的功主要是体积功。

在热力学中常用热和功的正负号来表示热量和功的传递方向，规定如下：

当体系从环境吸热，Q 取正值，即 $Q>0$；当体系向环境放热，Q 取负值，即 $Q<0$。

当体系对环境做功，W 取负值，即 $W<0$；当环境对体系做功，W 取正值，即 $W>0$。

热和功都是指体系和环境之间能量的传递，只有在体系状态发生变化时才表现出来。与进行的过程和具体途径有关，因此热和功都不是状态函数。

（五）热力学能

热力学能也称内能，通常是指体系内各种形式能量的总和，用符号“U”表示。一般指包括体系中所有微观粒子的势能、动能、化学能、电离能、核能等能量的总和。在一般热力学状态的变化过程中，物质的分子结构、原子结构和核结构不发生变化，所以可不考虑某些能量的改变。但当在热力学研究化学反应时，需要把化学能包括到热力学能中。

由于微观粒子运动的复杂性，具体包含哪些能量往往无法确定。但理论上任一状态下热力学能均有定值，说明它属于状态函数。尽管热力学能的绝对值无法测定，但其变化值 ΔU，可以通过热和功的传递来计算。

链接 分子动能与温度

由单原子分子构成的气体的大量分子的平均动能E与其温度T的关系经统计热力学理论推导为：$E = 1.5kT$。其中，$k = 1.391\times10^{-23}$ J/K，称为玻尔兹曼常量，等于气体常量R与阿伏伽德罗常量N_0之比。

二、热力学第一定律

大量实践证明，自然界中的一切物质都具有一定的能量，能量既不会凭空产生，也不会凭空消失，只能从一个物体传递给另一个物体，或者从一种形式转化为另一种形式，在传递和转化过程中总能量保持不变，这一规律称为能量守恒定律。将能量守恒定律运用于宏观的热力学体系，称为热力学第一定律。

链接

热力学发展初期，最著名的一个永动机设计方案是13世纪法国人亨内考提出的。如图4-3所示：轮子中央有一个转动轴，轮子边缘安装着12个可活动的短杆，每个短杆的一端装有一个铁球。设计者认为，右边的球比左边的球离轴远，因此产生的转动力矩要比左边的力矩大。这样轮子就会永无休止地沿着箭头所指的方向转动下去，并且带动机器转动。这个设计被不少人以不同的形式复制出来，但从未实现不停息的转动。请用热力学第一定律解释一下，这个永动机为何失败了？

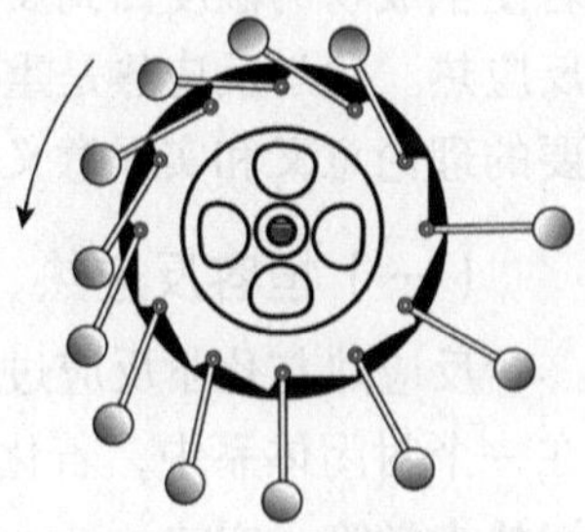

图4-3 第一类永动机

热力学中通常研究的是宏观上相对静止的体系，其并无整体运动，且可忽略外力场的影响，因此体系的能量只考虑它的内能（热力学能）。前面已讲过，热力学能属于状态函数，热力学能的绝对值无法测定，但可以利用热力学第一定律通过热和功的传递来计算它的变化值ΔU。

如果一个封闭体系处于状态1时热力学能为U_1，此时体系从环境吸收热量Q，同时环境对体系做功W。体系变成状态2时热力学能为U_2，其热力学能的变化值$\Delta U = U_2 - U_1$。根据热力学第一定律，该体系应有如下关系：

$$U_2 = U_1 + Q + W$$

$$U_2 - U_1 = Q + W$$

即

$$\Delta U = Q + W \tag{4-1}$$

对于一个封闭体系，式（4-1）就是热力学第一定律的数学表达式。该式表明：体系的状态发生变化时，其热力学能的改变值等于体系从环境吸收的热量和环境对体系所做的功之和。热量Q和功W的正负号仅表示能量的传递方向。当体系的状态发生变化时，其内能变化值ΔU等于体系收支能量的总和。

【例4-1】 体系从状态1改变到状态2有两种不同的途径：（Ⅰ）体系放出热量397.5 J，同时环境对体系做功167.4 J；（Ⅱ）体系对环境做功83.68 J，同时放热146.42 J。计算两种途径下的热力学能改变量。

解：（1）已知$Q = -397.5$ J，$W = 167.4$ J，由式（4-1）得

$$\Delta U = -397.5 + 167.4 = -230.1\ (\text{J})$$

（2）已知$Q = -146.42$ J，$W = -83.68$ J，由式（4-1）得

$$\Delta U = -146.42 - 83.68 = -230.1\ (\text{J})$$

由计算可知，从状态1到状态2，经历的途径不同，即Q和W的数值不同，但热力学能的改变量相同。说明Q和W不是状态函数，而热力学能U是状态函数。

第2节　化学反应的热效应

任务导入 4-2

燧人氏，旧石器时代燧明国（今河南商丘）人，首先发明钻木取火，是中国古代人工取火的发明者，教人熟食，结束了远古人类茹毛饮血的历史，开创了华夏文明的新纪元，被尊为燧皇，奉为“火祖”。火的本义是指物质燃烧时产生的火焰，是剧烈的氧化还原反应释放热量的一种外在形式。本章学习的化学反应的热效应包含各种化学反应过程中吸收或放出的热量。

一、反应热与焓

化学反应常伴随着能量的变化。在恒压或恒容且不做其他非体积功的条件下，当化学反应发生后，若使生成物的温度回到反应物的起始温度，此时体系所吸收或放出的热量称为该反应的热效应，简称反应热。化学反应热是重要的热力学数据，是通过实验测得的。研究化学变化过程中的热效应具有重要的理论意义和实际意义。

（一）恒容反应热

反应热与化学反应过程有关，在恒容（体积不变）条件下的反应热称为恒容反应热，用 Q_V 表示。在一个封闭体系中，若化学反应只做体积功，体积功等于压力与体积变化的乘积，即 $W=p_{外}\Delta V$。根据热力学第一定律：

$$\Delta U = Q_V + W$$

恒容条件下，由于 $\Delta V=0$，故 $W=p_{外}\Delta V=0$，即没有做体积功。

$$\Delta U = Q_V \tag{4-2}$$

式（4-2）表示在不做非体积功的恒容条件下，体系所吸收的热量全部用来增加体系的内能。恒容反应热等于体系内能的改变。

（二）恒压反应热

在恒压（压强不变）条件下的反应热称为恒压反应热，用 Q_p 表示。若反应在恒压条件下进行，设体系对外做功 p 为定值，体积由 V_1 变成 V_2，则 $W=p\Delta V$。

根据热力学第一定律，则有

$$\begin{aligned}\Delta U &= Q_p + W = Q_p + p\Delta V\\ &= Q_p - p(V_2 - V_1)\end{aligned}$$

$$U_2 - U_1 = Q_p - p(V_2 - V_1)$$

$$Q_p = (U_2 + pV_2) - (U_1 + pV_1) \tag{4-3}$$

为了便于研究，在热力学中将 $(U+pV)$ 组合定义为焓，用符号“H”表示。单位为 kJ，由于 U、V、p 都是体系的状态函数，因此 H 也是体系的状态函数，具有加和性。

$$H = U + pV$$

$$\Delta H = (U_2 + pV_2) - (U_1 + pV_1) \tag{4-4}$$

由式（4-3）和式（4-4）可得

$$Q_p = H_2 - H_1$$

$$Q_p = \Delta H \tag{4-5}$$

式中，H_1 和 H_2 分别为体系的始态和终态的焓；ΔH 为焓的变化值，简称焓变。式（4-5）表示在不做非体积功的恒压条件下，体系所吸收的热量全部用来使体系的焓增加，即恒压反应热等于体系的焓变。若化学反应的 $\Delta H>0$，则 $Q_p>0$，表示此反应为吸热反应；$\Delta H<0$，则 $Q_p<0$，表示此反

应为放热反应。

一般的化学反应通常在 1 atm（或一定压力）的恒压条件下进行，许多反应都伴随着体积的变化。因此通常所说的反应热，若不做特别说明就等于焓变。

二、热化学方程式

表示化学反应与热效应关系的方程式称为热化学方程式。例如：

$$2H_2(g) + O_2(g) = 2H_2O(l) \qquad \Delta_r H_m^\ominus = -571.6\ \mathrm{kJ/mol}$$

$$3H_2(g) + N_2(g) = 2NH_3(g) \qquad \Delta_r H_m^\ominus = -92.2\ \mathrm{kJ/mol}$$

其中符号 $\Delta_r H_m^\ominus$ 表示化学反应的标准摩尔焓变，数值上等于恒压反应热，常用单位为 kJ/mol。其中“r”表示化学反应，“m”表示摩尔 mol，“⊖”表示标准状态。热力学的标准状态如下。

1. 标准状态下的温度为 298.15 K。

2. 气态物质标准压力：p =101.3 kPa，即标准压力下的理想气体。若为混合气体则是指各气体的分压为标准分压。

3. 溶液中溶质的标准状态：指溶质的浓度（严格讲应为活度）为 1 mol/L。

4. 纯液体或固体是指在一定温度、标准压力下的纯物质。溶剂可看作纯溶剂。

由于化学反应的热效应既与反应进行的条件（温度、压力等）有关，又与反应物和生成物的状态及物质的量有关。因此书写热化学反应方程式时，除了需注明反应热之外，还应注意以下几点。

1. 标明反应各物质的温度和压力。若在 298.15 K 和 101.3 kPa 条件下，可不标注。

2. 标明反应各物质的聚集状态。一般用小写英文字母 s、g、l、aq 分别表示固态、气态、液态和水溶液。

3. 标准摩尔焓变和热化学方程式对应，热化学方程式不同，其标准摩尔焓变也不同。但相互之间存在计量关系。例如：

$$2H_2(g) + O_2(g) = 2H_2O(g) \qquad \Delta_r H_m^\ominus = -483.6\ \mathrm{kJ/mol}$$

$$H_2(g) + \frac{1}{2}O_2(g) = H_2O(g) \qquad \Delta_r H_m^\ominus = -241.8\ \mathrm{kJ/mol}$$

$$H_2(g) + \frac{1}{2}O_2(g) = H_2O(l) \qquad \Delta_r H_m^\ominus = -285.8\ \mathrm{kJ/mol}$$

4. 相同条件下，可逆反应的正反应和逆反应的标准摩尔焓变的符号相反，绝对值相同。例如：

$$H_2O(g) = H_2(g) + \frac{1}{2}O_2(g) \qquad \Delta_r H_m^\ominus = +241.8\ \mathrm{kJ/mol}$$

$$H_2(g) + \frac{1}{2}O_2(g) = H_2O(g) \qquad \Delta_r H_m^\ominus = -241.8\ \mathrm{kJ/mol}$$

三、热效应计算

化学反应热效应有的可以通过实验测得，有些无法用实验测得。不能直接测得的可以用热效应的相关方法来计算。

（一）赫斯定律

1840 年，俄国化学家赫斯（G. H. Hess）根据大量实验总结出如下规律：在一定条件下，化学反应的热效应仅与化学反应的始态和终态有关，与反应的具体完成步骤无关。也就是说，若一个反应可以分为几步进行，那么各分步反应的反应热之和等于这个反应一步发生时的反应热。赫斯定律的提出早于热力学第一定律，但却是热力学第一定律的必然结果。因为焓（或热力学能）是状态函数，只要反应的始态和终态相同，则 ΔH（或 ΔU）就是定值，与反应途径无关。

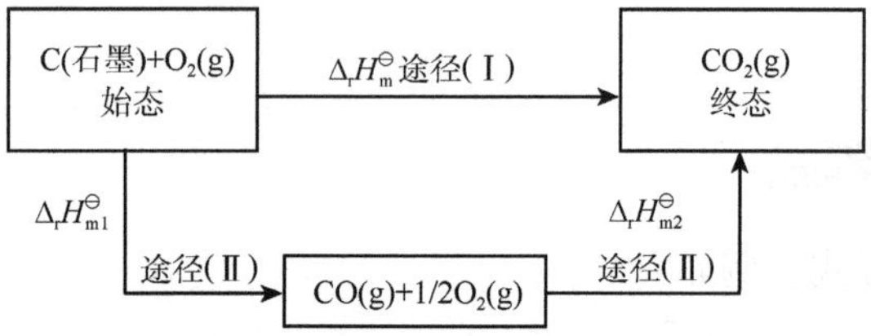

图 4-4 C（石墨）和 O_2（g）反应生成 CO_2（g）的热效应

使用赫斯定律处理具体问题时反应不做非体积功，而且是在恒容或恒压条件下进行。赫斯定律奠定了热化学基础，其重要意义在于可以利用易于测定的反应热来计算难以测定或不能测定的某些反应的反应热，而不一定需要按照原有反应设计的途径进行。

例如，在标准状态下，由 C（石墨）和 O_2（g）反应生成 CO_2（g）可通过两种途径来完成（图 4-4）。

如图 4-4 所示，途径（Ⅰ）是石墨直接氧化成 CO_2（g），途径（Ⅱ）是石墨先被氧化成 CO（g），再进一步氧化成 CO_2（g）。途径（I）和途径（Ⅱ）总的热效应是相等的，根据赫斯定律

$$\Delta_r H_m^\ominus = \Delta_r H_{m1}^\ominus + \Delta_r H_{m2}^\ominus \tag{4-6}$$

由于石墨在燃烧过程中很难控制只生成 CO（g）而不生成 CO_2（g），因此反应 C（石墨）+O_2（g）══CO（g）的 $\Delta_r H_{m1}^\ominus$ 很难从实验中直接测定。但通过式（4-6），我们可以通过另外两个反应的反应热计算得到。

【例 4-2】 在 298K 时，已知下列反应的标准摩尔焓变：

（1）C（石墨）+ O_2（g）══ CO_2（g）　　$\Delta_r H_{m1}^\ominus = -393.5\ \text{kJ/mol}$

（2）CO（g）+ $\frac{1}{2}O_2$（g）══ CO_2（g）　　$\Delta_r H_{m2}^\ominus = -283.0\ \text{kJ/mol}$

试计算反应（3）C（石墨）+ $\frac{1}{2}O_2$（g）══ CO（g）的 $\Delta_r H_{m3}^\ominus$

解： 由于式（3）=式（1）−式（2），则：

$$\Delta_r H_{m3}^\ominus = \Delta_r H_{m1}^\ominus - \Delta_r H_{m2}^\ominus$$

$$\Delta_r H_{m3}^\ominus = \Delta_r H_{m1}^\ominus - \Delta_r H_{m2}^\ominus = -393.5-(-283.0) = -110.5\ (\text{kJ/mol})$$

由例 4-2 可知，根据赫斯定律，当几个方程式之间存在一定的计量关系时，它们方程对应的标准摩尔焓变也具有相同的计量关系。例如，三个方程式（1）、（2）、（3），它们对应的标准摩尔焓变分别为 $\Delta_r H_{m1}^\ominus$、$\Delta_r H_{m2}^\ominus$、$\Delta_r H_{m3}^\ominus$。如果三个反应式之间存在（1）+ 2 ×（2）=（3）的关系，那么标准摩尔焓变也存在 $\Delta_r H_{m1}^\ominus + 2\Delta_r H_{m2}^\ominus = \Delta_r H_{m3}^\ominus$ 的关系。运用这一特性，能够在一些已测反应热数值的基础上，间接求得那些很难准确测定或无法直接测定的化学反应热。前面的例子就是根据赫斯定律间接计算出碳与氧气生成一氧化碳的反应热。

（二）标准摩尔生成焓

由于恒压反应热 $Q_p = \Delta H$，如果知道化学反应中各反应物和生成物的焓值，就可以直接计算出化学反应的反应热。由于我们无法测出物质焓的绝对值，因此人们采用规定相对标准的方法，利用各物质的相对焓值来计算化学反应热。

在一定温度 T（298.15 K 时可不标出）及标准状态下，由最稳定的单质生成 1mol 某物质时的热效应称为该温度下此纯物质的标准摩尔生成焓，用符号 $\Delta_f H_m^\ominus$ 表示，其中“f”表示生成，单位为 kJ/mol。一些常见物质在 298.15 K 时的标准摩尔生成焓见书后附录 6。

下面反应的热效应可看作是 CO_2（g）的标准摩尔生成焓。

C（石墨）+ O_2（g）══ CO_2（g）　　$\Delta_f H_m^\ominus(298.15\ \text{K}) = -393.51\ \text{kJ/mol}$

即：$\Delta_f H_m^\ominus(CO_2, g, 298.15\ \text{K}) = -393.51\ \text{kJ/mol}$

根据标准摩尔生成焓定义可知，最稳定单质的标准摩尔生成焓为零。例如，$\Delta_f H_m^\ominus$（C 石墨，298.15 K）= 0、$\Delta_f H_m^\ominus$（H_2，g，298.15 K）= 0。而对于不同状态的固体物质来讲只有最稳定单质的标准摩尔生成焓才为零。例如，单质碳，$\Delta_f H_m^\ominus$（C 石墨，298.15 K）= 0；而$\Delta_f H_m^\ominus$（C 金刚石，298.15 K）= 1.896 kJ/mol，不为零。

根据标准摩尔生成焓的定义和赫斯定律，可推导出化学反应的标准摩尔焓变，即反应热效应的公式。对任一化学反应，其反应物和生成物的原子种类和数目是相同的，可以用同样的稳定单质来生成反应物和生成物，如图 4-5 所示，其中 $\Delta_r H_m^\ominus$ 指化学反应的标准摩尔焓变，$\sum(\nu_i \Delta_f H_{m,i}^\ominus)_{反应物}$ 指化学反应中各反应物标准摩尔生成焓之和，$\sum(\nu_i \Delta_f H_{m,i}^\ominus)_{生成物}$ 指化学反应中各生成物标准摩尔生成焓之和。

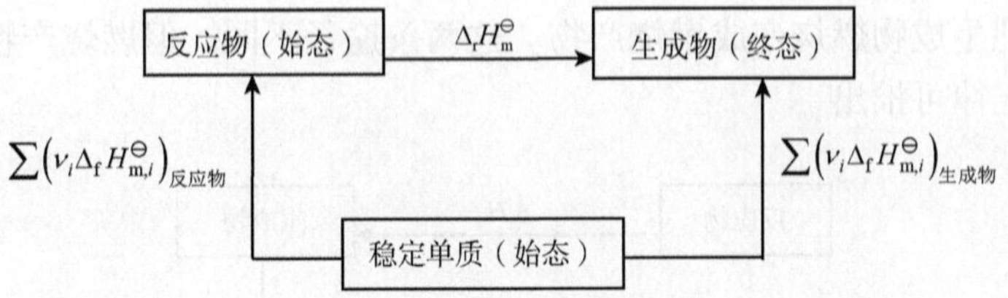

图 4-5　由标准摩尔生成焓计算反应标准摩尔焓变

由图 4-5 可知，化学反应同样可以设计成两条途径。途径（Ⅰ）是以稳定单质为始态，直接生成终态生成物；途径（Ⅱ）分两步，先从稳定单质生成始态反应物，再从始态反应物生成终态生成物。这两个途径所产生的热效应是相等的。由赫斯定律可推出

$$\sum(\nu_i \Delta_f H_{m,i}^\ominus)_{生成物} = \sum(\nu_i \Delta_f H_{m,i}^\ominus)_{反应物} + \Delta_r H_m^\ominus$$

$$\Delta_r H_m^\ominus = \sum(\nu_i \Delta_f H_{m,i}^\ominus)_{生成物} - \sum(\nu_i \Delta_f H_{m,i}^\ominus)_{反应物} \tag{4-7}$$

式中，ν_i 为反应方程式中各物质的化学计量数。该公式的意义为：化学反应的标准摩尔焓变等于生成物的标准摩尔生成焓之和减去反应物的标准摩尔生成焓之和。计算中应注意标准摩尔生成焓需乘以反应式中相应物质的化学计量数 ν_i。

【例 4-3】　葡萄糖的氧化能为人体生理活动提供能量，计算 298.15 K 时葡萄糖氧化反应的标准摩尔焓变。$C_6H_{12}O_6$（s）$+ 6O_2$（g）$=\!=\!=$ $6CO_2$（g）$+ 6H_2O$（l）

解：查附录 6 得到各物质的标准摩尔生成焓如下：

$$\Delta_f H_m^\ominus(C_6H_{12}O_6,s) = -1273.6 \text{ kJ / mol}$$

$$\Delta_f H_m^\ominus(H_2O,l) = -285.8 \text{ kJ / mol}$$

$$\Delta_f H_m^\ominus(CO_2,g) = -393.5 \text{ kJ / mol}$$

根据式（4-7），在 298.15 K 时，

$$\begin{aligned}\Delta_r H_m^\ominus &= \sum(\nu_i \Delta_f H_{m,i}^\ominus)_{生成物} - \sum(\nu_i \Delta_f H_{m,i}^\ominus)_{反应物} \\ &= [6\Delta_f H_m^\ominus(CO_2,g) + 6\Delta_f H_m^\ominus(H_2O,l)] - [\Delta_f H_m^\ominus(C_6H_{12}O_6,s) + 6\Delta_f H_m^\ominus(O_2,g)] \\ &= [6\times(-393.5) + 6\times(-285.8)] - [-1273.3 + 6\times 0] \\ &= -2802.5 \text{ (kJ / mol)}\end{aligned}$$

（三）标准摩尔燃烧焓

大多数有机物很难甚至不能由稳定单质直接合成，因此有机物的标准摩尔生成焓难以测得。同时几乎所有有机物都易燃烧，而且燃烧热很容易通过实验测得，因此常用标准摩尔燃烧焓来计算有机化

学反应的标准摩尔焓变。1mol 物质完全燃烧时产生的热效应，称为该物质的摩尔燃烧焓（也称燃烧热）。用符号 $\Delta_c H_m$ 表示。标准状态下的摩尔燃烧焓，称为标准摩尔燃烧焓，用符号 $\Delta_c H_m^\ominus$ 表示，其中“c”表示燃烧，单位为 kJ/mol。这里所说的完全燃烧是指物质燃烧后生成最稳定的化合物，如 H 变为 H_2O（l）、C 变为 CO_2（g）、S 变为 SO_2（g）等。由于反应已完全燃烧，所以反应后的生成物就不能再燃烧了，并规定这些生成物的标准摩尔燃烧焓为零。一些常见有机物在 298.15 K 时的标准摩尔燃烧焓见附录 6。

利用标准摩尔燃烧焓，同样可求得反应的标准摩尔焓变。标准摩尔燃烧焓和标准摩尔焓变的关系如图 4-6 所示。其中 $\Delta_r H_m^\ominus$ 指化学反应的标准摩尔焓变，$\sum(\nu_i \Delta_c H_{m,i}^\ominus)_{反应物}$ 指化学反应中各反应物标准摩尔燃烧焓之和，$\sum(\nu_i \Delta_c H_{m,i}^\ominus)_{生成物}$ 指化学反应中各生成物标准摩尔燃烧焓之和。

图 4-6 表示设计两条途径：途径（Ⅰ）是以反应物直接燃烧变为燃烧产物；途径（Ⅱ）先把反应物转变为生成物，再把生成物燃烧变成燃烧产物。这两条途径不同，但燃烧产物相同，所产生的热效应是相等的。由赫斯定律可推出

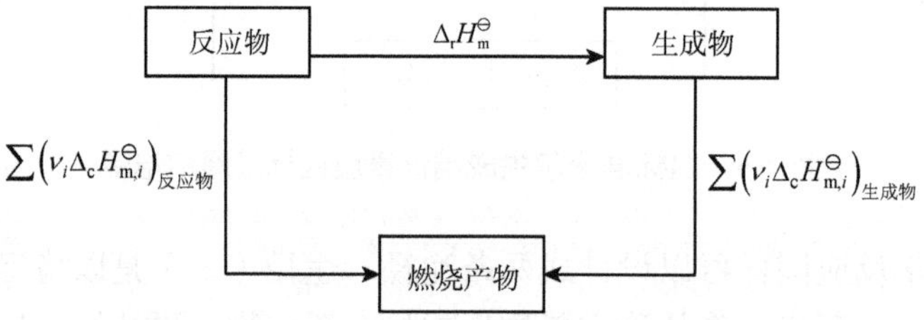

图 4-6　由标准摩尔燃烧焓计算反应标准摩尔焓变

$$\sum(\nu_i \Delta_c H_{m,i}^\ominus)_{反应物} = \Delta_r H_m^\ominus + \sum(\nu_i \Delta_c H_{m,i}^\ominus)_{生成物}$$

$$\Delta_r H_m^\ominus = \sum(\nu_i \Delta_c H_{m,i}^\ominus)_{反应物} - \sum(\nu_i \Delta_c H_{m,i}^\ominus)_{生成物} \qquad (4\text{-}8)$$

式（4-8）表明，化学反应的标准摩尔焓变等于反应物的标准摩尔燃烧焓之和减去生成物的标准摩尔燃烧焓之和。与式（4-7）比较，注意两式中反应物和生成物前的正负号，其减数与被减数的关系正好相反。

链接 燃烧值的应用

标准状态下，1 mol 可燃物完全燃烧生成稳定的化合物时所放出的热量，称为该物质的燃烧热（标准摩尔燃烧焓）。一些有机化合物的燃烧热具有特殊意义，如煤炭、石油的热值（燃烧热）是判断其质量优劣的重要指标之一；而蛋白质、脂肪和糖类（碳水化合物）的燃烧值，是判断其营养价值的重要指标。

第 3 节　热力学第二定律

任务导入 4-3

在热力学第一定律问世后，人们认识到能量不能凭空产生，于是有人提出，设计一类装置，从大气、海洋乃至宇宙中吸收热量，然后将其转变为能量驱动永动机工作，这是第二类永动机。这类永动机能够从单一热源吸收热量，然后全部用来做功，而不引起其他变化。但实际上这不符合热力学第二定律，注定是不能实现的。

热力学第一定律很好地解释了过程发生时的能量变化，而对于过程能否发生、进行的方向和限度

则不能判断，而这些问题可以用热力学第二定律来解决。

一、自发过程

在一定条件下，不需要任何外力作用便可自动发生的过程，称为自发过程。自发过程一般都具有一定的方向性。自然界中自发过程有很多，如水往低处流、铁放在潮湿的空气中会生锈、热从高温物体传向低温物体等。

自发过程的逆过程是非自发过程，非自发表示过程是不能自动进行的，自发过程是热力学的不可逆过程。例如，在没有外力的作用下水是不会从低处流向高处的；生锈的铁不处理锈是不会消失的。这些现象说明自发过程具有一定的方向性。同时自发过程的发生也不是无限制地进行的。存在温差的两个物体放在一起，热量会从高温物体自发传递给低温物体，但当两物体温差为零时，自发过程就停止了。再例如，不同浓度的两种溶液混合，溶质总是从浓溶液向稀溶液扩散，当浓度达到一致时扩散停止。自发过程一般还具有做功的能力。例如，我国的三峡工程就是利用高处的水流下推动水轮机运转进行发电的。

自发过程有两个特点：一是自发过程有确定自发进行的方向和限度，即自发过程不可逆；二是自发过程可用来做有用功（非体积功）。

每个自发过程都有一个物理量来衡量其自发进行的方向和限度。例如，利用温度可以判断热传导过程的方向和限度；利用压力可以判断气体膨胀过程的方向和限度等。那么在一定条件下，一个化学反应能否自发进行？反应进行的限度如何？也应该存在一个衡量的判断依据。经过大量研究发现，一般能自发进行的化学反应都具有两个特点：一是反应总是向能量降低的方向进行；二是反应总是向混乱度增大的方向进行。

二、熵与熵变

链接　中国近代物理学奠基人——胡刚复与“熵”字的由来

胡刚复，江苏无锡人，早年获得哈佛大学哲学博士学位后，毅然回国创建了中国最早的物理实验室，被后人誉为“第一个把真正的物理学引入中国”。1923 年 5 月 25 日德国科学家普朗克来中国讲学提到“Entropy”这个词，胡刚复教授翻译时灵机一动，使用“商”字加火旁来意译这个词，创造了“熵”字，因为熵变是热传导过程中的输入热量除以温度的商。这个译法之后被沿用了下来，从此中国的学术名词里有了“熵”这个字。

研究发现许多自发过程的发生都有混乱度增加的趋势，混乱度是指体系内部各质点运动的无序程度，质点的运动越无序，其混乱度就越大。

自发过程使混乱度增大这一客观规律在日常生活和工作中随处可见。因此，体系有趋向于增大混乱度的倾向，体系混乱度增大有利于反应自发进行。

我们把 O_2 和 N_2 两种气体分别单独储存在一密闭容器的两边，中间用活塞分开，当打开活塞后，两种气体自动混合，直到混合均匀为止。体系的始态是：H_2 分子和 N_2 分子的运动相对有序；体系的终态是：两种气体混合均匀，有序性降低，两气体处在混合状态，即体系的混乱度明显增加了（图 4-7）。

混乱度既是宏观现象，也是体系性质，热力学的混乱度可以用熵来表示。熵的符号为 S，单位为 J/K。熵同焓及内能一样，都是体系的状态函数。体系的混乱度越大，其熵值越大；反之体系的混乱度越小，其熵值也越小。

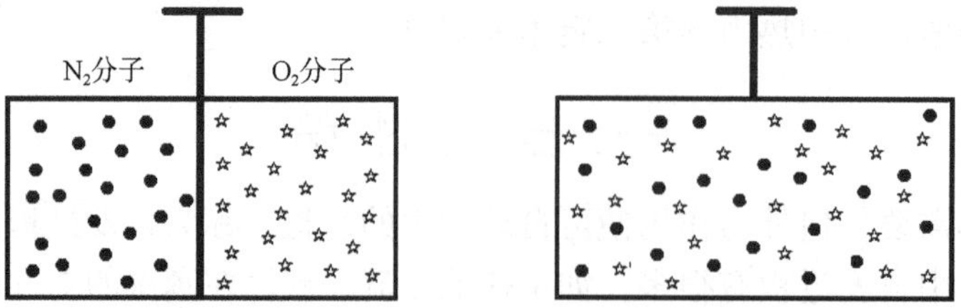

图 4-7　混乱度增加图

热力学规定：在 0 K 时，任何纯物质完美晶体的熵值为零。根据这条规定，可通过实验和计算求得各种物质在指定温度下的熵值。例如，将某纯物质从 0 K 升温到 T K，该过程的熵变为 ΔS：

$$\Delta S = S_T - S_0 = S_T$$

S_T 为该物质的规定熵（也称绝对熵）。在标准状态下，1mol 纯物质规定熵称为标准摩尔熵，用符号 $S_m^{\ominus}$ 表示，单位为 J/（K·mol）。一些常见物质在 298.15 K 时的标准摩尔熵（standard molar entropy）见附录 6。

链接 完美晶体

完美晶体是指原子或分子严格按照一定规律重复排列，长程结构完整（具有一定的周期性和对称性）的有序晶体。所谓“完美晶体”是指没有任何杂质和缺陷的规则晶体。实际中完美晶体是不存在的。

熵也是状态函数。化学反应过程的熵变，只和反应物（始态）和生成物（终态）有关，而与途径无关。与化学反应焓变的计算一样，赫斯定律同样适用于熵变计算。利用各种物质的标准摩尔熵值，可以方便地计算化学反应的标准摩尔熵变。计算公式为

$$\Delta_r S_m^{\ominus} = \sum (\nu_i S_{m,i}^{\ominus})_{\text{生成物}} - \sum (\nu_i S_{m,i}^{\ominus})_{\text{反应物}} \quad (4\text{-}9)$$

热力学第二定律指出：不可能把热从低温物体传到高温物体而不产生其他影响，或不可能从单一热源取热使之完全转换为有用的功而不产生其他影响，或不可逆热力学过程中熵的微增量总是大于零，又称“熵增定律”。这表明了在自然过程中，反应的自发过程总是向着总熵值（包括体系和环境的熵）增加的方向进行。所有物质在 298.15K 的标准摩尔熵 $S_m^{\ominus}$ 均大于零，单质的标准摩尔熵不等于零，这点和单质的标准摩尔生成焓等于零不同。而整个反应的熵变存在如下规律：当 $\Delta S_m^{\ominus}>0$ 时，表明反应能够正向自发进行；当 $\Delta S_m^{\ominus}=0$ 时，反应处在平衡状态；当 $\Delta S_m^{\ominus}<0$ 时，反应不能自发正向进行，而会逆向自发反应。

三、吉布斯自由能与化学反应方向

（一）吉布斯自由能

绝大多数自发进行的化学反应都趋向于让体系释放最多的热量，使体系能量最低。即体系的焓减少（$\Delta H<0$），反应自发进行。这种状况在大多数，特别是对温度不高的放热反应是适用的。但也有例外，有些吸热反应也能自发地进行。例如，碳酸钙分解反应：$CaCO_3(s) = CaO(s) + CO_2(g)$，$\Delta_r H_m^{\ominus} = 178.32$ kJ / mol 。该反应在常温下不能自发进行，但当温度达到 840℃以上时则能够自发进行，说明有些吸热反应（$\Delta H>0$）在一定条件下也是能自发进行的，即 $\Delta H<0$ 并不是判断自发反应的唯一因素，前面讲到的自发过程中熵的增加是影响自发反应的另一因素。

焓变和熵变是影响反应是否自发进行的两个重要因素，为了讨论方便，需要一个新的函数，它既能综合体现焓和熵两个状态函数，又方便作为反应自发性的判据，1876 年美国物理学家吉布斯（Gibbs）

提出了用自由能来综合熵和焓，定义如下：

$$G = H - TS \tag{4-10}$$

G 称为吉布斯自由能，简称自由能。因为 H、T、S 都是状态函数，因此由它们组成的新的物理量 G 也是状态函数。

吉布斯自由能与焓一样无法确定其绝对值，但能得到其变化值 ΔG，化学反应的吉布斯自由能变用 $\Delta_r G_m$ 表示，公式可转换为

$$\Delta_r G_m = \Delta_r H_m - T\Delta_r S_m \tag{4-11}$$

式（4-11）称为吉布斯-亥姆霍兹公式，式中 T 为热力学温度，$\Delta_r G_m$、$\Delta_r H_m$ 和 $\Delta_r S_m$ 分别指热力学某温度下的自由能变、焓变和熵变。在恒温、恒压且不做非体积功的条件下，吉布斯自由能变可作为化学反应的方向和限度的判断依据。

$\Delta_r G_m > 0$ 表明反应逆向自发进行；$\Delta_r G_m = 0$ 表明反应处于平衡状态；$\Delta_r G_m < 0$ 表明反应正向自发进行。

如果体系处于标准状态，则可用标准摩尔吉布斯自由能变 $\Delta_r G_m^\ominus$ 来判断标准状态下反应自发进行的方向。公式为

$$\Delta_r G_m^\ominus = \Delta_r H_m^\ominus - T\Delta_r S_m^\ominus \tag{4-12}$$

上述反应方向的判断依据仍然适用。自发进行的化学反应总是向吉布斯自由能减小的方向进行。

（二）标准状态下吉布斯自由能变的计算

化学热力学规定，在标准状态下，由最稳定单质生成 1 mol 某物质时的吉布斯自由能变，称为该物质的标准摩尔生成吉布斯自由能，用符号 $\Delta_f G_m^\ominus$ 表示，单位为 kJ/mol。定义规定：最稳定单质的 $\Delta_f G_m^\ominus(T) = 0$。一些常见物质的 $\Delta_f G_m^\ominus$ 见附录 6。一般在计算过程中如不做特别说明，温度均指 298.15 K。

计算一个化学反应的标准摩尔吉布斯自由能变有两种方法：一种方法是查各反应物和生成物的标准摩尔生成吉布斯自由能，通过公式计算得到。$\Delta_r G_m^\ominus$ 的计算与标准摩尔焓变计算公式形式相同，即

$$\Delta_r G_m^\ominus = \sum(\nu_i \Delta_f G_{m,i}^\ominus)_{生成物} - \sum(\nu_i \Delta_f G_{m,i}^\ominus)_{反应物} \tag{4-13}$$

另一种方法是直接用式（4-12）进行计算。

【例 4-4】 糖代谢的总反应为

$$C_{12}H_{22}O_{11}(s) + 12O_2(g) \xlongequal{\quad} 12CO_2(g) + 11H_2O(l)$$

已知 $\Delta_f G_m^\ominus(C_{12}H_{22}O_{11}, s) = -1544.6\ \text{kJ/mol}$，计算该反应在 298.15K 时标准摩尔吉布斯自由能变，并判断反应能否自发进行。

解： 查附录 6，其他物质的标准摩尔生成吉布斯自由能如下：

$$\Delta_f G_m^\ominus(CO_2, g) = -394.4\ \text{kJ/mol}；\quad \Delta_f G_m^\ominus(H_2O, l) = -237.1\ \text{kJ/mol}$$

根据式（4-13）可得

$$\begin{aligned}\Delta_r G_m^\ominus &= \sum(\nu_i \Delta_f G_{m,i}^\ominus)_{生成物} - \sum(\nu_i \Delta_f G_{m,i}^\ominus)_{反应物}\\ &= [12\Delta_f G_m^\ominus(CO_2, g) + 11\Delta_f G_m^\ominus(H_2O, l)] - [12\Delta_f G_m^\ominus(O_2, g) + \Delta_f G_m^\ominus(C_{12}H_{22}O_{11}, s)]\\ &= [12\times(-394.4) + 11\times(-237.1)] - (12\times 0 - 1544.6)\\ &= -5796.3\ (\text{kJ/mol})\end{aligned}$$

由于 $\Delta_r G_m^\ominus < 0$，表明该反应在标准状态下可以正向自发进行。

（三）非标准状态下吉布斯自由能变的计算

利用化学反应的标准摩尔吉布斯自由能变可以判断标准状态下的反应进行方向。实际上许多化学反应并不是在标准状态下完成的，因此要利用非标准状态的吉布斯自由能变来判断反应进行的方向。那么如何计算非标准状态下的吉布斯自由能变呢？

本章只要求计算各物质在分压为101.3kPa时的吉布斯自由能变，所以非标准状态只需考虑温度变化即可。由于温度对焓变和熵变的影响很小，在一般的计算中，可忽略它们随温度的变化，但吉布斯自由能受温度的影响很大，不能忽略。根据吉布斯公式（4-11）：

$$\Delta_r G_m = \Delta_r H_m - T\Delta_r S_m$$

温度 T、101.3 kPa 时，$\Delta_r G_m(T) = \Delta_r H_m(T) - T\Delta_r S_m(T)$

由于温度对焓变和熵变的影响很小，故可近似采用298.15 K时的标准摩尔焓变和标准摩尔熵变数值来代替温度 T 时的焓变和熵变，因此温度 T 时的摩尔吉布斯自由能变，用近似公式表示如下

$$\Delta_r G_m^{\ominus}(T) = \Delta_r H_m^{\ominus}(298.15\,\text{K}) - T\Delta_r S_m^{\ominus}(298.15\,\text{K}) \quad (4\text{-}14)$$

当熵变和焓变对反应自发方向的贡献互相矛盾时，反应的自发方向往往由反应温度决定。

（四）吉布斯-亥姆霍兹公式的应用

1. 估计自发反应的温度条件 由于焓和熵对化学反应的进行方向都有影响，现将化学反应类型分为如下四种。表4-1列出了不同焓变、熵变和自由能变条件下反应温度对反应方向的影响。

表4-1 恒压下温度对反应自发性的影响

反应类型	ΔH	ΔS	$\Delta G=\Delta H-T\Delta S$	自发进行的温度条件
类型Ⅰ	(−)	(+)	(−)	任何温度都是自发过程
类型Ⅱ	(+)	(−)	(+)	任何温度都是非自发过程
类型Ⅲ	(+)	(+)	低温（+） 高温（−）	低温时是非自发过程 高温时是自发过程
类型Ⅳ	(−)	(−)	低温（−） 高温（+）	低温时是自发过程 高温时是非自发过程

表4-1表明，对 ΔH 和 ΔS 符号相反的反应类型Ⅰ和类型Ⅱ，反应方向不受温度变化的影响。而当 ΔH 和 ΔS 符号相同的反应类型Ⅲ和类型Ⅳ，温度对反应方向起到决定作用。

2. 计算反应方向的转变温度 当反应的 ΔH 和 ΔS 符号相同时，温度的变化会引起 ΔG 正负号的变化，从而导致化学反应的方向也发生变化。如 $\Delta H>0$，$\Delta S>0$ 的反应，随着温度的逐渐升高，ΔG 的变化从 $\Delta G>0$ 到 $\Delta G=0$，再到 $\Delta G<0$。同理如 $\Delta H<0$，$\Delta S<0$ 的反应，随着温度逐渐升高，ΔG 的变化从 $\Delta G<0$ 到 $\Delta G=0$，再到 $\Delta G>0$。其中当 $\Delta G=0$ 时反应达到平衡，此时的温度称为转变温度，转变温度可以用吉布斯-亥姆霍兹公式计算

$$\Delta_r G_m^{\ominus} = \Delta_r H_m^{\ominus} - T\Delta_r S_m^{\ominus} \qquad \Delta_r G_m^{\ominus} = 0$$

$$T_{转变} = \frac{\Delta_r H_m^{\ominus}}{\Delta_r S_m^{\ominus}} \quad (4\text{-}15)$$

当 $\Delta_r H_m^{\ominus}<0$，$\Delta_r S_m^{\ominus}<0$ 时：若 $T<T_{转变}$，反应正向自发进行；若 $T>T_{转变}$，反应逆向自发进行。当 $\Delta_r H_m^{\ominus}>0$，$\Delta_r S_m^{\ominus}>0$ 时：若 $T>T_{转变}$，反应正向自发进行；若 $T<T_{转变}$，反应逆向自发进行。

自测题

一、选择题

【单项选择题】

1. 某体系对环境做了 20 kJ 的功，并传递了 5 kJ 热量给环境，则体系的热力学能增加了（　　）

A. 25 kJ　　B. 15 kJ

C. −25 kJ　　D. 15 kJ

E. 20 kJ

2. 下列物质中，$\Delta_f H_m^\ominus$ 不等于 0 的是（　　）

A. Fe（s）　　B. HCl（g）

C. 石墨　　D. Ne（g）

E. O_2（g）

3. $2NH_3$（g）$+3Cl_2$（g）$=\!=\!=$ N_2（g）$+6HCl$（g），$\Delta_r H_m^\ominus=-461.5$ kJ / mol，温度升高 30 K，则 $\Delta_r H_m^\ominus$ 应为（　　）

A. 小于 −461.5 kJ/mol

B. 远小于 −461.5 kJ/mol

C. 约等于 −461.5 kJ/mol

D. 等于 −461.5 kJ/mol

E. 远大于 −461.5 kJ/mol

4. 下列反应中，$\Delta_r G_m^\ominus$ 等于产物 $\Delta_f G_m^\ominus$ 的是（　　）

A. Ag^+（aq）$+Br^-$（aq）$=\!=\!=$ AgBr（s）

B. 2Ag（s）$+Br_2$（l）$=\!=\!=$ 2AgBr（s）

C. Ag（s）$+1/2Br_2$（l）$=\!=\!=$ AgBr（s）

D. Ag（s）$+1/2Br_2$（g）$=\!=\!=$ AgBr（s）

E. 2Ag（aq）$+Br_2$（g）$=\!=\!=$ 2AgBr（s）

5. 下列属于状态函数的是（　　）

A. Q　　B. H　　C. ΔG

D. ΔU　　E. ΔT

6. 已知 MnO_2（s）$=\!=\!=$ MnO（s）$+1/2O_2$（g），$\Delta_r H_m^\ominus=134.8$ kJ / mol，MnO_2（s）$+$Mn（s）$=\!=\!=$ 2MnO（s），$\Delta_r H_m^\ominus=-250.1$ kJ / mol，则 MnO_2 的标准摩尔生成焓 $\Delta_f H_m^\ominus$（kJ/mol）为（　　）

A. −591.7　　B. 317.5

C. 519.7　　D. −317.5

E. −384.9

7. 下列属于体系的强度性质的是（　　）

A. 温度　　B. 熵　　C. 热力学能

D. 焓　　E. 质量

8. 一个封闭体系从状态 1 到状态 2，下列等式成立的是（　　）

A. $U_1=U_2$　　B. $Q_1=Q_2$

C. $W_1=W_2$　　D. $\Delta U=Q+W$

E. $T_1=T_2$

9. 某一过程的 $\Delta_r G_m^\ominus=0$，该过程是（　　）

A. 正向自发进行

B. 逆向自发进行

C. 过程处于平衡状态

D. 不能判断自发进行的方向

E. 以上说法都不对

10. 2NO（g）$+O_2$（g）$=\!=\!=$ $2NO_2$（g）反应达到平衡时的温度为（　　）。[已知 $\Delta_r H_m^\ominus=-114$ kJ / mol，$\Delta_r S_m^\ominus=-146$ J / (K·mol)]

A. 1053 K　　B. 781 K

C. 1326 K　　D. 755 K

E. 985 K

11. 对于封闭体系来说，当过程的始态与终态确定后，下列各项中有确定值的是（　　）

A. $Q+W$　　B. W　　C. Q

D. $Q-W$　　E. $Q\times W$

12. 下列物质中，$\Delta_f G_m^\ominus$ 等于 0 的是（　　）

A. Fe_2O_3（s）　　B. Cl_2（g）

C. 金刚石　　D. NO（g）

E. H_2O（g）

13. 如果某化学反应的 $\Delta_r G_m^\ominus>0$，则反应在标准状态下（　　）

A. 正向自发进行　　B. 处于平衡状态

C. 逆向自发进行　　D. 是放热反应

E. 是吸热反应

14. 热力学能是体系的状态函数，若某一体系从始态出发，经一循环过程又回到始态，则该系统的热力学能的改变量是（　　）

A. $\Delta U=0$　　B. $\Delta U>0$

C. $\Delta U<0$　　D. $\Delta U=Q$

E. $\Delta U=W$

15. 体系对环境做功 20 kJ，并向环境放热 20 kJ，则体系热力学能的变化是（　　）

A. +30 kJ　　B. +10 kJ

C. −10 kJ　　D. −40 kJ

E. 40 kJ

【多项选择题】

16. 对于封闭体系来说，当过程的始态与终态确定后，下列各项中有确定值的是（　　）

A. Q　　B. ΔG　　C. W

D. ΔS　　E. $Q+W$

17. 体系的下列各组物理量中都是状态函数的是（　　）

A. H、S、U、m　　B. T、p、V、Q

C. T、p、V、n　　D. T、p、U、W

E. p、G、S、Q

18. 在标准状态下，稳定单质的下列数值为 0 的是（　　）

A. $\Delta_c H_m^\ominus$　　B. $\Delta_f H_m^\ominus$

C. $S_m^\ominus$　　D. $\Delta_f G_m^\ominus$

E. ΔU

19. 下列说法正确的是（　　）

A. 焓是状态函数

B. 焓是人为规定的一种具有能量量纲的热力学函数

C. 在恒压、不做非体积功的条件下，焓变与化学反应热相等

D. 焓是体系与环境进行热交换的能量

E. 焓变与反应的途径无关

二、简答题

1. 简述体系的广度性质与强度性质的联系与区别。
2. 什么是自发过程，自发过程有什么特点？

三、计算题

1. 计算下列反应在 298 K 时的标准摩尔焓变、标准摩尔熵变，以及在 373 K 时的标准摩尔自由能变，并判断反应能否自发进行。

$$\frac{1}{2}I_2(g)+\frac{1}{2}H_2(g) \rightleftharpoons HI(g)$$

2. 利用标准摩尔燃烧焓计算下列反应的标准摩尔焓变，并判断该反应是吸热反应还是放热反应。

$$3C_2H_2(g) = C_6H_6(l)$$

（王红波）

第五章
溶液与胶体溶液

学习目标

1. 知识目标：掌握溶液浓度的表示方法及溶液的配制方法、稀溶液依数性概念、胶体的性质；熟悉分散系的分类及胶体的结构；了解稀溶液的依数性在医药中的应用。

2. 能力目标：能够熟练地应用溶液浓度、稀溶液的依数性及溶胶的性质特点进行相关计算，并且解决具体生活和药学专业中的相关问题。

3. 素质目标：掌握溶液相关的科学思维方式和解决问题的科学方法，具备发现问题、独立分析和解决问题的能力；培养创新精神、劳动精神和精益求精、严谨踏实的工作态度。

溶液和胶体溶液是自然界常见的物质形态。日常生活中，有很多物质是以溶液或胶体溶液的形式存在。例如，生理盐水、注射液、眼药水等属于溶液，人体的淋巴、血液、脑脊液等属于胶体溶液。在药物的研究、生产和使用中，许多化学反应是在溶液和胶体溶液中进行；食物、药物在体内的吸收和代谢过程也是在溶液和胶体溶液中进行。因此，对于溶液和胶体溶液进行研究便具有了重要意义。

第1节　溶　　液

任务导入 5-1

在我们的生活、学习和生产中，经常接触各类溶液。食物和药物必须形成溶液才便于消化吸收，很多药物和试剂必须配成一定浓度的溶液才能使用，药物分析和检验工作的许多操作也都在溶液中进行。正确认识溶液，准确配制和使用一定浓度的溶液，是科学工作者必须掌握的基本知识和技能。

一、分 散 系

将一种或几种物质分散在另一种物质中形成的体系称为分散系。分散系中被分散的物质称为分散质（或分散相），容纳分散质的物质称为分散介质（或分散剂）。例如，NaCl 溶液就是 NaCl 分散在水中形成的分散体系，其中 NaCl 为分散质，水为分散介质。

根据分散质的颗粒大小，通常将分散系分为分子或离子分散系、胶体分散系和粗分散系，见表 5-1。

表 5-1　分散系的分类

分散系类型		分散质组成	粒径	性质	示例
分子或离子分散系	真溶液	小分子或离子	＜1 nm	均相，透明，均匀，稳定	蔗糖、食盐等的水溶液
胶体分散系	溶胶	分子、离子的聚集体	1～100 nm	非均相，不均匀，有相对稳定性	$Fe(OH)_3$ 溶胶、As_2S_3 溶胶
	高分子溶液	高分子		均相，透明，均匀，稳定	蛋白质、动物胶溶液
粗分散系	悬浊液	固体小颗粒	＞100 nm	非均相，不透明，不均匀	牛奶、豆浆、泥浆
	乳浊液	液体小珠滴			

二、溶液浓度的表示方法

一种或几种物质以分子或离子的状态均匀地分散到另一种物质中而形成的均一、稳定的体系称为溶液。被溶解的物质称为溶质，溶解溶质的物质称为溶剂。因溶剂在常温时有固、液、气三种状态，所以溶液在常温时也有三种状态。气体混合物称为气态溶液，简称气体，如空气就是一种气态溶液。彼此呈分子分散的固体混合物称为固态溶液，如合金就是一种固态溶液。一般所说的溶液是指液态溶液，是气体、液体或固体在液态溶剂中溶解所形成的溶液。其中，水是最常见的溶剂，当未对溶剂加以说明时，一般所说的溶液就是指水溶液。除水之外，汽油、乙醇、氯仿等也是常用的溶剂。

临床上给患者输液或用药时，必须规定药液的组成与用量；溶液的渗透压的大小也与溶液浓度有关。因此溶液的浓度是溶液的一个重要特征。溶液的浓度是指一定量的溶液或溶剂中所含溶质的量，其表示方法很多，常用的有以下几种。

（一）物质的量浓度

溶液中溶质 B 的物质的量除以溶液的体积称为溶质 B 的物质的量浓度，用符号 c_B 或 c（B）表示，即

$$c_B = \frac{n_B}{V} \tag{5-1}$$

式中，n_B 为溶质 B 的物质的量，V 为溶液的体积。物质的量浓度的国际单位是 mol/m^3，在实际工作中常用 mol/L、mmol/L、μmol/L 等单位来表示。例如，1 L NaOH 溶液中含有 0.2 mol 的 NaOH，可表示为 c_{NaOH}=0.2 mol/L 或 c（NaOH）=0.2 mol/L。

【例 5-1】 《中华人民共和国药典》（简称《中国药典》）规定，生理盐水的规格是 1.0 L 生理盐水中含 NaCl 9.0 g，求生理盐水的物质的量浓度。

解：

$$n_{NaCl} = \frac{m_{NaCl}}{M_{NaCl}} = \frac{9.0}{58.44} = 0.154(\text{mol})$$

$$c_{NaCl} = \frac{n_{NaCl}}{V} = \frac{0.154}{1} = 0.154(\text{mol/L})$$

（二）质量浓度

溶液中溶质 B 的质量（m_B）除以溶液的体积（V）称为溶质 B 的质量浓度，用符号 ρ_B 或 ρ（B）表示，即

$$\rho_B = \frac{m_B}{V} \tag{5-2}$$

式中，m_B 为溶质 B 的质量，V 为溶液的体积。质量浓度的国际单位是 kg/m^3，在实际工作中常用 g/L、mg/L、μg/L 等单位来表示。使用质量浓度表示溶液组成时，注意与密度（ρ）的区别：密度为溶液的质量与溶液的体积之比，即 $\rho = m / V$，单位为 kg/L 或 g/mL。

【例 5-2】 200 mL 葡萄糖注射液中含有 10.0 g 葡萄糖（$C_6H_{12}O_6$），求葡萄糖注射液的质量浓度是多少。

解：

$$\rho_{C_6H_{12}O_6} = \frac{m_{C_6H_{12}O_6}}{V} = \frac{10.0}{0.2} = 50.0(\text{g/L})$$

医药学上，由固态溶质配制溶液时，常用质量浓度表示溶液的组成。例如，50 g/L 葡萄糖溶液、9 g/L 氯化钠溶液、12.5 g/L 碳酸氢钠溶液等。

（三）质量摩尔浓度

溶液中溶质 B 的物质的量（n_B）除以溶剂 A 的质量（m_A）称为溶质 B 的质量摩尔浓度，用符号 b_B 或 b（B）表示，即

$$b_B = \frac{n_B}{m_A} \tag{5-3}$$

式中，n_B 为溶质 B 的物质的量，单位为 mol；m_A 为溶剂 A 的质量，单位为 kg，质量摩尔浓度的国际单位为 mol/kg。用质量摩尔浓度表示溶液浓度的优点是其数值不受温度变化的影响。对于极稀的水溶液来说，质量摩尔浓度的单位为 mol/kg，物质的量浓度的单位为 mol/L，质量摩尔浓度在数值上近似等于物质的量浓度，即 $b_B \approx c_B$。

【例 5-3】 500 g 水中溶解了 4.0 g 的 NaOH，求此溶液的质量摩尔浓度。

解：

$$n_{NaOH} = \frac{m_{NaOH}}{M_{NaOH}} = \frac{4.0}{40.0} = 0.10(\text{mol})$$

$$b_{NaOH} = \frac{n_{NaOH}}{m_{H_2O}} = \frac{0.10}{0.50} = 0.20(\text{mol/kg})$$

（四）体积分数

溶液中溶质 B 的体积与溶液总体积之比称为溶质 B 的体积分数，用符号 φ_B 或 φ（B）表示。即

$$\varphi_B = \frac{V_B}{V} \tag{5-4}$$

式中，V_B 为溶质的体积，V 为溶液的体积。

当纯溶质为液态（如乙醇、甘油等）时，常用体积分数（φ_B）表示溶液的组成。体积分数可用小数表示，亦可用百分数表示。例如，临床上，医用消毒酒精的体积分数为 0.75 或 75%，它表示 100 mL 酒精溶液中含乙醇 75 mL。$\varphi_{乙醇}$=0.30～0.50 的溶液可用于高热患者擦浴以降低体温。

（五）质量分数

溶液中溶质 B 的质量与溶液的质量之比称为溶质 B 的质量分数，用符号 ω_B 或 ω（B）表示，即

$$\omega_B = \frac{m_B}{m} \tag{5-5}$$

式中，m_B、m 分别表示溶质 B、溶液的质量。质量分数可用小数表示，亦可用百分数表示。例如，市售浓硫酸的质量分数为 0.98 或 98%，它表示 100 g 浓硫酸中含 H_2SO_4 98 g。

在实验室和生产实际中，根据溶液的用途和习惯，采用不同的浓度表示方法。例如，用于进行化学反应的溶液，常用物质的量浓度表示；临床使用的溶液，常用质量浓度和体积分数表示。

三、溶液浓度的换算

根据实际工作的需要，可选用不同的浓度来表示同一溶液的组成，这就涉及溶液浓度之间的换算。在进行换算时，要根据溶液浓度表示方法的基本定义，找出不同表示方法之间的联系。

（一）质量浓度与物质的量浓度之间的换算

根据质量浓度和物质的量浓度的定义，可以得出

$$c_B = \frac{m_B}{VM_B} = \frac{\rho_B}{M_B} \tag{5-6}$$

【例 5-4】 1000 mL $NaHCO_3$ 溶液中含有 50.0 g $NaHCO_3$，计算此溶液的质量浓度和物质的量浓度分别是多少。

解：

$$\rho_{NaHCO_3}=\frac{m_{NaHCO_3}}{V}=\frac{50.0}{1.0}=50.0(g/L)$$

$$c_{NaHCO_3}=\frac{\rho_{NaHCO_3}}{M_{NaHCO_3}}=\frac{50.0}{84.0}\approx 0.6(mol/L)$$

（二）质量分数与物质的量浓度的换算

当质量分数与物质的量浓度（公式中含有体积）进行换算时，要以溶液的密度（ρ）为桥梁才能实现。

根据质量分数与物质的量浓度的定义可得出

$$c_B=\frac{\omega_B m}{M_B V}=\frac{\omega_B \rho}{M_B} \tag{5-7}$$

式中，ρ 为溶液密度（g/L）。

【例 5-5】 市售浓硫酸的质量分数为 98%，密度为 1.84 kg/L，计算此浓硫酸的物质的量浓度和质量浓度分别是多少。

解：

$$c_{H_2SO_4}=\frac{\omega_{H_2SO_4}\rho}{M_{H_2SO_4}}=\frac{98\%\times1.84\times1000}{98.07}\approx 18.4(mol/L)$$

$$\rho_{H_2SO_4}=c_{H_2SO_4}M_{H_2SO_4}=18.4\times98.07\approx1804.5(g/L)$$

需要说明的是，以上两种换算方法及公式仅为示例，熟练掌握各种浓度表示方法的定义与数学表达式，就可以进行任意两种溶液浓度之间的换算。

四、溶液的配制与稀释

溶液的配制与稀释是化学和医药工作中常用的基本操作。在进行这些基本操作时，都要根据具体要求先进行有关计算。

（一）溶液的配制

溶液配制的基本方法有以下两种。

1. 一定质量溶液的配制 当用质量分数 ω_B、质量摩尔浓度 b_B 表示溶液浓度时，采用此法配制。配制时将定量的溶质和溶剂混合均匀即可。配制的步骤通常是计算、称量、溶解、混匀。例如，配制质量分数为 0.20 的 NaCl 溶液 100 g，分别称取 20 g 固体 NaCl 和 80 g 纯化水，溶解混合均匀即可。

2. 一定体积溶液的配制 当用质量浓度 ρ_B、物质的量浓度 c_B、体积分数 φ_B 表示溶液浓度时，采用此法配制。配制时将一定质量（或体积）的溶质与适量的溶剂混合，完全溶解后，再加溶剂至所需体积，混匀即可。配制的步骤通常是计算、称量、溶解、定量转移、定容、混匀。

【例 5-6】 《中国药典》规定，生理盐水的质量浓度为 9 g/L，如何配制 500 mL 生理盐水？

解：（1）计算配制所需 NaCl 的质量：

$$m_{NaCl}=\rho_{NaCl}V=9\times0.5=4.5(g)$$

（2）配制方法 称取 4.5 g NaCl 置于烧杯中，加少量纯化水溶解，转移至 500 mL 量筒（或量杯）中，再用少量纯化水洗涤烧杯 2～3 次，洗涤液也全部转移至量筒（或量杯）中，此过程称为定量转移，最后加纯化水至 500 mL 刻度，混匀即可。

注意：配制溶液时，应根据配制要求选择相应的仪器。如对溶液的浓度要求不高时，可用台秤或托盘天平称取相应质量的物质，用量筒（或量杯）量取相应体积的液体。若对溶液的浓度要求比较精确时，则需用分析天平称取相应质量的溶质，移液管移取相应体积的液体，并使用容量瓶来定容。

链接

葡萄糖注射液可以调节水盐、电解质及酸碱平衡，可以补充能量和体液，可用于各种原因引起的进食不足或大量体液丢失（如呕吐、腹泻等）、饥饿性酮症，亦可用于治疗低血糖症、高钾血症，可作为高渗溶液用作组织脱水剂、配制腹膜透析液、用作药物稀释剂等。该注射液的配制非常重要。作为一名临床药师，你接到一个任务，要配制 50 g/L 的葡萄糖注射液 1000 mL，应该如何去做？

（二）溶液的稀释

在浓溶液中加入溶剂使溶液的浓度降低的操作称为溶液的稀释。稀释的特点是稀释前后溶液中所含溶质的量不变。设稀释前溶液的浓度为 c_1、体积为 V_1，稀释后溶液的浓度为 c_2、体积为 V_2，则

$$c_1V_1=c_2V_2 \tag{5-8}$$

式（5-8）称为稀释公式，使用时要注意等式两边单位一致，公式中 c 可以替换为 c_B、ρ_B 或 φ_B 等其他浓度表示方法。

【例 5-7】　如何用体积分数为 95%的药用酒精配制体积分数为 75%的医用消毒酒精 500 mL？

解：（1）计算所需体积分数为 95%的药用酒精的体积。根据 $\varphi_{B1}V_1=\varphi_{B2}V_2$，得出：

$$V_1=\frac{75\%\times500}{95\%}\approx395(\text{mL})$$

（2）稀释方法　用量筒量取 95%的药用酒精 395 mL，加纯化水稀释至 500 mL，混匀即可。

第 2 节　稀溶液的依数性

任务导入 5-2

在寒冷的冬天，为保障人民群众安全出行、高速公路安全畅通，新闻报道上经常能够看到各地交通集团高速公路管理中心出动撒盐车，对辖区内的高架、桥梁进行预防性撒盐作业，防止桥梁出现积雪结冰现象。为什么撒盐就能够预防结冰、消融积雪？

溶质溶解在溶剂中形成溶液之后，有些性质与溶质的本性有关，比如颜色、气味、酸碱性等；而另外一些性质则与溶质的本性无关，只取决于溶质微粒的数目，如蒸气压、沸点、凝固点等。当溶液较稀时，这些性质的改变值与溶液中溶质的质点数成正比，我们称其为稀溶液的“依数性”。稀溶液的依数性包括溶液的蒸气压下降、沸点升高、凝固点降低和溶液的渗透压，在日常生活和医药上都有着重要的意义。例如，临床上使用生理盐水给患者冲洗伤口，可以不损伤组织，有利于吸收和减轻疼痛；使用 50 g/L 的葡萄糖或生理盐水给大量失水的患者静脉滴注补水，同时不损伤血细胞的正常生理功能。

一、溶液的蒸气压下降

（一）蒸气压

在一定温度下，将某纯溶剂放在密闭容器中，由于分子的热运动，液体表面一部分动能较高的溶剂分子脱离液体表面，扩散到空气中形成气相的溶剂分子，这一过程称为蒸发。同时，液面上的气相溶剂分子在不停运动，也会接触到液体表面而被吸引到液相中，这一过程称为凝结。一定温度下，溶剂的蒸发速率是恒定的。开始阶段，蒸发过程占优势，但随着气相中溶剂分子数目的增多，凝结的速率逐渐增大，最终蒸发速率与凝结速率相等，气相和液相达到平衡，此时蒸汽所具有的压力称为该温度下该溶剂的饱和蒸气压，简称蒸气压，用符号 p 表示，单位为 Pa 或 kPa。

蒸气压与物质的本性和温度有关。不同的物质具有不同的蒸气压，如在 293 K 时，水的蒸气压为 2.34 kPa，乙醚的蒸气压为 57.6 kPa；同一物质的蒸气压随温度的升高而增大，如水的蒸气压，在 273 K 时为 0.610 kPa，在 373 K 为 101.3 kPa。我们常将蒸气压较大的物质称为易挥发物质，而将蒸气压较小的物质称为难挥发物质。

不仅液体有蒸气压，固体也可以蒸发，因此也具有一定的蒸气压。大多数固体物质的蒸气压都很小。固体直接蒸发为气体的过程称为升华，如樟脑、碘、萘等属于易升华物质。

（二）溶液的蒸气压下降

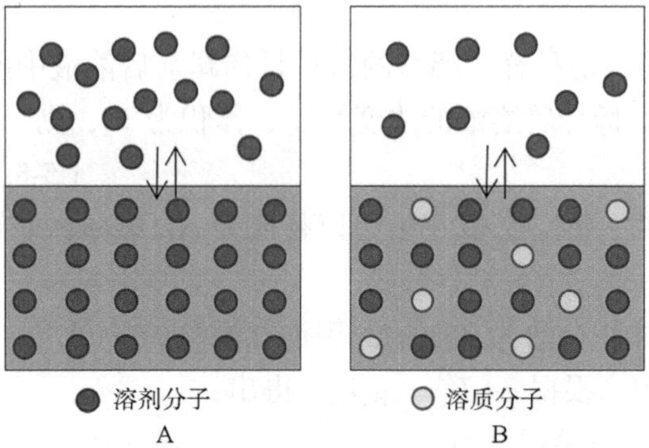

图 5-1 纯溶剂（A）和溶液（B）的蒸发-凝结示意图

如果将难挥发溶质溶解在溶剂中形成溶液，如图 5-1 所示，由于溶剂的部分表面被溶质分子占据，单位时间逸出液面的溶剂分子数相应减少，所以，溶液的蒸气压（p）必然低于纯溶剂的蒸气压（p^0）。这种现象称为溶液的蒸气压下降。显然，溶液的浓度越大，单位体积溶液中溶质的粒子数越多，溶液的蒸气压就越低，溶液的蒸气压下降得就越多。

19 世纪 80 年代，法国科学家拉乌尔（Raoult）关于溶质对纯溶剂的蒸气压的影响做了大量的研究，得出如下结论。

$$\Delta p = p^0 - p = K \cdot b_B \tag{5-9}$$

式中，Δp 为溶液的蒸气压下降值；p^0 为纯溶剂的蒸气压；p 为溶液的蒸气压；b_B 为溶质的质量摩尔浓度；K 为比例常数，取决于 p^0 和溶剂的摩尔质量 M_A。

式（5-9）表明：在一定温度下，难挥发非电解质稀溶液的蒸气压下降与溶质的质量摩尔浓度成正比，而与溶质的种类和本性无关，这一结论称为拉乌尔（Raoult）定律。

二、溶液的沸点升高

（一）溶剂的沸点

液体的蒸气压随温度的升高而增大。当温度升高至使液体的蒸气压等于外界的压强时，液体就开始沸腾，这时的温度就是液体的沸点（T_b^0）。显然，液体的沸点随外界压强而改变，外界压强越大，沸点越高。例如，外压为 101.325 kPa 时，水的沸点为 100℃；在高原地区，由于气压低，水不到 100℃就沸腾；而在压力锅里，水的沸点甚至可达到 120℃。

根据液体沸点与外界压强有关的性质，在提取或精制某些对热不稳定的物质时，常采用减压蒸馏或减压浓缩的方法，降低溶液沸点，防止蒸发时高温对这些物质的破坏。相反，对热稳定的注射液或医疗器械的灭菌常采用高压灭菌法，即在密闭高压消毒器内加热，通过提高水蒸气温度，缩短灭菌时间并提高灭菌效果。

（二）溶液的沸点升高

由前面的讨论可知，难挥发非电解质溶液的蒸气压低于纯溶剂的蒸气压，达到纯溶剂的沸点 T_b^0 时溶液的蒸气压仍小于外界压力，只有温度继续升高至 T_b、溶液的蒸气压等于外界压力时，溶液才会沸腾，所以溶液的沸点高于纯溶剂的沸点，如图 5-2 所示。这一现象称为溶液的沸点升高。

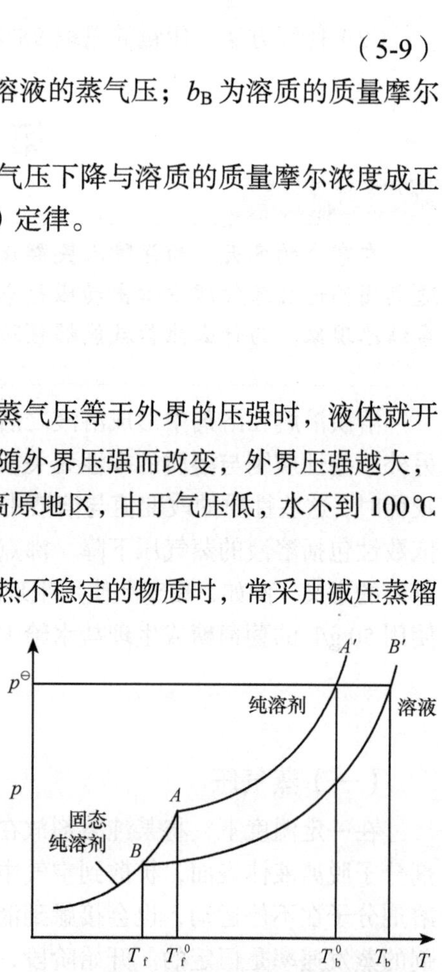

图 5-2 溶液的沸点升高和凝固点降低

AA′：纯溶剂线；BB′：溶液线；AB：固态溶剂线

溶液沸点的升高起因于溶液蒸气压的下降，故沸点的升高值与蒸气压的下降值成正比，即

$$\Delta T_b = T_b - T_b^0 = K_b \cdot b_B \qquad (5\text{-}10)$$

式中，ΔT_b 为溶液的沸点升高值，单位为 K；K_b 为溶剂的摩尔沸点升高常数，单位为 K · kg/mol；b_B 为溶液的质量摩尔浓度，单位为 mol/kg。

由式（5-10）可知：在一定温度下，难挥发非电解质稀溶液的沸点升高值只与溶液的质量摩尔浓度成正比，而与溶质的本性无关。

溶剂的摩尔沸点升高常数（K_b），对每一种溶剂为一恒定值。常用溶剂的 K_b 和外压为标准状态（即 101.325 kPa）时的沸点（T_b^0，称为正常沸点）见表 5-2。

表 5-2　常用溶剂的 T_b^0、T_f^0、K_b 和 K_f

溶剂	T_b^0 / K	K_b /（K · kg/mol）	T_f^0 / K	K_f /（K · kg/mol）
水	373.0	0.52	273.0	1.86
苯	353.1	2.53	278.5	5.10
萘	491.0	5.80	353.0	6.94
氯仿	334.2	3.63	209.5	4.68
乙酸	391.0	3.07	290.0	3.90
乙醇	351.4	1.22	155.7	1.99

【例 5-8】　将 2.69 g 萘溶于 100 g 苯中配制溶液。测得溶液的沸点升高了 0.531 K，求萘的摩尔质量。

解：查表 5-2 得：苯的 K_b=2.53 K · kg/mol

$$因为\Delta T_b = K_b b_B = K_b \times \frac{m_B}{M_B m_A} \times 10^3$$

$$所以M_B = \frac{K_b m_B \times 10^3}{\Delta T_b m_A} = \frac{2.53 \times 2.69 \times 10^3}{0.531 \times 100} = 128.2(\text{g/mol})$$

三、溶液的凝固点降低

（一）溶剂的凝固点

液体凝固点是在一定外压下，该物质固液两相的蒸气压相等并能够共存时的温度。在外压为 101.3 kPa 时，纯水和冰在 273 K 时的蒸气压均为 0.611 kPa，273 K 即为水的凝固点，又称为冰点。若温度低于或高于 273 K 时，由于水和冰的蒸气压不相等，两相不能共存，蒸气压大的一相将向蒸气压小的一相转化。

（二）溶液的凝固点下降

溶液的凝固点是指溶液与其固相溶剂具有相同蒸气压并能共存时的温度（图 5-2 中 T_f）。对于水溶液而言，就是溶液中开始有冰析出时的温度。若向处于凝固点的冰水体系中加入少量难挥发非电解质溶质，使水变成溶液，则因其蒸气压下降，导致水溶液的蒸气压低于冰的蒸气压，此时溶液和冰不能共存，冰会不断融化成水。换言之，在此温度下溶液不会凝固。要使溶液和冰的蒸气压相等且平衡共存，就必须继续降低温度。显然，溶液的凝固点低于纯溶剂的凝固点，即 $T_f < T_f^0$，如图 5-2 所示。这种现象称为溶液的凝固点降低。

在日常生活中我们常常遇到与凝固点降低有关的例子：如海水的凝固点低于 0℃；在严寒的冬天常青树因为其树叶富含糖分不会被冻坏，仍能保持绿色；在汽车水箱中加入乙二醇用于冬季防冻；撒

盐可使道路上的积雪融化；在水产品储藏及运输中，常使用食盐和冰混合而成的冷冻剂冷冻保鲜等。在医药产业中，溶液的凝固点降低的性质也被广泛应用，如利用凝固点降低法测定物质的分子量。

与溶液的沸点升高一样，溶液凝固点的降低亦起因于溶液蒸气压的下降，故难挥发非电解质的稀溶液的凝固点降低值与溶液的质量摩尔浓度成正比，而与溶质的本质无关，即：

$$\Delta T_{\mathrm{f}} = T_{\mathrm{f}} - T_{\mathrm{f}}^{0} = K_{\mathrm{f}} \cdot b_{\mathrm{B}} \tag{5-11}$$

式中，ΔT_{f}为溶液的凝固点降低值，单位为 K；b_{B}为溶液的质量摩尔浓度，单位为 mol/kg；K_{f}为溶剂的摩尔凝固点降低常数，单位为 K · kg/mol，是溶剂的特征常数，它只与溶剂的本性有关。一些常见溶剂的K_{f}列于表 5-2 中。

同样情况下，溶液的凝固点降低值大于沸点升高值，这是因为同一溶剂的K_{f}总是大于K_{b}。所以，实验室中ΔT_{f}比Δp 和ΔT_{b}容易测准，运用凝固点法测定物质的摩尔质量比蒸气压法和沸点法准确度高、实验误差小。

【例 5-9】 溶解 2.76 g 甘油于 200 g 水中，所得溶液的凝固点为 272.72 K。计算甘油的摩尔质量。

解： 查表 5-2 得：水的K_{f}=1.86K · kg/mol，T_{f}^{0}=273.0 K。

$$\text{因为}\Delta T_{\mathrm{f}} = K_{\mathrm{f}} b_{\mathrm{B}} = K_{\mathrm{f}} \times \frac{m_{\mathrm{B}}}{M_{\mathrm{B}} m_{\mathrm{A}}} \times 10^{3}$$

$$\text{所以}M_{\mathrm{B}} = \frac{K_{\mathrm{f}} m_{\mathrm{B}} \times 10^{3}}{\Delta T_{\mathrm{f}} m_{\mathrm{A}}} = \frac{1.86 \times 2.76 \times 10^{3}}{(273 - 272.72) \times 200} = 92(\mathrm{g/mol})$$

四、溶液的渗透压

（一）渗透现象和渗透压

1. 渗透现象 在一杯纯水中加入少量的食盐，静置一段时间后，由于分子的热运动，整杯水都会有咸味，最后得到浓度均匀的食盐水溶液，这个过程称为扩散（diffusion）。扩散是一种双向运动，是溶质分子和溶剂分子相互运动的结果。扩散是在直接接触时发生的，任何纯溶剂与溶液或两种不同浓度的溶液相互接触，都会发生扩散现象。

半透膜是一种具有特殊性质的多孔性薄膜，允许某些物质可以自由透过，而另一些物质不能透过。半透膜的种类繁多，规格（即不同的微孔大小）不同，其通透性也不一样。例如，火棉胶膜、玻璃纸等人工制造半透膜，不仅溶剂水分子可以透过，而且溶质小分子、小离子也可以透过，但大分子化合物不能透过；又例如，肠衣、细胞膜、毛细血管壁等生物半透膜，它们的通透性更为特殊和复杂。如果用一种允许水分子自由透过而蔗糖分子不能透过的半透膜，将等体积的纯水和蔗糖溶液隔开，如图 5-3A 所示，静置一段时间后，可以看到纯水液面下降，蔗糖溶液液面上升，如图 5-3B 所示。这是由于水分子可以通过半透膜向膜的对侧运动，在单位时间内，从纯水透过半透膜进入蔗糖溶液中的水分子数会多于从蔗糖溶液透过半透膜进入纯水中的水分子数，总体结果使得蔗糖溶液的液面上升。如果将纯水换成较稀的蔗糖溶液，也会发生以上现象。

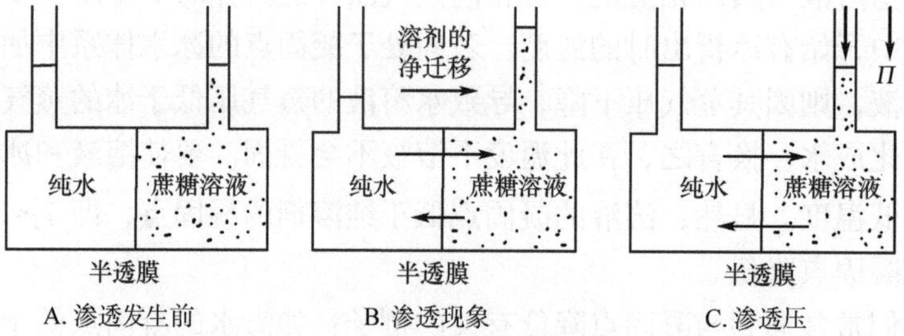

图 5-3 渗透现象和渗透压

这种溶剂分子透过半透膜由纯溶剂进入溶液或由稀溶液进入浓溶液的自发过程称为渗透现象，简称渗透。产生渗透现象必须具备两个条件：一是有半透膜；二是膜两侧浓度不同，即两侧单位体积内不能透过半透膜的溶质粒子数目不相等。

2. 渗透压 由于渗透作用，蔗糖溶液的液面逐渐升高，其静液压也随之增大，使水分子从蔗糖溶液进入纯水的速率增大。当半透膜两侧的液面高度差达到一定值后，此时系统处于动态平衡，即达到渗透平衡状态，水分子向膜两侧渗透的速率相等，蔗糖溶液的液面不再上升。要使纯水液面和蔗糖溶液液面高度相等，就必须在蔗糖溶液液面上施加额外的压强阻止渗透现象的产生，如图 5-3C 所示，施加的压强称为该溶液的渗透压，用符号 Π 表示，单位为帕（Pa）或千帕（kPa）。如果容器两侧装入浓度不同、溶质相同的溶液时，也会产生渗透压。

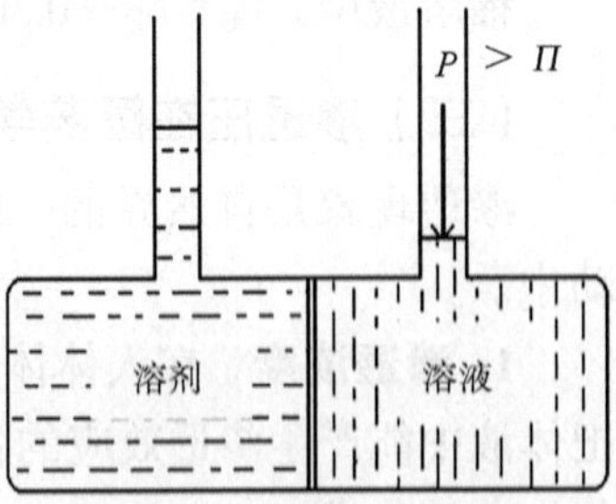

图 5-4 反渗透示意图

当向溶液的一边施加超过溶液的渗透压的压强时，如图 5-4 所示，溶液中的水分子就会被压过半透膜而流向纯水的一边，这一过程称为反渗透。

链接 渗透泵控释片

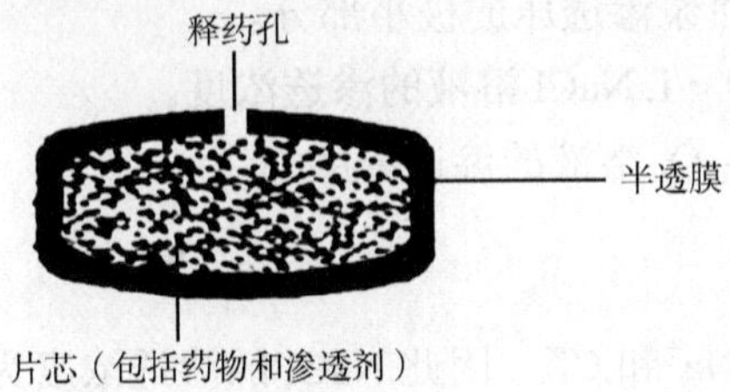

图 5-5 单室渗透泵控释片结构示意图

渗透泵控释片是利用渗透压原理制成的口服控释制剂，在体内释药均匀恒定，释药速率不受胃肠道蠕动、pH、胃排空等因素的影响，是迄今为止口服控释制剂中较理想的一种。单室渗透泵控释片主要由三部分组成：含有渗透压活性物质的药物片芯；具有一定机械强度和韧性的半透膜；半透膜上大小合适的释药孔（图 5-5）。

当药物被服用进入人体后，胃液中的水分子将透过药片外层的半透膜慢慢进入片芯，被片芯中渗透压活性物质吸收后产生很大的渗透压差。药物中所使用的半透膜，只允许水分子透过而不允许药物分子透过。在渗透压力的作用下，药物经过半透膜上的小孔缓慢释放进入人体。对于一些难溶性药物，可以制成双层渗透泵，以产生足够的渗透压。双层渗透泵主要由渗透压活性物质组成的推动层与具有释药孔的药物层构成。

（二）渗透压与浓度、温度的关系

1886 年荷兰化学家范托夫（Van't Hoff）根据实验结果，总结出稀溶液的渗透压与溶液的浓度、温度之间的关系为

$$\Pi = c_B RT \tag{5-12}$$

式中，Π 为溶液的渗透压，单位为 kPa；c_B 为稀溶液的物质的量浓度，单位为 mol/L；R 为摩尔气体常数，8.31 kPa · L/（k · mol）；T 为热力学温度，单位为 K。

对于稀溶液，其物质的量浓度近似地等于质量摩尔浓度，故渗透压的公式可以表述为

$$\Pi = b_B RT \tag{5-13}$$

由式（5-12）和式（5-13）可知：在一定条件下，非电解质稀溶液的渗透压只取决于溶质的浓度（c_B 或 b_B），而与溶质的本性无关。

【例 5-10】 人体的血浆在 272.44 K 时结冰，计算在体温为 310 K（37℃）时人体血浆的渗透压和物质的量浓度。

解：水的 $K_f = 1.86 \text{K kg/mol}$，$T_f^0 = 273.0 \text{ K}$

$$因为\Delta T_f = K_f b$$

$$所以b_B = \frac{\Delta T_f}{K_f} = \frac{273.0 - 272.44}{1.86} = 0.301(\text{mol/kg})$$

由式（5-13），得：$\Pi = b_B RT = 0.301 \times 8.31 \times 310 = 776$（kPa）

稀溶液中，$c_B \approx b_B = 0.301$ mol/L，所以人体血浆的物质的量浓度为 0.301 mol/L。

（三）渗透压在医药学上的应用

渗透现象是自然界的一种普遍现象，与生命科学有着密切的联系，广泛存在于动植物的生理活动中。

1. 渗透浓度 在人体体液中含有电解质和非电解质组分，这些组分在体液中都能产生渗透效应。把体液中能产生渗透效应的各种粒子的总浓度称为渗透浓度（osmotic concentration），以 c_{os} 表示，单位为 mol/L 或 mmol/L。

一定温度下，稀溶液的渗透压与渗透浓度成正比，而与溶质的性质无关。由于生物体本身的温度变化不大，因此，医学上常用渗透浓度表示渗透压的高低。人体血浆中含有许多盐类离子和各种蛋白质，所以血浆具有相当大的渗透压。其中由盐类离子产生的渗透压称为晶体渗透压，占血浆渗透压的绝大部分；而由各种蛋白质产生的渗透压称为胶体渗透压，仅占血浆渗透压的极小部分。

【例 5-11】 试计算临床静脉滴注用的 50 g/L 葡萄糖溶液和 9 g/L NaCl 溶液的渗透浓度。

解：葡萄糖（$C_6H_{12}O_6$）的摩尔质量为 180 g/mol，50 g/L $C_6H_{12}O_6$ 溶液的渗透浓度为

$$c_{os} = \frac{50.0}{180} \times 10^3 = 278(\text{mmol/L})$$

NaCl 的摩尔质量为 58.5 g/mol，NaCl 溶液中渗透活性物质为 Na^+和 Cl^-，因此 NaCl 的渗透浓度为

$$c_{os} = \frac{9.00}{58.5} \times 10^3 \times 2 = 308(\text{mmol/L})$$

2. 等渗、低渗和高渗溶液 在相同温度下，渗透压相等的两种溶液互称为等渗溶液。渗透压不同的两种溶液，渗透压相对高的溶液称为高渗溶液，渗透压相对低的溶液称为低渗溶液。

医学上的等渗、低渗和高渗溶液是以正常人血浆的渗透压（或渗透浓度）为标准来衡量的。正常人血浆的渗透压为 720～820 kPa，相当于渗透浓度为 280～320 mmol/L。因此临床上规定，凡是渗透浓度在 280～320 mmol/L 范围内的溶液称为等渗溶液，渗透浓度低于 280 mmol/L 的溶液称为低渗溶液，渗透浓度高于 320 mmol/L 的溶液称为高渗溶液。临床上给患者进行大量补液时，需使用与血液等渗的溶液，如常用 9.0 g/L 的生理盐水、50.0 g/L 的葡萄糖溶液、12.5 g/L 的 $NaHCO_3$ 溶液等，而不用低渗或高渗溶液。

下面以红细胞在不同浓度 NaCl 溶液中的形态变化为例进行说明。将红细胞放在 9.0 g/L 的生理盐水中，在显微镜下看到红细胞维持正常形态，如图 5-6A 所示。这是由于细胞膜是半透膜，红细胞内溶液与生理盐水渗透压相等，细胞内外达到渗透平衡。将红细胞放在 12 g/L 的 NaCl 溶液中，在显微镜下看到红细胞将逐渐皱缩，如图 5-6B 所示，医学上将这种现象称为胞质分离。这是因为当红细胞置于高渗溶液中时，外部溶液的渗透压高于细胞内液的渗透压，水分子透过细胞膜向细胞外渗透，使红细胞逐渐发生皱缩。皱缩后的细胞失去了弹性，相互碰撞时就会粘连在一起形成血栓。将红细胞放在 3 g/L 的 NaCl 溶液中，在显微镜下可以看到红细胞逐渐膨胀，最后破裂，如图 5-5C 所示，医学上将这种现象称为溶血。这是因为红细胞内液的渗透压大于外部 NaCl 溶液的渗透压，水分子透过细胞膜向内渗透，使红细胞膨胀，最后破裂。溶血和血栓在临床上都有可能造成严重的后果，因此在临床治疗输液时常输等渗溶液。

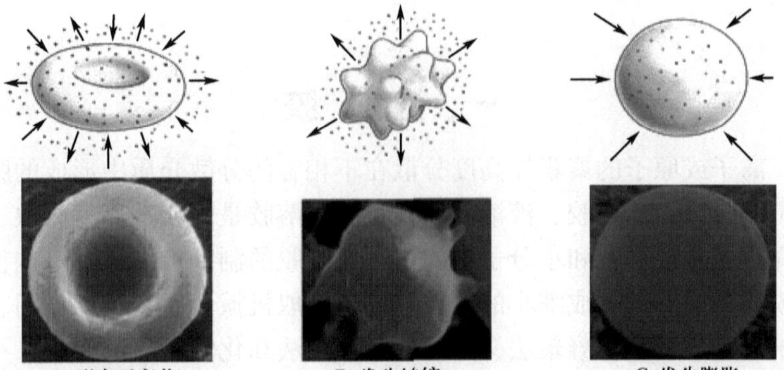

图 5-6　红细胞在不同浓度 NaCl 溶液中的形状变化

实验室和工业上利用反渗透技术进行水的净化、废水的处理和海水的淡化。由于细菌、病毒、大部分有机污染物和水合离子均比水分子大得多，选用孔的大小与水分子的大小相当的半透膜，通过施加大于原水渗透压的外压力，水分子便可通过半透膜而流出纯水。例如，一般海水的渗透压约为 3 MPa，只要对海水加压超过此压力，就可以将海水转变为淡水。其中，寻找性能优良且能长期经受高压而不被破坏的半透膜是技术的关键。

链接　袁隆平与海水稻

中国内陆有近 15 亿亩盐碱地，如何把面积惊人的盐碱地利用起来，改造成良田，是“世界杂交水稻之父”袁隆平继水稻高产之后的又一个梦想。

“海水稻”，并不是直接在海水里生长的水稻，而是指在盐（碱）浓度 0.3%以上的高渗透压环境下也能生长的“耐盐碱水稻”，最早于 1986 年由广东海洋大学研究员陈日胜发现。2017 年，首批耐盐碱水稻收割测评显示，其最高亩产达 620.95kg；2022 年，我国的耐盐碱水稻种植面积已突破 100 万亩；袁隆平团队计划用 8～10 年实现 1 亿亩盐碱地改造整治目标，推动“亿亩荒滩变良田”。如今中东与东南亚许多国家也有意向从我国引进“海水稻”，中国的“海水稻”正在走向世界。

五、强电解质稀溶液的依数性

对于难挥发的电解质溶液，与难挥发非电解质稀溶液一样具有蒸气压下降、沸点升高、凝固点降低和渗透压等性质。但是由于电解质在溶液中发生解离，所以电解质溶液的依数性必须引入校正因子 i，即：

$$\Delta p=iK\cdot b_B \quad \Delta T_b=iK_b\cdot b_B \quad \Delta T_f=iK_f\cdot b_B \quad \Pi=ib_BRT$$

在极稀的溶液中，非电解质的 i 值为 1；对于 AB 型的强电解质（如 KCl、KNO_3、$MgSO_4$ 等），其 i 值趋近于 2；对于 AB_2 或 A_2B 型强电解质（如 $MgCl_2$、Na_2SO_4 等），其 i 值趋近于 3，其余照此类推。

第 3 节　胶 体 溶 液

任务导入 5-3

清晨，在茂密的树林中，常常可以看到从枝叶间透过的一道道光柱，即丁达尔效应，这是因为雾、烟尘是胶体，这些胶体的分散介质是空气，分散质是微小的液滴或尘埃。

分散相粒子直径在 1～100 nm 之间的分散系称为胶体分散系，简称胶体溶液，包括溶胶和高分子化合物溶液。

一、溶　胶

溶胶是由分子、离子或原子的聚集体高度分散在不相容的分散介质中形成的胶体分散系。根据溶胶分散介质的状态不同可分为固溶胶、液溶胶和气溶胶。溶胶是多相、高度分散、不稳定体系。

由于溶胶粒径介于粗分散颗粒和小分子之间，因此溶胶的制备可以有两种途径：分散与凝聚。分散法是将大的颗粒粉碎（或分散）成细小的胶粒，可以采取机械研磨、超声作用、电分散等手段；凝聚法是使分子或离子聚集成胶粒，凝聚法又分为物理凝聚法和化学凝聚法。

链接 凝聚法制备溶胶

硫黄难溶于水，易溶于乙醇，将硫黄溶于乙醇得到硫的乙醇溶液，再将其滴入水中可以得到硫溶胶，这是物理凝聚法；将 $FeCl_3$ 溶液逐渐滴入沸水中可形成红棕色透明的 $Fe(OH)_3$ 溶胶，这种通过化学反应使其生成难溶性物质，聚集成胶粒的方法就是化学凝聚法。

（一）溶胶的性质

1. 光学性质 在暗室中，用一束聚焦的光通过真溶液、粗分散系和胶体溶液时，在与光束垂直的方向观察，可以看到真溶液是透明的，粗分散系是浑浊的，而胶体溶液中有一条明亮的光柱，这种现象称为丁达尔现象。

丁达尔现象是由于胶体粒子对光的散射而形成的。当可见光（波长 400～760 nm）射入真溶液时，因分散相粒子的直径远远小于入射光波长，光的散射很微弱，光几乎全部通过，可观察到溶液是透明的；当可见光射入粗分散系时，分散相粒子的直径远远大于入射光的波长，光线无法通过，主要发生反射，可观察到浑浊的现象；当可见光射入胶体溶液时，分散相粒子的直径小于入射光波长，发生散射现象，可观察到一条明亮的光柱。因此，丁达尔现象是溶胶的特征，可用来区分三类分散系。

2. 动力学性质 在超显微镜下观察溶胶时，可以看到胶体粒子在介质中不停地做无规则的运动，这种运动称为布朗运动。布朗运动实质上是分子热运动的结果。胶粒越小，温度越高，分散介质黏度越低，布朗运动越剧烈，胶粒越容易从高浓度区域向低浓度区域自动扩散，最后整个体系浓度均匀。布朗运动的存在，使胶粒具有一定的能量，可以克服重力的影响，使胶粒稳定而不发生聚沉。

由于胶粒的布朗运动，胶粒能从高浓度区域自动向低浓度区域扩散，最终体系浓度均匀。利用胶粒不能透过半透膜，而小分子、小离子能透过半透膜的性质，可以将胶体溶液中含有的小分子、小离子分离出来，使胶体溶液净化，这种方法称为透析或渗析。

链接 渗析法的应用

在中草药有效成分分离提取中，如果有效成分是小分子，常常利用植物蛋白、淀粉、树胶等胶体溶液不能通过半透膜的性质将它们除去；反之在分离和纯化皂苷、蛋白质、多肽、多糖等物质时，又可用渗析法除去无机盐、单糖、双糖等小分子杂质。临床上的血液透析也是利用人工肾使血液中的代谢废物（如尿素、尿酸等）进入透析液，从而清除体内代谢废物、毒素和多余电解质，而蛋白质、红细胞等则不能透过半透膜而留在血液中，从而纠正水、电解质和酸碱平衡。

3. 电学性质 在一个 U 形管中加入红棕色的 $Fe(OH)_3$ 溶胶，在管的两端插入电极，接通直流电，可观察到阴极附近溶液颜色逐渐变深，阳极附近溶液颜色逐渐变浅，表明 $Fe(OH)_3$ 溶胶粒子向阴极移动，胶粒带正电。若改用黄色的硫化砷溶胶做上述实验，则可观察到阳极附近颜色逐渐变深，阴极附近颜色逐渐变浅，表明硫化砷溶胶粒子向阳极移动，胶粒带负电。在外电场作用下，胶粒在分散介质中定向移动的现象称为电泳。

电泳现象的存在可以证明胶粒带电，电泳的方向可以判断胶粒所带电荷的种类。大多数的金属氧化物和金属氢氧化物胶粒带正电，称为正溶胶；大多数金属硫化物、硅酸、金、银等金属以及土壤所形成的胶粒带负电，称为负溶胶。

溶胶是高度分散的多相体系，分散质存在巨大的表面积，所以有强烈的吸附作用。胶核表面吸附离子时，优先吸附与自身有相同成分的离子。胶粒选择性吸附某种离子而带电，吸附阳离子的胶粒带正电，吸附阴离子的胶粒带负电。

（二）胶团的结构

现以 AgI 溶胶的形成来说明胶团结构。

用 $AgNO_3$ 溶液和 KI 溶液混合制备 AgI 溶胶时，AgI 分子聚集成 AgI 胶核，其表面优先吸附 Ag^+或 I^-。若 KI 过量，胶核表面优先吸附过剩的 I^-而带负电，如图 5-7 所示。被胶核吸附的 I^-由于静电作用又吸引溶液中带相反电荷的 K^+，K^+由于本身的热运动，只有部分 K^+紧密地排列在胶核表面上，与 I^-组成吸附层，胶核与吸附层构成胶粒。在吸附层之外，还有部分 K^+分布在胶粒周围形成一个扩散层，胶粒和扩散层一起总称为胶团。扩散层与胶粒所带电荷电性相反、电量相等，整个胶团是电中性的。通常所说的溶胶带电是指胶粒带电，电泳时，胶体粒子在分散介质中定向移动。

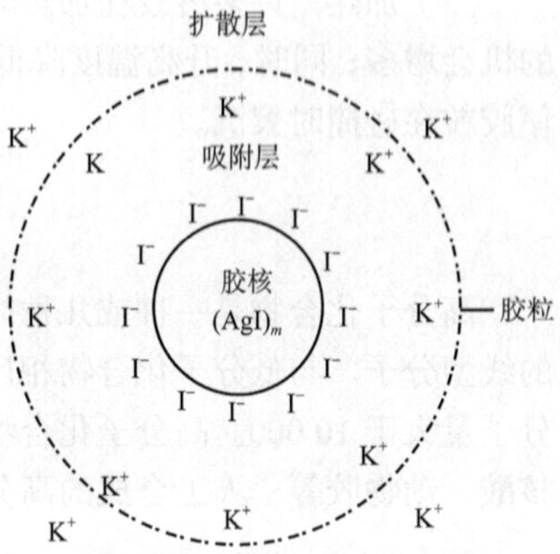

图 5-7 AgI 胶团结构示意图

在过量的 KI 溶液中，AgI 胶团结构可用简式表示为：

$$[(AgI)_m \cdot nI^-(n-x)K^+]^{x-} \cdot xK^+$$

$(AgI)_m$：胶核；$nI^-(n-x)K^+$：吸附层；xK^+：扩散层（带正电）；$[(AgI)_m \cdot nI^-(n-x)K^+]^{x-}$：胶粒（带负电）；整体：胶团（电中性）

（三）溶胶的稳定性

1. 溶胶的稳定性 溶胶是高度分散的不稳定体系，但事实上有些溶胶却能长期稳定存在。溶胶能够在相对较长时间内稳定存在的性质称为溶胶的稳定性。溶胶稳定的原因主要有以下几点。

（1）胶粒带电 同一个分散系中，同种溶胶的胶粒带有同种电荷，相互排斥，从而阻止胶粒在运动时相互接近聚集成较大的颗粒而沉降。

（2）溶剂化膜 胶核吸附层上的离子，水化能力强，在胶粒周围形成一层溶剂化膜（水化膜），阻止了胶粒之间的聚集。水化膜越厚，溶胶越稳定。

（3）布朗运动 布朗运动产生的动能可以克服部分胶粒重力作用而导致的下沉，使溶胶具有一定的稳定性。

2. 溶胶的聚沉 溶胶的稳定性是相对的、有条件的，当溶胶的稳定因素一旦被破坏，胶粒就会相互碰撞聚集成较大的颗粒而沉降，产生沉淀，这种现象称为溶胶的聚沉。

链接

中国在明朝以前就开始采用明矾净化水质。将打来的河水或井水置于大缸中，加几块研碎的明矾，静置一夜，第二天早上缸里的水就变得清澈透底了。这一方法直到中华人民共和国还被很多没有自来水的地区所沿用。你知道明矾为什么可以净化水质吗？还有同一支钢笔使用不同颜色的墨水时，为什么笔尖常会堵塞？

使溶胶聚沉的常用方法有以下几种。

（1）加入少量电解质　电解质加入后，与胶粒带相反电荷的离子能够进入吸附层，能够中和胶粒所带电荷，破坏水化膜，胶粒由于布朗运动相互碰撞，聚集成较大颗粒而沉降。

电解质对溶胶的聚沉作用，主要是与胶粒带相反电荷的离子引起的，这种离子称为反离子。同价的反离子聚沉能力几乎相等，不同价的反离子的电荷数越高，聚沉能力越强。例如，对正溶胶的聚沉能力是 $K_3[Fe(CN)_6]>K_2SO_4>KCl$；对负溶胶的聚沉能力是 $AlCl_3>CaCl_2>NaCl$。

（2）加入带相反电荷的溶胶　当两种带相反电荷的溶胶按适当比例混合后，两种带相反电荷的胶粒相互吸引，中和电荷，从而发生聚沉。

（3）加热　许多溶胶在加热时会发生聚沉，是因为升高温度导致胶粒的运动速度加快，碰撞聚合的机会增多；同时，升高温度降低了胶核对离子的吸附作用，减少了胶粒所带的电荷，水化程度降低，使胶粒在碰撞时聚沉。

二、高分子溶液

高分子化合物是一种或几种简单化合物重复连接而形成的长链化合物，分子结构是链状的能卷曲的线型分子。与低分子化合物相比，其具有分子量大、结构和形状复杂等特征。一般高分子化合物的分子量大于 10 000。高分子化合物有天然和合成两大类。常见的天然高分子化合物有蛋白质、淀粉、核酸、动物胶等；人工合成的高分子化合物有橡胶、塑料、纤维等。

（一）高分子溶液的特点

高分子溶液是指高分子化合物溶解在适当溶剂中所形成的均相体系，属于胶体分散系，既具有溶胶的某些性质，又与溶胶有不同之处。溶胶是非均相体系，高分子溶液是均相体系，但因分子量大，与低分子溶液在性质上也有许多差异。

1. 稳定性　高分子溶液在溶剂不蒸发、无菌的情况下，无须稳定剂，可以长期放置而不沉淀。稳定的主要原因是高分子化合物溶剂化能力很强，结构中有许多亲水能力很强的基团（如—OH、—COOH、—NH_2），当以水为溶剂时，高分子化合物表面能通过氢键与水形成很厚的水化膜，使其稳定分散于溶液中而不易凝聚，溶剂化能力远大于溶胶粒子。

2. 黏度大　高分子化合物是链状分子，分子的长链之间相互靠近而形成支状、网状结构，这种结构的大分子在流动时受到的阻力很大，而且把一部分溶剂包围在结构中使其失去了流动性，因此高分子溶液的黏度比溶胶和真溶液要大得多。

3. 盐析　溶胶稳定的主要因素是胶粒带电，少量的电解质就可中和胶粒电荷使溶胶聚沉；高分子溶液稳定的主要因素是分子表面有很厚的水化膜，需加入大量电解质才能把高分子化合物的水化膜破坏掉，从而使高分子化合物聚沉析出。

在高分子溶液中加入大量电解质，使其从溶液中析出的过程称为盐析。不同的高分子化合物盐析时需要电解质的浓度不一样，利用这一特点可分离蛋白质。例如，在血清中加入不同浓度的硫酸铵溶液，可使血清蛋白和球蛋白分开，加入 2.0 mol/L 硫酸铵溶液，球蛋白沉淀析出，加入 3.0～3.5 mol/L 硫酸铵溶液，血清蛋白沉淀析出。盐析并不破坏蛋白质的结构，不会引起蛋白质变性，加溶剂稀释后，蛋白质可以重新溶解。常用的盐析电解质有氯化钠、硫酸钠、硫酸镁、硫酸铵等。

（二）高分子溶液的保护作用

在溶胶中加入适量的高分子溶液，可以使溶胶的稳定性显著增加，这种现象称为高分子化合物对溶胶的保护作用。高分子化合物之所以能保护溶胶，是由于高分子化合物是链状可卷曲的线型分子，很容易吸附在胶粒表面包裹住胶粒，另外高分子化合物本身很稳定，有很厚的水化膜，这样也降低了胶粒对溶液中导电离子的吸引及胶粒之间互相碰撞的机会，从而大大增加了溶胶的稳定性。

链接

高分子溶液对溶胶的保护作用在生理过程中具有重大意义，在人和动物体内，健康状态下血液中所含的难溶盐（如碳酸钙、磷酸钙），都以溶胶状态存在，血液中的蛋白质对这些盐类溶胶起保护作用，所以它们在血液中的浓度比在水中高5倍的情况下，仍可以稳定存在而不聚沉。

自测题

一、选择题

【单项选择题】

1. 配制 500 mL 0.1 mol/L NaOH 溶液，需要称取固体 NaOH 的质量是（　　）
A. 2.0 g　B. 2.0 mg　C. 4.0 g
D. 4.0 mg　E. 20 mg

2. 将 25.0 g NaCl 溶于水，配制成 500 mL 溶液，该溶液的质量浓度为（　　）
A. 0.0250 g/L　B. 0.0500 g/L
C. 25.0 g/L　D. 50.0 g/L
E. 0.5 g/L

3. 将 30.0 g 葡萄糖溶于水，配制成 500 g 葡萄糖溶液，此溶液的质量分数是（　　）
A. 0.6　B. 0.06　C. 0.12
D. 0.012　E. 0.0012

4. 稀溶液的依数性本质是（　　）
A. 溶液的蒸气压下降
B. 溶液的沸点升高
C. 溶液的凝固点下降
D. 溶液的渗透压
E. 溶液的沸点降低

5. 已知甲溶液为 0.1 mol/mL NaOH，乙溶液为 0.1 mol/mL $CaCl_2$，丙溶液为 1 mol/mL 葡萄糖，丁溶液为 1 mol/mL NaCl，它们凝固点降低值由大到小的顺序为（　　）
A. 甲、乙、丙、丁　B. 丁、丙、乙、甲
C. 甲、丙、乙、丁　D. 丁、乙、丙、甲
E. 丙、乙、丁、甲

6. 将 0.002 mol 非电解质溶于 25 g 无水 HAc 中，所得溶液的凝固点降低值为 0.312 K，则无水 HAc 的摩尔凝固点降低常数 K_f 为（　　）
A. 0.39　B. 3.90　C. 1.86
D. 0.082　E. 5.60

7. 质量相同的下列物质作为防冻剂时，防冻效果最好的是（　　）
A. 蔗糖（M=342）　B. 甘油（M=92）
C. 乙=醇（M=62）　D. 葡萄糖（M=180）
E. 二甘醇（M=106）

8. 将 4.5 g 某非电解质溶于 100 g 水中，所得溶液于 −0.465 ℃时结冰，该非电解质的相对分子质量为（　　）
A. 90　B. 135　C. 172
D. 180　E. 200

9. 下列溶液能使红细胞发生皱缩的是（　　）
A. 12.5 g/L $NaHCO_3$ 溶液
B. 50 g/L 葡萄糖溶液
C. 9.0 g/L NaCl 溶液
D. 100 g/L 葡萄糖溶液
E. 1.0 g/L NaCl 溶液

10. 分散相离子能透过滤纸但不能透过半透膜的是（　　）
A. 粗分散系　B. 分子分散系
C. 离子分散系　D. 胶体分散系
E. 都不是

11. 0.02 mol/L $AgNO_3$ 和 0.01 mol/L KI 等体积混合，形成的溶胶粒子带电情况是（　　）
A. 粒子带正电
B. 粒子带负电
C. 粒子不带电
D. 粒子可带正电也可带负电
E. 粒子一部分带正电，一部分带负电

12. 混合等体积的 0.03 mol/L KI 溶液和 0.04 mol/L $AgNO_3$ 溶液所得的 AgI 溶胶，下列电解质对其聚沉能力最强的是（　　）
A. NaCl　B. $CaCl_2$
C. Na_2SO_4　D. $K_3[Fe(CN)_6]$
E. KBr

【多项选择题】

13. 关于稀溶液的依数性下列表述正确的有（　　）
A. 稀溶液依数性与溶液中所含溶质粒子的浓度成正比
B. 溶液中所含溶质粒子可以是分子、离子
C. 稀溶液依数性与溶质本性无关

D. 稀溶液一般可以理解为浓度较小的难挥发的非电解质溶液

E. 稀溶液依数性与溶质的个别本性（如颜色）有关

14. 与人体血浆相比较，下列溶液属于等渗溶液的是（　　）

A. 9 g/L NaCl 溶液

B. 90 g/L NaCl 溶液

C. 5 g/L 葡萄糖溶液

D. 50 g/L 葡萄糖溶液

E. 12.5 g/L 的 $NaHCO_3$ 溶液

15. 使溶胶聚沉的方法有（　　）

A. 加热

B. 加入电解质

C. 加入带相反电荷的胶体

D. 加入高分子溶液

E. 加入水

16. 溶胶稳定的主要的因素是（　　）

A. 布朗运动　　B. 胶粒带电

C. 电泳现象　　D. 丁达尔现象

E. 水化膜

17. 将淀粉碘化钾混合溶液装在半透膜中，浸泡在盛有纯水的烧杯中，一段时间后取烧杯中液体进行实验。能证明半透膜有破损的现象是（　　）

A. 加入碘水变蓝色

B. 加入 NaI 溶液不变蓝色

C. 加入 $FeCl_3$ 溶液变蓝色

D. 加入溴水溶液变蓝色

E. 加入 $AgNO_3$ 溶液产生黄色沉淀

二、简答题

1. 难挥发非电解质稀溶液的依数性包括哪些？试将这些依数性规律用公式表示。

2. 红细胞所处正常环境的渗透浓度约为 308 mmol/L，若将红细胞分别置于 3 g/L、9 g/L 和 15 g/L 的 NaCl 溶液中，将各呈什么状态？

3. 现有葡萄糖、氯化钠和氯化钙三种溶液，它们的浓度均为 0.1 mol/L，试比较三者渗透压的大小。

4. 高分子溶液和溶胶同属于胶体分散系，有什么相同点和不同点？

三、计算题

1. 将 9 g NaCl 溶于 1 L 纯化水中配成溶液，计算此溶液的质量分数、质量浓度、物质的量浓度和质量摩尔浓度。

2. 欲配制物质的量浓度 c=1 mol/L 的 H_2SO_4 溶液 250 mL，需用质量分数 ω=98%的浓 H_2SO_4（密度 ρ=1.84 kg/L）多少毫升？

3. 欲配制体积分数 φ=0.75 的消毒酒精 100 mL，需要 95%的药用酒精多少毫升？

4. 为防止水在仪器中结冰，可在水中加入甘油降低凝固点。如果将凝固点降至−2℃，每 100 g 水中应加入甘油多少克？（甘油的相对分子质量为 92 g/mol，水的 K_f =1.86 K · kg/mol）

（崔　英　伍　乔）

第六章
酸碱解离平衡

学习目标

1. 知识目标： 掌握共轭酸碱对中 K_a 和 K_b 的关系、一元弱酸（碱）及多元弱酸（碱）的有关计算、缓冲溶液的组成、配制及 pH 的计算；熟悉酸碱质子理论、缓冲作用原理；了解离子的活度、活度因子、离子强度的概念、缓冲溶液配制方法。

2. 能力目标： 能熟练应用电解质酸碱平衡理论，对一元弱酸（碱）及多元弱酸（碱）、缓冲溶液的 pH 进行计算。

3. 素质目标： 掌握酸碱平衡相关的科学思维方式和解决问题的科学方法，具备发现问题、独立分析和解决问题的能力；培养有创新精神、合作意识的学习习惯和精益求精、严谨踏实的工作态度。

酸和碱是医药学上重要的电解质，许多药物本身就是酸或碱，如维生素 C、阿司匹林等是酸，而复方氢氧化铝（胃舒平）、碳酸氢钠（小苏打）等都是碱。酸碱平衡在医药学领域中具有非常重要的现实意义，人体的许多生理和病理现象都与酸碱平衡有关。占人体体重 70%的体液有一定的酸碱度，并在较窄的范围内维持稳定，所以酸碱平衡是保持人体生命活动的重要基础。本章重点介绍电解质溶液酸碱平衡中的相关内容，对医药学的学习十分重要。

第 1 节　强电解质溶液理论

任务导入 6-1

强电解质和弱电解质在溶液中的解离具有本质区别，强酸、强碱和大多数盐都是强电解质。强电解质在水溶液中是完全解离的，如 HNO_3、NaOH、KCl 等都是强电解质，理论上解离度应为 100%。但溶液导电性实验结果表明，强电解质在溶液中的解离度<100%。离子相互作用理论可以解释这种现象。

一、离子相互作用理论

1923 年德拜（P. Debye）和休克尔（E. Hückel）提出了离子相互作用理论。由于强电解质完全解离，因而在溶液中离子浓度较大，由于静电引力作用，每个离子都处在带相反电荷的离子包围中，称为“离子氛”。每一个阳离子周围形成了带负电荷的离子氛，同样在每一个阴离子周围也形成了带正电荷的离子氛。如图 6-1 所示，由于离子氛的存在，阴、阳离子间相互牵制，在电场中迁移的速率减慢，所以导电性实验测得的解离度小于 100%。

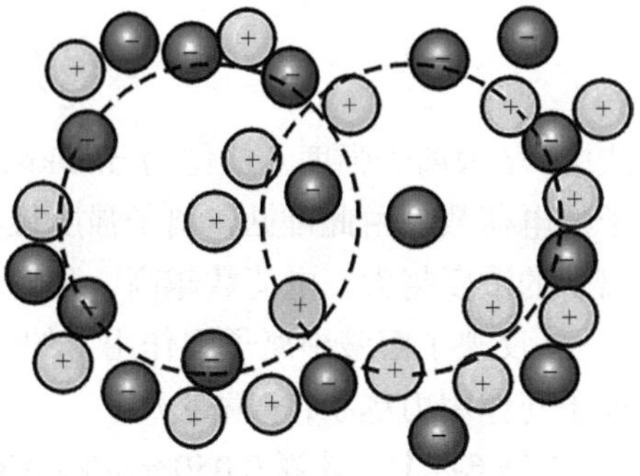

图 6-1　离子氛示意图

此外，在强电解质溶液中，还存在着离子缔合的现象。阴、阳离子会部分缔合成离子对作为独立单位运动。离子对的存在使溶液中自由离子浓度降低，导致溶液的导电性下降。只有在无限稀释的强电解质溶液中的离子才能完全独立、自由运动。

电解质的解离程度可以定量地用解离度来表示，弱电解质的解离度表示已解离的分子数占电解质分子总数的百分数。而强电解质的解离度意义与弱电解质的完全不同，强电解质的解离度仅反映了溶液中离子间相互牵制作用的强弱程度。因此，强电解质的解离度称为表观解离度。如表 6-1 所示几种强电解质的表观解离度。

表 6-1 几种强电解质的表观解离度（298.15K，0.1mol/L）

电解质	KCl	HCl	HNO_3	H_2SO_4	NaOH
表观解离度 α/%	86	92	92	67	91

二、离子活度

在强电解质溶液中，由于离子氛和离子对的存在，离子的有效浓度小于溶液的实际浓度（配制浓度 c），离子的有效浓度是指电解质溶液中实际发挥作用的离子浓度，称为活度，用 α 表示。活度与浓度之间的关系为

$$\alpha = \gamma \cdot c \tag{6-1}$$

式中，γ 称为活度系数。γ 值反映了强电解质溶液中离子间相互牵制作用的强弱。由表 6-2 可见，溶液浓度越大，单位体积溶液内的离子数目越多，离子间的牵制作用越强，γ 就越小；相反，浓度越小，离子之间牵制作用越弱，γ 值就越大。当溶液浓度无限稀释时，离子间平均距离增大，离子间的相互牵制作用极弱，$\gamma \to 1$，活度与浓度趋于相等。在稀溶液的近似计算中，通常将液态和固态的纯物质、中性分子、水及弱电解质的活度系数均看作 1。

表 6-2 不同浓度 NaCl 溶液的活度（298.15 K）

浓度/（mol/L）	活度系数（γ）	活度（α）
0.1	0.792	0.0792
0.01	0.906	0.00906
0.001	0.963	0.000963

三、离子强度

离子的活度因子不仅与溶液中离子的浓度有关，还与溶液中离子所带的电荷有关。为了定量地体现浓度和离子所带的电荷对活度因子的影响，人们引入了离子强度 I 的概念，其定义为

$$I = \frac{1}{2}\sum_i b_i z_i^2 = \frac{1}{2}(b_1 z_1^2 + b_2 z_2^2 + b_3 z_3^2 + \cdots + b_i z_i^2) \tag{6-2}$$

式中，I 为离子强度，单位为 mol/kg；b_i 为第 i 种离子的质量摩尔浓度，单位为 mol/kg；z_i 为第 i 种离子的电荷数。由此可见，离子强度仅与溶液中的各离子的浓度和电荷数有关，而与离子的本性无关。离子的浓度越大，电荷数越高，则溶液的离子强度越大；反之亦然。

I 反映了溶液中离子间作用力的强弱，I 值越大，离子间作用力越大，γ 就越小；反之，I 值越小，离子间作用力越小，γ 就越大。

【例 6-1】 计算 0.050 mol/kg $AlCl_3$ 溶液的离子强度。

解：$b(Al^{3+}) = 0.050$ mol/kg，$b(Cl^-) = 0.150$ mol/kg，$z(Al^{3+}) = +3$，$z(Cl^-) = -1$

$$I=\frac{1}{2}\sum_i b_i z_i^2=\frac{1}{2}[0.050\times 3^2+0.150\times(-1)^2]=0.30\,(\text{mol/kg})$$

对于稀溶液、弱电解质溶液、难溶性强电解质溶液近似计算时，一般不考虑 I 的影响，都用浓度来代替活度，因为溶液中的离子浓度均很小，I 很小，γ 趋于 1。但在生物体中，电解质离子以一定的浓度和比例存在于体液和组织液中，I 对体内一些激素、酶、维生素的功能的影响不可忽略。在医学检验中，一些电化学分析（如血清蛋白电泳检验）也必须考虑 I 的影响。

第 2 节　酸碱质子理论

任务导入 6-2

瑞典化学家阿伦尼乌斯提出了酸碱电离理论，该理论认为：电离时所产生的阳离子全部是 H^+ 的化合物是酸，电离时所产生的阴离子全部是 OH^- 的化合物是碱，酸碱反应的实质是 H^+ 和 OH^- 作用生成 H_2O。但是也有很多例外，如 Na_2CO_3 不能电离出 OH^-，但它的水溶液是碱性的；NH_4Cl 溶液中也不能电离出 H^+，但它是酸性的。于是在 1923 年，丹麦化学家布朗斯特（J. N. Bronsted）和英国化学家劳里（T. M. Lowry）又发展出酸碱质子理论。

一、酸 碱 概 念

酸和碱是重要的两类物质。对于酸碱的认识，在化学发展史上人们提出了很多酸碱理论。具有代表性的有：阿伦尼乌斯提出的电离理论，布朗斯特和劳里提出的质子理论，以及路易斯提出的电子理论等。其中酸碱电离理论揭示了酸碱反应的实质，明确了多元弱酸和弱碱的分步电离过程，但是这种理论只适用于部分水溶液；酸碱质子理论扩大了酸碱的范围，可用于非水溶剂和气态体系，可以解释如氨气为什么呈碱性等问题；酸碱电子理论进一步扩大了酸碱范围，可适用于一些无质子转移的酸碱反应。这里主要介绍酸碱质子理论。

链接　酸碱电子理论

1923 年，美国化学家路易斯（G. N. Lewis）根据酸碱电子层结构，提出了路易斯酸碱理论。该理论认为：凡能接受电子对的物质都称为酸；凡能给出电子对的物质都称为碱。因此，具有电子层结构不饱和的分子、原子或离子都可接受外来电子对，都可作为酸；任何给出电子对的分子、原子或离子都可作为碱；中和反应是酸和碱生成酸碱配合物的反应。由于化合物中配位键的普遍存在，涉及许多有机反应和无溶剂系统，所以路易斯酸碱的范围极其广泛，又称为广义酸碱理论。

酸碱质子理论认为：凡能给出质子的物质都是酸，如 HCl、H_2CO_3、HCO_3^-、NH_4^+ 等。凡能接受质子的物质都是碱，如 Cl^-、OH^-、NH_3、Ac^- 等。按照质子得失的方向，酸又称为质子给予体，碱又称为质子接受体。质子理论中的酸和碱既可以是中性分子，也可以是离子；而且酸和碱之间存在特定的对应关系，如：

$$\text{共轭酸} \rightleftharpoons \text{质子} + \text{共轭碱}$$

$$HAc \rightleftharpoons H^+ + Ac^-$$

$$H_2CO_3 \rightleftharpoons H^+ + HCO_3^-$$

$$HCO_3^- \rightleftharpoons H^+ + CO_3^{2-}$$

$$H_3PO_4 \rightleftharpoons H^+ + H_2PO_4^-$$

$$NH_4^+ \rightleftharpoons H^+ + NH_3$$

酸碱质子理论扩大了酸碱的范围，酸、碱既可以是分子，也可以是阴、阳离子。有些物质如$H_2PO_4^-$、HCO_3^-、H_2O等既能给出质子又能接受质子，这类既能给出质子又能接受质子的物质，称为两性物质。

酸给出质子后成为该酸的共轭碱，碱接受质子后成为该碱的共轭酸，这种相互依存、相互转化的关系称为共轭关系。只相差一个质子（H^+）的酸和碱称为共轭酸碱对，如$H_2PO_4^-/HPO_4^{2-}$、NH_4^+/NH_3为共轭酸碱对。

二、酸碱的强弱

酸、碱的强弱取决于其本身给出质子或接受质子能力的强弱。酸性越强，给出质子的能力越强，其共轭碱接受质子的能力就越弱，即碱性越弱；反之，若酸的酸性很弱，其共轭碱的碱性就很强。

根据酸碱质子理论，酸碱的强弱除与物质的本性有关之外，还与溶剂有关。同一种酸或碱在不同的溶剂中，所显示的相对强弱也不同。例如，HAc在水中表现为弱酸性，但在液氨中表现为强酸性。可见，弱酸溶于碱性溶剂中，可增强其酸性；弱碱溶于酸性溶剂中，可增强其碱性。不同的酸或碱在相同的溶剂中的酸碱强度不同，相同的酸碱在不同的溶剂中的酸碱强度也有区别。因而酸碱性是相对的。

三、酸碱反应实质

酸碱质子理论认为，酸碱反应的实质是在两个共轭酸碱对之间质子的传递反应。质子在溶液中不能单独存在，所以当某种酸失去质子形成其共轭碱的同时必然伴随有另一种碱得到质子形成其共轭酸的过程，质子的得失是相互依存的。例如，HCl和NH_3的反应：

$$HCl + NH_3 \rightleftharpoons NH_4^+ + Cl^-$$

在反应中有两个共轭酸碱对：HCl（酸1）—Cl^-（碱1）和NH_3（碱2）—NH_4^+（酸2）。反应发生时，HCl（酸1）失去质子形成其共轭碱Cl^-（碱1），NH_3（碱2）得到质子形成其共轭酸NH_4^+（酸2）。质子传递完成后，分别形成一种新酸和一种新碱。

酸碱质子理论不仅扩大了酸和碱的范围，还将电离理论中的解离反应、中和反应、水解反应等都归属为质子传递的酸碱反应，如：

$$HAc + H_2O \rightleftharpoons H_3O^+ + Ac^-$$

$$HAc + NH_3 \rightleftharpoons NH_4^+ + Ac^-$$

$$Ac^- + H_2O \rightleftharpoons HAc + OH^-$$

酸碱反应的方向总是由较强的酸和较强的碱向生成较弱的酸和较弱的碱方向进行。

第3节 弱酸弱碱的解离平衡

任务导入 6-3

人体如果发生酸碱平衡紊乱，可能出现呕吐、腹泻、电解质紊乱等一系列的症状表现，还可能出现身体疲乏无力，或者是出现心脏功能下降等一系列的问题。原发性酸碱平衡失调有代谢性酸中毒、代谢性碱中毒、呼吸性酸中毒和呼吸性碱中毒四种，此外，还有两种或两种以上的原发性酸碱平衡失调同时存在的情况，称为混合型酸碱平衡失调。不论发生哪种酸碱平衡失调，机体都有继发性代偿反应，减轻酸碱紊乱，以帮助pH恢复至正常范围，维持人体内环境的稳定。

一、水的质子自递反应和溶液的酸碱性

（一）水的质子自递反应

根据酸碱质子理论，水是两性物质，既能给出质子又能接受质子。发生在水分子之间的质子传递反应，称为质子自递反应。反应式如下：

$$H_2O + H_2O \overset{H^+}{\rightleftharpoons} H_3O^+ + OH^-$$

在一定温度下，水的质子自递反应达到平衡时，其平衡常数可表示为：

$$K_i = \frac{[H_3O^+][OH^-]}{[H_2O]^2}$$

或

$$[H_3O^+][OH^-] = K_i[H_2O]^2$$

纯水或稀溶液中，$[H_2O]$可以近似地看作常数，与 K_i 合并成一个新常数 K_w，同时可用$[H^+]$代替$[H_3O^+]$，则得

$$K_w = [H^+][OH^-] \tag{6-3}$$

一定温度下，K_w称为水的离子积常数，简称水的离子积。水的离子积常数不仅适用于纯水，也适用于任何稀的水溶液。由于水的质子自递反应是吸热反应，所以 K_w随着温度升高而增大，见表 6-3。根据电导实验测得，在 298.15 K 时，1 L 纯水中有 1.0×10^{-7} mol 的水分子发生解离。此条件下纯水中$[H^+] = [OH^-] = 1.0\times10^{-7}$ mol/L，故 $K_w=1.0\times10^{-14}$。

表 6-3 不同温度下水的离子积常数

温度/K	273	283	295	298	313	373
K_w	1.3×10^{-15}	3.6×10^{-15}	1.0×10^{-14}	1.27×10^{-14}	3.9×10^{-14}	7.4×10^{-13}

由表 6-3 可见，温度对水的离子积常数影响很大。例如，在 373 K 时水的离子积是 273K 时的 569 倍，室温范围内，K_w值变化不明显。

链接

维生素 C 注射液（5 mg/mL）的 pH 为 3.0，直接用于局部注射会产生疼痛感，因此，在制备时需要加入适量的 $NaHCO_3$，将 pH 调节在 5.5～6.0，接近血液的 pH，以减轻维生素 C 注射液注射时引起的疼痛，又能增加其稳定性。

（二）溶液的酸碱性

K_w说明了水溶液中$[H^+]$和$[OH^-]$之间的相互关系，在水溶液中同时存在$[H^+]$和$[OH^-]$，其含量不同，溶液的酸碱性不同。溶液的酸碱性对物质的性质具有显著影响，如药物的生理作用和稳定性，药物的合成和含量测定，临床检验和临床用药等都需要严格控制溶液的 pH。在 298.15 K 时，根据 $K_w =[H^+][OH^-] = 1.0\times10^{-14}$。即在纯水或者其他酸、碱的水溶液中，已知溶液的$[H^+]$，可以计算出$[OH^-]$。例如，298.15 K 时，某物质的水溶液中，$[H^+]= 1.0\times10^{-4}$，则$[OH^-]= 1.0\times10^{-10}$。

根据溶液中的$[H^+]$或$[OH^-]$的大小，将溶液分为酸性、中性和碱性溶液。

酸性溶液 $[H^+]>1.0\times10^{-7}$ mol/L$>[OH^-]$

中性溶液 $[H^+]=1.0\times10^{-7}$ mol/L$=[OH^-]$

碱性溶液 $[H^+]<1.0\times10^{-7}$ mol/L$<[OH^-]$

许多化学反应和生理现象在[H$^+$]（10^{-8}～10^{-2} mol/L）很小的溶液中进行，用[H$^+$]的大小表示不方便。通常用[H$^+$]的负对数表示溶液的酸碱性，表示为

$$pH = -\lg[H^+] \tag{6-4}$$

溶液的酸碱性也可用 pOH 来表示。pOH 是指溶液中[OH$^-$]的负对数，可表示为

$$pOH = -\lg[OH^-] \tag{6-5}$$

若式（6-3）两边取负对数，则得

$$pH + pOH=14 \tag{6-6}$$

pH 是用来表示溶液酸碱性的一种标度。[H$^+$]越大，pH 越小，溶液的酸性越强，碱性越弱；反之亦然。溶液的酸碱性与 pH 的关系为：

酸性溶液　pH＜7

中性溶液　pH=7

碱性溶液　pH＞7

【例 6-2】 计算 0.01 mol/L NaOH 溶液的 pH 和 pOH。

解： NaOH 是强碱，在水溶液中完全解离。

$$c（OH^-）=c（NaOH）=1.0\times10^{-2}\ mol/L，pOH=-\lg[OH^-]=-\lg1.0\times10^{-2}=2.00$$

$$pH =14.00-pOH=14.00-2.00=12.00$$

二、弱酸弱碱的解离

（一）解离平衡和解离常数

1. 一元弱酸弱碱的解离 弱电解质在水溶液中只发生部分解离。在一定条件下，弱电解质达到解离平衡时，溶液中已解离的离子浓度和未解离的弱电解质分子浓度都不再随时间而改变。例如，一元弱酸乙酸在溶液中的解离为：

$$HAc + H_2O \rightleftharpoons H_3O^+ + Ac^-$$

简写为：

$$HAc \rightleftharpoons H^+ + Ac^-$$

少量的 HAc 分子在水分子的作用下解离成离子，同时溶液中部分 H$^+$和 Ac$^-$又不断地相互吸引而重新结合成 HAc 分子。在一定温度下，当正反应速率与逆反应速率相等时，解离达到动态平衡，称为解离平衡。乙酸的解离平衡常数表达式为：

$$K_a = \frac{[Ac^-][H^+]}{[HAc]}$$

K_a 为解离平衡常数，简称解离常数。通常弱酸的解离常数用 K_a 表示，简称酸常数。弱碱的解离常数用 K_b 表示，简称碱常数。

对于一元弱碱 $NH_3 \cdot H_2O$ 在水溶液中存在以下解离平衡为：

$$NH_3 + H_2O \rightleftharpoons NH_4^+ + OH^-$$

其碱常数为：

$$K_b = \frac{[NH_4^+][OH^-]}{[NH_3]}$$

K_a 和 K_b 的大小反映了弱酸和弱碱在水溶液中的解离程度。K_a 或 K_b 越大，说明弱酸或弱碱解离程度越大，对应的弱酸酸性或弱碱的碱性越强。

2. 多元弱酸弱碱的解离 凡能给出两个或两个以上 H$^+$的弱酸称为多元弱酸，如 H_3PO_4、H_2CO_3、H_2S 等。多元弱酸的解离是分步进行的，每一步解离都有相应的解离常数，通常用 K_{a1}、K_{a2} 等表示。例如，三元弱酸 H_3PO_4 在水溶液中分三步解离，有三个解离常数即 K_{a1}、K_{a2}、K_{a3}。

$$H_3PO_4 \rightleftharpoons H^+ + H_2PO_4^- \qquad K_{a1}=\frac{[H^+][H_2PO_4^-]}{[H_3PO_4]}=7.5\times10^{-3}$$

$$H_2PO_4^- \rightleftharpoons H^+ + HPO_4^{2-} \qquad K_{a2}=\frac{[H^+][HPO_4^{2-}]}{[H_2PO_4^-]}=6.3\times10^{-8}$$

$$HPO_4^{2-} \rightleftharpoons H^+ + PO_4^{3-} \qquad K_{a3}=\frac{[H^+][PO_4^{3-}]}{[HPO_4^{2-}]}=4.4\times10^{-13}$$

在多元弱酸的水溶液中，解离常数 $K_{a1}\gg K_{a2}\gg K_{a3}$。因此，溶液中 H^+主要来自第一步解离，多元弱酸酸性的强弱取决于 K_{a1}，K_{a1} 越大多元弱酸的酸性越强。

多元弱碱的解离情况与多元弱酸相似，其分步解离常数依次用 K_{b1}、K_{b2}、K_{b3} 等表示。同理，多元弱碱碱性的强弱取决于 K_{b1}，K_{b1} 越大多元弱碱的碱性越强。弱酸和弱碱的解离常数与化学平衡常数一样，与温度有关，而与浓度无关。

K_a（K_b）在一定温度下为一常数，其数值大小能反映酸（碱）的强弱。附录 2 列出了常见弱酸、弱碱的标准解离常数（298.15 K）。

（二）解离常数与解离度的关系

解离度是弱电解质解离程度的另一种表示方法，是在一定温度下，溶液中已解离的弱电解质分子数与解离前弱电解质分子总数之比。通常用 α 表示。

$$\alpha=\frac{\text{已解离的电解质分子数}}{\text{电解质分子总数}}\times100\% \qquad (6\text{-}7)$$

例如，在 298.15 K 时，0.10 mol/L HAc 溶液的解离度为 1.33%，常见弱电解质的解离度见表 6-4。

表 6-4 常见弱电解质的解离度（0.1 mol/L，298.15 K）

电解质	乙酸	碳酸	甲酸	氨水
化学式	CH_3COOH	H_2CO_3	HCOOH	$NH_3\cdot H_2O$
解离度 α/%	1.33	0.17	4.24	1.33

解离度的大小也可以表示电解质的相对强弱。同浓度的不同弱电解质，其解离度也不相同。电解质越弱，解离度越小。

解离常数和解离度是两个不同的概念，从不同的角度表示弱电解质的相对强弱。它们既相互联系又有区别，解离常数是弱电解质的特征常数，是化学平衡常数的一种形式，与浓度无关。而解离度与弱电解质的本性、温度和溶剂有关，并且受弱电解质的浓度影响。弱电解质解离成离子时，一般需要吸热，因此升高温度，解离平衡向解离方向移动，从而使解离度增大；溶液浓度越小，阴、阳离子相互碰撞结合成分子的机会越少，解离度就越大。因此，在表示弱电解质的解离度时，必须同时指明溶液的温度和浓度。

解离度、解离常数和浓度之间有一定的关系。以一元弱酸 HA 解离平衡为例，可以推导出 K_a 和 α 之间的定量关系，设 HA 溶液的浓度为 c（mol/L），则：

	HA	$\rightleftharpoons$ H^+	+ A^-
初始浓度（mol/L）	c	0	0
平衡浓度（mol/L）	$c-c\alpha$	$c\alpha$	$c\alpha$

$$K_a=\frac{[H^+][A^-]}{[HA]}=\frac{c\alpha\times c\alpha}{c-c\alpha}=\frac{c\alpha^2}{1-\alpha}$$

当 $\alpha<5\%$时，通常可以认为 $1-\alpha\approx1$，即

$$K_a = c\alpha^2 \text{ 或 } \alpha = \sqrt{\frac{K_a}{c}} \tag{6-8}$$

式（6-8）反映出在一定温度下，解离度随着电解质溶液浓度变化的情况。浓度增大时，解离度减小；浓度降低时，解离度增大。适当稀释溶液时，弱电解质的浓度降低，其解离度增大，因此式（6-8）也称为稀释定律。

实验测得 298.15 K 时不同浓度的 HAc 溶液的解离常数，数值稳定在 1.76×10^{-5}，而其解离度随浓度的不同而不同，见表 6-5。

表 6-5　不同浓度下 HAc 的解离度和解离常数（298.15 K）

乙酸浓度（mol/L）	0.2	0.1	0.001
解离常数（K_a）	1.76×10^{-5}	1.76×10^{-5}	1.76×10^{-5}
解离度 α/%	0.934	1.33	12.4

链接

通常人的胃液 pH 为 1～3，空腹时 pH<2。而活性乳酸菌生长所需的 pH>5.4。如果空腹时喝乳酸菌奶，乳酸菌很容易被胃酸杀死，其营养价值和保健作用就会大大降低。根据以上信息，思考胃溃疡患者是否适宜饮用乳酸菌奶。

三、共轭酸碱对 K_a 与 K_b 的关系

根据共轭酸碱理论，共轭酸碱对是通过一个质子的转移而相互转化的一对酸碱，其中 K_a、K_b 之间存在一定的关系。例如，共轭酸碱对 HA-A^-在水溶液中存在如下解离平衡：

$$HA \rightleftharpoons H^+ + A^- \qquad K_a = \frac{[H^+][A^-]}{[HA]}$$

$$A^- + H_2O \rightleftharpoons HA + OH^- \qquad K_b = \frac{[HA][OH^-]}{[A^-]}$$

将 K_a 与 K_b 相乘，则得：

$$K_a \cdot K_b = \frac{[H^+][A^-]}{[HA]} \cdot \frac{[HA][OH^-]}{[A^-]} = [H^+][OH^-] = K_w$$

水溶液中，对于任何一对共轭酸碱对都有

$$K_a \cdot K_b = K_w \tag{6-9}$$

两边同时取负对数，得：

$$pK_a + pK_b = pK_w$$

由上式可以看出，共轭酸碱对的 K_a 与 K_b 成反比，共轭酸的酸性越强，其共轭碱的碱性越弱；反之亦然。如果已知弱酸的 K_a（或弱碱的 K_b）可求出其共轭碱的 K_b（或共轭酸 K_a）。

【例 6-3】 已知 298.15 K 时，HAc 的 $K_a=1.76\times10^{-5}$，$NH_3\cdot H_2O$ 的 $K_b=1.76\times10^{-5}$，分别计算 Ac^- 的 K_b 和 NH_4^+ 的 K_a。

解： Ac^-和 HAc 是一对共轭酸碱对，

$$K_b(Ac^-) = \frac{K_w}{K_a(HAc)} = \frac{1\times10^{-14}}{1.76\times10^{-5}} = 5.68\times10^{-10}$$

NH_4^+-NH_3 是一对共轭酸碱对，所以

$$K_a(NH_4^+)=\frac{K_w}{K_b(NH_3\cdot H_2O)}=\frac{1\times10^{-14}}{1.76\times10^{-5}}=5.68\times10^{-10}$$

对于多元弱酸碱来说，式（6-9）同样适用，只是要特别注意对应关系，如三元弱酸 H_3PO_4 所发生的逐级电离产物和对应的平衡常数如下：

$$H_3PO_4 \underset{K_{b3}}{\overset{K_{a1}}{\rightleftharpoons}} H_2PO_4^- \underset{K_{b2}}{\overset{K_{a2}}{\rightleftharpoons}} HPO_4^{2-} \underset{K_{b1}}{\overset{K_{a3}}{\rightleftharpoons}} PO_4^{3-}$$

$$K_{a1}\cdot K_{b3}=K_{a2}\cdot K_{b2}=K_{a3}\cdot K_{b1}=K_w$$

四、弱酸弱碱解离的影响因素

（一）同离子效应

弱电解质的解离平衡是一种动态平衡，当外界条件发生改变时，平衡会发生移动。弱电解质的解离程度会发生变化。例如，HAc 在水溶液中存在以下平衡：

$$HAc \rightleftharpoons H^+ + Ac^-$$

$$NaAc \longrightarrow Na^+ + Ac^-$$

如果在上述平衡系统中加入与 HAc 含有相同离子的强电解质 NaAc，由于 NaAc 在溶液中完全解离，使溶液中的[Ac^-]增大，解离平衡向左移动，抑制了 HAc 的解离，使 HAc 的解离度减小。

在弱电解质溶液中，加入与弱电解质具有相同离子的强电解质时，使弱电解质的解离度降低的现象，称为同离子效应。

在 $NH_3\cdot H_2O$ 中滴入几滴酚酞，溶液显红色，说明 $NH_3\cdot H_2O$ 显碱性；在此溶液中加入少量的 NH_4Cl 晶体，红色变浅，说明溶液的碱性减弱。这是因为 NH_4Cl 是强电解质，在水溶液中完全解离，使溶液中[NH_4^+]增大，产生同离子效应，使得解离平衡向左移动，从而抑制 $NH_3\cdot H_2O$ 的解离，降低了溶液中的[OH^-]。同离子效应可用于缓冲溶液的配制，在药物分析中也可用来控制溶液中某种离子的浓度。

$$NH_3 + H_2O \rightleftharpoons OH^- + NH_4^+$$

$$NH_4Cl \longrightarrow Cl^- + NH_4^+$$

（二）盐效应

在弱电解质溶液中，加入与弱电解质不含相同离子的强电解质，使弱电解质的解离度增大的现象，称为盐效应。

例如，向 0.10 mol/L 的 HAc 溶液中，加入固体 NaCl，使其浓度为 0.10 mol/L，则 HAc 的解离度由 1.33%增大到 1.68%。这是因为 NaCl 溶于水后，完全解离为 Na^+和 Cl^-，使溶液中的离子数目骤增，溶液中离子间的相互牵制作用增强，H^+与 Ac^-结合生成 HAc 的速率减小，使 HAc 的解离平衡向正反应方向移动，从而增大了解离度。

盐效应与同离子效应的作用恰好相反。在产生同离子效应的同时，必然伴随着盐效应的发生，但同离子效应远大于盐效应，所以在离子浓度较小的溶液中，盐效应的影响可以忽略。

五、酸碱溶液的 pH 计算

强酸、强碱在水溶液中完全解离，通常可忽略水的质子自递作用，pH 可直接用其质子浓度进行计算。而弱酸、弱碱溶液由于存在其解离平衡，pH 计算则比较复杂。

（一）一元弱酸、弱碱溶液的 pH 计算

在一元弱酸或弱碱水溶液中，同时存在着弱酸或弱碱本身的解离平衡和溶剂水分子的质子自递平衡。

$$HAc \rightleftharpoons H^+ + Ac^-$$

$$H_2O + H_2O \rightleftharpoons H_3O^+ + OH^-$$

其中[HAc]、$[H_3O^+]$、$[Ac^-]$和$[OH^-]$都是未知的，要精确计算相当复杂。由于水的解离程度很低，弱酸解离产生的 H^+又抑制了水的解离，当弱酸的 $c \cdot K_a \geqslant 20K_w$ 时，可以忽略水的解离对$[H^+]$的影响，只考虑弱酸的解离。

以 HAc 为例，设 HAc 溶液的起始浓度为 c，

	HAc	$\rightleftharpoons$	H^+	+	Ac^-
起始浓度	c		0		0
平衡浓度	$c-[H^+]$		$[H^+]$		$[H^+]$

$$K_a = \frac{[H^+][Ac^-]}{[HAc]} = \frac{[H^+]^2}{c-[H^+]}$$

$$[H^+] = -\frac{K_a}{2} + \sqrt{\frac{K_a^2}{4} + K_a \cdot c} \tag{6-10}$$

式（6-10）是一元弱酸溶液中$[H^+]$的计算公式。

当解离度比较小时，平衡体系中$[H^+] \ll c$，$[HAc]=c-[H^+] \approx c$，此时

$$[H^+] = \sqrt{K_a \cdot c} \tag{6-11}$$

式（6-11）是一元弱酸溶液$[H^+]$计算的近似公式，适用条件是 $c \cdot K_a \geqslant 20K_w$ 和 $c/K_a \geqslant 500$。而在 $c \cdot K_a \geqslant 20K_w$ 和 $c/K_a < 500$ 条件下，需采用式（6-10）进行计算。

【例 6-4】 计算 298.15 K 时，0.10 mol/L HF 溶液的 pH。（已知 $K_a=6.3\times10^{-4}$）

解： $\frac{c}{K_a} = \frac{0.10}{6.3\times10^{-4}} < 500$，用式（6-10）计算

$$[H^+] = -\frac{K_a}{2} + \sqrt{\frac{K_a^2}{4} + K_a \cdot c}$$

$$= -\frac{6.3\times10^{-4}}{2} + \sqrt{\frac{(6.3\times10^{-4})^2}{4} + 6.3\times10^{-4}\times0.1}$$

$$= 7.6\times10^{-3}(\text{mol/L})$$

$$pH = -\lg[H^+] = -\lg(7.6\times10^{-3}) = 2.12$$

【例 6-5】 计算 298.15 K 时，0.10 mol/L HAc 溶液的 pH 和 α。（HAc 的 $K_a=1.76\times10^{-5}$）

解： 因 $c \cdot K_a = 0.10\ \text{mol/L}\times1.76\times10^{-5} > 20K_w$，$\frac{c}{K_a} = \frac{0.10}{1.76\times10^{-5}} > 500$，可用近似公式计算

$$[H^+] = \sqrt{K_a \cdot c} = \sqrt{0.10\times1.76\times10^{-5}} = 1.33\times10^{-3}(\text{mol/L})$$

$$pH = -\lg[H^+] = -\lg(1.33\times10^{-3}) = 2.88$$

又根据解离度的定义知，$[H^+]=c\alpha$，故

$$\alpha = \frac{[H^+]}{c}\times100\% = \frac{1.33\times10^{-3}}{0.10} = 1.33\%$$

【例 6-6】 计算 298.15 K 时，0.10 mol/L NH_4Cl 溶液的 pH。（NH_4^+ 的 $K_a=5.68\times10^{-10}$）

解： NH_4Cl 在水溶液中全部解离出 NH_4^+ 和 Cl^-，NH_4^+ 的 c 为 0.10 mol/L。

因 $c \cdot K_a$=0.10 mol/L×5.68×10^{-10}>$20K_w$，$\dfrac{c}{K_a}=\dfrac{0.10}{5.68\times10^{-10}}$>500，可用近似公式计算

$$[H^+]=\sqrt{K_a\cdot c}=\sqrt{0.10\times5.68\times10^{-10}}=7.5\times10^{-6}(mol/L)$$

$$pH=-lg[H_3O^+]=-lg(7.5\times10^{-6})=5.12$$

同理，对于一元弱碱溶液，与一元弱酸的解离过程相似，得出$[OH^-]$计算公式。

当 $c \cdot K_b \geqslant 20K_w$ 和 c/K_b<500 时

$$[OH^-]=-\frac{K_b}{2}+\sqrt{\frac{K_b^2}{4}+K_b\cdot c} \tag{6-12}$$

当 $c \cdot K_b \geqslant 20K_w$ 且 $c/K_b \geqslant 500$ 时，可采用近似计算公式

$$[OH^-]=\sqrt{c\cdot K_b} \tag{6-13}$$

【例 6-7】 计算 283 K 时，1.25 g/L 平喘药左旋麻黄碱溶液的 pH。（已知左旋麻黄碱的 $M(C_{10}H_{15}NO)$=165.0 g/mol，K_b=9.08×10^{-5}）

解： 左旋麻黄碱溶液的物质的量浓度 $c_B=\dfrac{\rho_B}{M_B}=\dfrac{1.25}{165.0}=7.58\times10^{-3}(mol/L)$

因为 $\dfrac{c}{K_b}=\dfrac{7.58\times10^{-3}}{9.08\times10^{-5}}$<500，可用式（6-12）计算

$$[OH^-]=-\frac{K_b}{2}+\sqrt{\frac{K_b^2}{4}+K_b\cdot c}$$

$$=-\frac{9.08\times10^{-5}}{2}+\sqrt{\frac{(9.08\times10^{-5})^2}{4}+9.08\times10^{-5}\times7.58\times10^{-3}}$$

$$=8.3\times10^{-4}(mol/L)$$

$$pOH=-lg[OH^-]=-lg(8.3\times10^{-4})=3.08$$

$$pH=10.92$$

【例 6-8】 计算 298.15 K 时，0.10 mol/L $NH_3\cdot H_2O$ 溶液的 pH。（$NH_3\cdot H_2O$ 的 K_b=1.76×10^{-5}）

解： 因 $c \cdot K_b$=0.10 mol/L×1.76×10^{-5}>$20K_w$，$\dfrac{c}{K_b}=\dfrac{0.10}{1.76\times10^{-5}}$>500，可以进行近似计算

$$[OH^-]=\sqrt{c\cdot K_b}=\sqrt{0.10\times1.76\times10^{-5}}=1.33\times10^{-3}(mol/L)$$

$$pOH=-lg[OH^-]=-lg(1.33\times10^{-3})=2.88$$

$$pH=14-pOH=11.12$$

（二）多元弱酸、弱碱溶液的 pH 计算

在多元弱酸或多元弱碱的溶液中，通常 H^+或 OH^-主要来源于第一步解离。一般情况下，多元弱酸或多元弱碱溶液中$[H^+]$或$[OH^-]$的计算，可按一元弱酸或一元弱碱处理。

多元弱酸溶液中，当 $cK_{a1}\geqslant 20K_w, \dfrac{c}{K_{a1}}\geqslant 500$ 时，$[H^+]=\sqrt{cK_{a1}}$ （6-14）

多元弱碱溶液中，当 $cK_{b1}\geqslant 20K_w, \dfrac{c}{K_{b1}}\geqslant 500$ 时，$[OH^-]=\sqrt{cK_{b1}}$ （6-15）

【例 6-9】 计算 298.15K 时，0.10 mol/L Na_2CO_3 溶液 pH。

解： Na_2CO_3 溶液中存在着质子转移平衡：

$$CO_3^{2-}+H_2O \rightleftharpoons HCO_3^- + OH^- \qquad K_{b1}=\frac{K_w}{K_{a2}}=\frac{1.0\times10^{-14}}{5.6\times10^{-11}}\approx1.79\times10^{-4}$$

$$HCO_3^- + H_2O \rightleftharpoons H_2CO_3 + OH^- \qquad K_{b2} = \frac{K_w}{K_{a1}} = \frac{1.0\times10^{-14}}{4.3\times10^{-7}} \approx 2.3\times10^{-8}$$

$cK_{b1} = 0.10\times1.79\times10^{-4} > 20K_w$ 且 $\dfrac{c}{K_{b1}} = \dfrac{0.10}{1.79\times10^{-4}} \geqslant 500$，可按一元弱碱进行近似计算

$$[OH^-] = \sqrt{c\cdot K_{b1}} = \sqrt{0.10\times1.79\times10^{-4}} = 4.2\times10^{-3}(\text{mol/L})$$

$$pOH = -\lg[OH^-] = -\lg(4.2\times10^{-3}) = 2.33$$

$$pH = 14 - pOH = 14 - 2.33 = 11.67$$

六、酸碱指示剂

酸碱指示剂一般为弱的有机酸或弱的有机碱，如酚酞、石蕊和甲基橙等。根据弱酸弱碱解离平衡，它们在水溶液中都存在酸式和碱式两种结构，分别对应具有不同的颜色的分子与离子两种状态，所以能以不同的颜色指示溶液的酸碱性。下面以酚酞为例分析其变色原理。

酚酞属有机弱酸，其水溶液中存在如下平衡：

$$HIn \rightleftharpoons H^+ + In^-$$

分子（无色） 离子（红色）

其中，HIn 为酸式结构，In^-为碱式结构。当向酚酞溶液中加入酸，$[H^+]$增大，pH 减小，酚酞的解离平衡向左移动，In^-减少，HIn 增多，溶液显示 HIn 的无色（pH≤5.0）；当向酚酞溶液中加入碱，$[H^+]$减小，pH 增大，酚酞的解离平衡向右移动，HIn 减少，In^-增多，溶液逐渐显示 In^-的红色（pH≥8.0）。

由此可见，酚酞指示剂由无色变为红色时，溶液的 pH 由 5.0 变化到 8.0。指示剂由一种颜色转变到另一种颜色时溶液 pH 的变化范围称为指示剂的变色范围。常用酸碱指示剂的变色范围见表 6-6。

表 6-6 常用酸碱指示剂的变色范围及颜色变化

指示剂	溴酚蓝	甲基橙	甲基红	石蕊	中性红	酚酞
变色范围（pH）	3.0～4.6	3.1～4.4	4.4～6.2	5.0～8.0	6.8～8.0	8.0～10.0
颜色变化	黄色～蓝紫色	红色～黄色	红色～黄色	红色～蓝色	红色～黄色	无色～红色

表 6-6 中，pH 小的颜色为指示剂的酸式色，pH 大的颜色为指示剂的碱式色。指示剂对酸碱越敏感越好，也就是说指示剂的变色范围越窄越好。

根据酸碱指示剂变色原理来判定溶液的 pH 在化学实验及生产过程的分析化验中应用广泛，优点是简单便捷，但测定结果比较粗略，常用的如各种 pH 试纸。如果需要较为精确地测定溶液的 pH 时，可以使用酸度计。

第 4 节 缓冲溶液

任务导入 6-4

在人体代谢过程中，不断会产生二氧化碳（碳酸）、硫酸、磷酸、乳酸、乙酰乙酸、β-羟基丁酸等酸性物质，可使血液的酸性增强。体内代谢物除了酸性物质之外，也有一些碱性物质（如氨）。另外我们吃的蔬菜和果类都含有较多的碱性盐类（如乳酸、柠檬酸的钾盐或钠盐），它们在体内吸收也会增加血液的碱性。而正常人体血液的 pH 总能精确保持在一个恒定的范围内（7.35～7.45），原因之一就是血液存在一系列缓冲对，能够稳定血液的 pH。

一、缓冲作用原理

（一）缓冲作用

在 1 L 下列溶液中分别加入 0.01 mol 的强酸或强碱后，溶液 pH 变化如表 6-7 所示。

表 6-7　不同溶液加入 0.01 mol 强酸或强碱后的 pH 变化

序号	溶液	体积	起始 pH	+ 0.01 mol HCl 后 pH	+ 0.01 mol NaOH 后 pH
1	纯水	1L	7	2	12
2	0.1 mol/L NaCl 溶液	1L	7	2	12
3	0.1 mol/L HAc + 0.1 mol/L NaAc 溶液	1L	4.75	4.74	4.76

实验表明，在加入少量 HCl 或 NaOH 时，纯水或稀 NaCl 溶液的 pH 都会发生显著改变，而 HAc 与 NaAc 的溶液 pH 几乎保持不变。像这种能够抵抗少量外来强酸、强碱或适当稀释而保持 pH 基本不变的溶液，称为缓冲溶液。缓冲溶液抵抗少量外来强酸、强碱或适当稀释的作用称为缓冲作用。

（二）缓冲溶液的组成

缓冲溶液之所以具有缓冲作用，是由足够浓度、适当比例的构成共轭酸碱对的两种物质组成，即同时存在抗酸成分和抗碱成分。通常把组成缓冲溶液的共轭酸碱对称为缓冲系或缓冲对。常见的缓冲系主要有三种类型。

（1）弱酸及其对应的盐

弱酸（抗碱成分）	对应的盐（抗酸成分）
HAc	NaAc
H_2CO_3	$NaHCO_3$
H_3PO_4	NaH_2PO_4

（2）弱碱及其对应的盐

弱碱（抗酸成分）	对应的盐（抗碱成分）
$NH_3 \cdot H_2O$	NH_4Cl

（3）多元弱酸的酸式盐及其对应的次级盐

多元弱酸的酸式盐（抗碱成分）	对应的次级盐（抗酸成分）
$NaHCO_3$	Na_2CO_3
NaH_2PO_4	Na_2HPO_4

（三）缓冲作用原理

缓冲溶液实际上是由共轭酸碱对组成的混合溶液，并且共轭酸碱对之间存在着质子转移平衡。缓冲作用的发挥本质上是平衡移动原理在酸碱解离平衡中的应用。现以 HAc-NaAc 缓冲溶液为例，说明缓冲作用的原理。

在 HAc-NaAc 缓冲系中，NaAc 是强电解质，在溶液中完全解离为 Na^+和 Ac^-；而 HAc 是弱电解质，解离度很小，并且由于来自 NaAc 的同离子效应，抑制了 HAc 的解离，HAc 绝大部分以分子状态存在于溶液中。因此，在 HAc-NaAc 缓冲系中存在大量的 HAc 和 Ac^-，而且 HAc 和 Ac^-为共轭酸碱对，水溶液中解离平衡如下：

$$\underset{\text{（大量）}}{HAc} \rightleftharpoons H^+ + \underset{\text{（大量）}}{Ac^-}$$

当向 HAc-NaAc 缓冲系中加入少量强酸（如 HCl）时，溶液中大量的 Ac^-与外来的 H^+结合生成

HAc，使上述平衡向左移动，H^+浓度没有明显升高，溶液的 pH 几乎保持不变。在此过程中，共轭碱 Ac^-抵抗外来的少量的酸，是抗酸成分。

抗酸的离子反应方程式：$H^+ + Ac^- \rightleftharpoons HAc$

当向 HAc-NaAc 缓冲系中加入少量强碱（如 NaOH）时，溶液中的 H^+与外来少量 OH^-结合成 H_2O，溶液中减少的 H^+由大量 HAc 的解离来补充，使上述平衡向右移动。而溶液中 H^+浓度没有明显降低，溶液的 pH 几乎保持不变。在此过程中，共轭酸 HAc 抵抗外来的少量的碱，是抗碱成分。

抗碱的离子方程式：$OH^- + HAc \rightleftharpoons Ac^- + H_2O$

由此可见，缓冲作用是在有足量的抗酸成分和抗碱成分共存的缓冲体系中，通过共轭酸碱对之间的平衡移动来实现的。

但必须指出，缓冲溶液的缓冲作用是有一定限度的。当加入过量的酸或碱时，会使缓冲溶液中的抗酸成分或抗碱成分耗尽，缓冲溶液则会失去缓冲作用，溶液 pH 将会明显改变。

二、缓冲溶液 pH 的计算

缓冲溶液是一个共轭酸碱体系，其中的共轭酸（HA）及共轭碱（A^-）在水溶液中存在如下平衡：

$$HA \rightleftharpoons H^+ + A^-$$

其平衡常数为 $K_a = \dfrac{[H^+][A^-]}{[HA]}$，所以有 $[H^+] = K_a \dfrac{[HA]}{[A^-]}$

两边各取负对数得 $pH = pK_a + \lg\dfrac{[A^-]}{[HA]}$ 或 $pH = pK_a + \lg\dfrac{[共轭碱]}{[共轭酸]}$ （6-16）

式（6-16）即为缓冲溶液 pH 计算公式，式中[HA]和$[A^-]$均为平衡浓度，$\dfrac{[共轭碱]}{[共轭酸]}$称为缓冲比。由于在 HA 和 A^-缓冲体系中产生同离子效应，HA 解离很少，因此，[HA]和$[A^-]$可以分别用初始浓度 c_a 和 c_b 表示，上式可近似为

$$pH = pK_a + \lg\frac{c_b}{c_a} \qquad (6\text{-}17)$$

式（6-17）是计算缓冲溶液 pH 的近似公式，式中 $\dfrac{c_b}{c_a}$ 称为缓冲比，c_a+c_b 称为缓冲溶液的总浓度。

由计算公式可知：缓冲溶液的 pH 首先取决于弱酸的 pK_a，其次是缓冲比。当缓冲系确定后，缓冲溶液的 pH 将随着缓冲比的改变而变化。当缓冲比为 1 时，$pH=pK_a$。

【例 6-10】 试计算 0.10 mol/L NH_3 和 0.05 mol/L NH_4Cl 组成的缓冲溶液的 pH（已知 NH_3 的 $K_b=1.76\times10^{-5}$）。

解：共轭酸 NH_4^+ 的 $K_a = \dfrac{K_w}{K_b} = \dfrac{1.0\times10^{-14}}{1.76\times10^{-5}} = 5.68\times10^{-10}$，$pK_a=9.25$

$$pH = pK_a + \lg\frac{[NH_3]}{[NH_4^+]} = pK_a + \lg\frac{c_b}{c_a}$$

$$= 9.25 + \lg\frac{0.10}{0.05} = 9.55$$

在缓冲溶液中，由于共轭酸与共轭碱存在于同一个溶液中，其体积相同，所以缓冲公式中的浓度比也可以采用物质的量之比，而无须考虑溶液体积的变化，这在很多时候会使计算更加方便。

$$pH = pK_a + \lg\frac{n_b}{n_a} \tag{6-18}$$

【例 6-11】 0.20 mol/L 的 HAc 溶液和 0.20 mol/L 的 NaAc 溶液等体积混合配成 100 mL 缓冲溶液，已知 HAc 的 pK_a=4.75，求：（1）此缓冲溶液的 pH；（2）在此溶液中加入 1 mL 0.1 mol/L HCl 溶液后的 pH；（3）在此溶液中加入 1 mL 0.1 mol/L NaOH 溶液后的 pH。

解：（1）该缓冲系为 HAc-NaAc，HAc 的 pK_a=4.75，

$$pH = pK_a + \lg\frac{n_{Ac^-}}{n_{HAc}} = 4.75 + \lg\frac{0.20\times 50}{0.20\times 50} = 4.75$$

（2）加入 1 mL 1.0 mol/L HCl，HCl 与 NaAc 反应生成 HAc，则：

$$n(HAc) = 0.2\times 50 + 1\times 0.1 = 101(mmol)$$

$$n(Ac^-) = 0.2\times 50 - 1\times 0.1 = 99(mmol)$$

$$pH = 4.75 + \lg\frac{99}{101} = 4.74$$

溶液的 pH 比原来降低了约 0.01 个单位，几乎未改变。

（3）加入 1 mL 1.0 mol/L NaOH，NaOH 与 HAc 反应生成 NaAc，则：

$$n(HAc) = 0.2\times 50 - 1\times 0.1 = 99(mmol)$$

$$n(Ac^-) = 0.2\times 50 + 1\times 0.1 = 101(mmol)$$

$$pH = 4.75 + \lg\frac{101}{99} = 4.76$$

溶液的 pH 比原来升高了约 0.01 个单位，几乎未改变。

【例 6-12】 将 10 mL 0.10 mol/L 的 NaH_2PO_4 和 10 mL 0.2 mol/L 的 Na_2HPO_4 混合，求此混合溶液的 pH。

解：此溶液为缓冲溶液，查表知，$H_2PO_4^-$ 的 pK_a=7.21，

$$pH = pK_a + \lg\frac{n_{Na_2HPO_4}}{n_{NaH_2PO_4}} = 7.21 + \frac{10\times 0.20}{10\times 0.10}$$

$$= 7.21 + 0.30 = 7.51$$

三、缓冲溶液的缓冲能力

（一）缓冲容量

任何缓冲溶液的缓冲能力都有一定限度，常用缓冲容量（buffer capacity）来表示。缓冲容量是使 1 L（或 1 mL）缓冲溶液的 pH 改变一个单位所加入一元强酸或一元强碱的物质的量（mol 或 mmol），常用 β 表示。

$$\beta = \frac{n}{V|\Delta pH|} \tag{6-19}$$

式中，n 为加入酸碱的物质的量；V 为缓冲溶液的体积；ΔpH 为 pH 的改变量。缓冲容量越大，说明缓冲溶液的缓冲能力越强。

（二）影响缓冲容量的因素

1. 总浓度　当缓冲比一定时，缓冲容量与总浓度（c_a+c_b）成正比。缓冲溶液的总浓度越大，溶液中所含的抗酸抗碱成分越多，缓冲能力越强，见表 6-8。

表 6-8 缓冲容量与总浓度的关系

溶液	$[Ac^-]$/（mol/L）	[HAc]/（mol/L）	缓冲比	*c*（总浓度）/（mol/L）	β/[mol/（L·pH）]
1	0.025	0.025	1	0.05	0.029
2	0.05	0.05	1	0.10	0.058
3	0.10	0.10	1	0.20	0.115

2. 缓冲比 在缓冲溶液总浓度一定时，缓冲比越接近于 1，缓冲容量 β 越大。当缓冲比等于 1，即 $pH=pK_a$ 时，缓冲容量 β 最大，见表 6-9。

表 6-9 缓冲容量与缓冲比的关系

溶液	$[Ac^-]$/（mol/L）	[HAc]/（mol/L）	缓冲比	*c*（总浓度）/（mol/L）	β/[mol/（L·pH）]
1	0.01	0.09	1∶9	0.10	0.021
2	0.02	0.08	2∶8	0.10	0.037
3	0.03	0.07	3∶7	0.10	0.048

当缓冲溶液的总浓度一定时，缓冲比一般控制在至 1/10～10，即溶液的 pH 在 pK_a-1 和 pK_a+1 之间时，溶液具有较强的缓冲能力。通常将具有缓冲作用的 pH 范围，称为缓冲溶液的缓冲范围，即：

$$pH=pK_a\pm1$$

若 pH 超出上述范围，虽然溶液中仍有抗酸与抗碱成分，但该缓冲溶液的缓冲作用将大打折扣。例如，HAc 的 $pK_a=4.75$，则 HAc-NaAc 缓冲溶液的缓冲范围为 pH 3.75～5.75。不同的缓冲系由于 pK_a 不同，其缓冲范围也不同，见表 6-10。

表 6-10 常见缓冲溶液及其缓冲范围

缓冲系	缓冲对中弱酸 pK_a	缓冲范围
$H_2C_8H_4O_4$（邻苯二甲酸）- $KHC_8H_4O_4$（邻苯二甲酸氢钾）	2.89	2.2～4.0
HAc-NaAc	4.75	3.7～5.6
$KHC_8H_4O_4$（邻苯二甲酸氢钾）-NaOH	5.51	4.0～5.8
KH_2PO_4-Na_2HPO_4	7.21	5.8～8.0
$NH_3\cdot H_2O$-NH_4Cl	9.25	8.3～10.2
$NaHCO_3$-Na_2CO_3	10.25	9.2～11.0

四、缓冲溶液的配制

（一）选择合适的缓冲系

选择缓冲系要考虑两个因素。一是所需配制的缓冲溶液的 pH 在所选缓冲系的缓冲范围（$pK_a\pm1$）之内，并尽量接近共轭酸的 pK_a，所配缓冲溶液有较大的缓冲容量。例如，配制 pH 为 5.0 的缓冲溶液，因为 HAc 的 $pK_a=4.75$，可选择 HAc-NaAc 缓冲系。二是所选缓冲系的物质应无毒、稳定，对主反应无干扰等。

（二）缓冲溶液的浓度要适当

缓冲溶液的总浓度太低，会导致缓冲容量过小；总浓度太高，既会造成浪费，又会导致离子强度大而对反应体系产生副作用。因此，在实际应用中，一般总浓度控制在 0.05～0.2 mol/L。

（三）计算所需共轭酸碱的量

选择好缓冲系后，根据 pH 公式计算所需共轭酸及共轭碱的量或体积。为配制方便，常使用相同浓度的共轭酸和共轭碱（$c_{HA}=c_{A^-}$）。例如，设缓冲溶液总体积为 V，则 $V=V_{HA}+V_{A^-}$。缓冲溶液的 pH 为：

$$pH = pK_a + \lg\frac{V_{A^-}}{V_{HA}} \tag{6-20}$$

根据上述公式，可求得配制一定体积缓冲溶液所需的缓冲对的体积比。

【例 6-13】　如何配制 1000 mL pH 为 5.00 的缓冲溶液?

解：根据 pH=5.00，查表选择 HAc-NaAc 缓冲系（pK_a=4.75）。用浓度相同的 HAc 和 NaAc 按一定体积比混合。

$$pH = pK_a + \lg\frac{V_{Ac^-}}{V_{HAc}}$$

$$5.00 = 4.75 + \lg\frac{V_{Ac^-}}{V_{HAc}}$$

$$\frac{V_{Ac^-}}{V_{HAc}} = 1.78$$

因为　$V_{HAc}+V_{Ac^-}$ =1000 mL

所以　V_{HAc}=360 mL，V_{Ac^-} =640 mL

取等浓度的 HAc 溶液 360 mL 与 NaAc 溶液 640 mL 混合，即得 pH 为 5.00 的缓冲溶液。

应指出，用缓冲溶液公式计算得到的 pH 与实际测得的 pH 稍有差异，这是因为计算公式忽略了溶液中各离子、分子间的相互影响。如果实验要求严格，配制后可用 pH 计测定和校准缓冲溶液，必要时外加少量相应酸或碱使与要求的 pH 一致。

医学和药用缓冲溶液的配制还需维持一定的离子强度和渗透浓度，常采用添加适量的 NaCl 来调整。例如，细胞培养中常用的一种磷酸盐缓冲溶液，具体配方如下：

7.9 g NaCl + 0.20 g KCl + 1.8 g K_2HPO_4（或 1.44 g Na_2HPO_4）+ 0.24 g KH_2PO_4 溶于 800 mL 蒸馏水中，用 HCl 调节溶液的 pH 至 7.2，最后加蒸馏水定容至 1 L，保存在冰箱中即可。缓冲溶液中 Na_2HPO_4 和 KH_2PO_4 的加入是为了保证溶液的 pH，而 NaCl 和 KCl 是为了调节体系的离子强度为 0.16 mol/kg，并使其溶液与生理盐水为等渗溶液。

标准缓冲溶液是由化学试剂和纯水按照要求配制而成，它具有相对稳定的 pH，用于 pH 计校准和对照。一些常用标准缓冲溶液的 pH 见表 6-11。

表 6-11　部分标准缓冲溶液的 pH

温度/℃	草酸盐标准缓冲溶液	邻苯二甲酸盐标准缓冲溶液	磷酸盐标准缓冲溶液	硼酸盐标准缓冲溶液
0	1.67	4.00	6.98	9.46
5	1.37	4.00	6.95	9.40
10	1.67	4.00	6.92	9.33
15	1.67	4.00	6.90	9.27
20	1.68	4.00	6.88	9.22
25	1.68	4.01	6.86	9.18
30	1.69	4.01	6.85	9.14

注：数据主要录自中华人民共和国国家标准《化学试剂 pH 值测定通则》（GB/T 9724—2007）。

缓冲溶液在生命活动中具有重要的意义。人体内各种体液均需保持稳定的 pH，细胞、组织才能进行正常的物质代谢和生理活动。例如，正常人体血液的 pH 保持在 7.35～7.45 的狭小范围内，当 pH＜7.35 时会发生酸中毒，pH＞7.45 会发生碱中毒。

血液中的缓冲对主要包括：①血浆中：H_2CO_3-$NaHCO_3$，NaH_2PO_4-Na_2HPO_4，HHb-NaHb（血浆蛋白及其钠盐）；②红细胞中：H_2CO_3-$KHCO_3$，KH_2PO_4-K_2HPO_4，$HHbO_2$-$KHbO_2$（$HHbO_2$ 代表氧合血红蛋白），HHb-KHb（HHb 代表血红蛋白）。其中 H_2CO_3-$NaHCO_3$ 缓冲对在血液中浓度最大，缓冲作用最强，维持血液正常 pH 的作用也最重要。具体作用过程如下：

$$H_2O + CO_2 \rightleftharpoons H_2CO_3 \rightleftharpoons H^+ + HCO_3^-$$

当体内代谢产生的酸或酸性物质进入血液时，血液中大量存在的 HCO_3^- 会与 H^+发生反应，生成 H_2CO_3，平衡向左移动。增加的 H_2CO_3 随血液流经肺部时，会分解为 CO_2 和 H_2O。CO_2 通过呼吸作用排出体外，消耗的 HCO_3^- 可以通过减少肾脏的排泄得到补充。这样，外加的 H^+基本被消耗、转化、排出体外，血液中的$[H^+]$基本不变。当血液中碱性物质增加时，H^+会与 OH^-结合生成 H_2O，上述平衡向右移动。机体会通过增加肾脏的排泄除去生成的 HCO_3^-，同时通过减缓肺部的呼出来补偿消耗的 CO_2。这样，外加的 OH^-基本被消耗，血液中的$[OH^-]$基本不变，从而维持血浆 pH 基本恒定。

自测题

一、选择题

【单项选择题】

1. 下列弱酸中，酸性较强的是（　　）
   A. H_2S（K_{a1}=9.1×10^{-8}）
   B. HAc（K_a=1.76×10^{-5}）
   C. HCN（K_a=4.3×10^{-7}）
   D.H_2CO_3（K_{a1}=4.93×10^{-10}）
   E. H_3PO_4（K_{a1}=7.52×10^{-3}）
2. 在 $H_2CO_3 \rightleftharpoons H^+ + HCO_3^-$ 平衡体系中，能使解离平衡向左移动的条件是（　　）
   A. 加氢氧化钠　B. 加盐酸
   C. 加水　D. 升高温度
   E. 增大压强
3. 某温度时，溶液的 pH 为 9.5，则其 pOH 为（　　）
   A. 14　B. 7.5　C. 7
   D. 8.5　E. 4.5
4. 下列溶液中酸性最强的是（　　）
   A. pH=5　B. $[H^+]=10^{-3}$ mol/L
   C. $[OH^-]=10^{-8}$ mol/L　D. $[OH^-]=10^{-10}$ mol/L
   E. $[OH^-]=10^{-12}$ mol/L
5. 已知成人胃液的 pH=1，婴儿的胃液 pH=5，则成人胃液中$[H^+]$是婴儿胃液中$[H^+]$的（　　）
   A. 5 倍　B. 20%　C. 1/10^4
   D. 10^4 倍　E. 10^5 倍
6. 下列各组物质不能组成缓冲系的是（　　）
   A. $NaHCO_3$-Na_2CO_3　B. NaOH-NaCl
   C. KH_2PO_4-K_2HPO_4　D. HAc-NaAc
   E. NH_3-NH_4Cl
7. 血液的血浆中存在很多缓冲对，其中浓度最大的缓冲对是（　　）
   A. H_2CO_3-$NaHCO_3$
   B. NaH_2PO_4-Na_2HPO_4
   C. KH_2PO_4-K_2HPO_4
   D. 血浆蛋白-Na-血浆蛋白
   E. 血浆蛋白-K-血浆蛋白
8. $H_2PO_4^-$ 的共轭碱是（　）
   A. H_3PO_4　B. HPO_4^{2-}
   C. PO_4^{3-}　D. OH^-
   E. H^+
9. 根据质子理论，下列物质中不具有两性的物质是（　　）
   A. HCO_3^-　B. HPO_4^{2-}
   C. S^{2-}　D. HS^-
   E. $H_2PO_4^-$
10. 按照质子理论，NaH_2PO_4 是（　　）
    A. 中性物质　B. 酸性物质
    C. 碱性物质　D. 两性物质
    E. 无法判断
11. 在下述各组相应的酸碱组分中，组成共轭酸碱关系的是（　　）
    A. $H_2AsO_4^-$ - AsO_4^{3-}
    B. H_2CO_3 - CO_3^{2-}
    C. NH_3-NH_4Cl

D. $H_2PO_4^-$ - PO_4^{3-}
E. 无法判断

12.在 25 ℃，HCN 的 K_a=5.0×10^{-10}，其共轭碱的 K_b 为（　　）
A. 2.0×10^{-4}　B. 5.0×10^{-10}
C. 5.0×10^{-24}　D. 2.0×10^{-5}
E. 2.0×10^{-24}

13. 在一定温度下，稀释某弱酸溶液，则（　　）
A. α 不变，K_a 增大　B. α 减小，K_a 不变
C. α 增大，K_a 不变　D. α 不变，K_a 减小
E. α 和 K_a 都不变

14. 已知 0.01 mol/L 某弱酸 HA 解离度为 1%，其解离常数为（　　）
A. 1×10^{-6}　B. 1×10^{-5}
C. 1×10^{-4}　D. 1×10^{-3}
E. 1×10^{-2}

15. 向 0.05 mol/L HAc 溶液中添加溶质，使溶液的总浓度变为 0.1 mol/L，则（　　）
A. 解离常数增大　B. 解离常数减小
C. 解离度减小　D. 解离度增大
E. 无法判断

16. 1 L 0.8 mmol/L HAc 溶液，要使解离度增加 1 倍，若不考虑活度变化，应将原溶液稀释到（　　）
A. 2 L　B. 3 L　C. 4.5 L
D. 5 L　E. 4 L

17. 在 1 mol/L $NH_3 \cdot H_2O$ 溶液中，加入下列哪种物质能产生同离子效应（　　）
A. 加固体 $NaNO_3$　B. 加 NaOH
C. 加水　D. 加 0.1 mol/L HCl
E. NaCl

18. 在水溶液中共轭酸碱对的 K_a 和 K_b 的关系是（　　）
A. K_a=K_b　B. K_aK_b=1
C. K_a/K_b=K_w　D. K_aK_b=K_w
E. 无法判断

19. 用纯水将下列溶液稀释为 1/10 时，其中 pH 变化最小的是（　　）
A. 0.1 mol/L HCl 溶液
B. 0.1 mol/L $NH_3 \cdot H_2O$ 溶液
C. 0.1 mol/L HAc 溶液
D. 0.1 mol/L $NH_3 \cdot H_2O$ 溶液+0.1 mol/L NH_4Cl 溶液
E. 0.1 mol/L NaCl 溶液

20. 欲配制 pH=9 的缓冲溶液，应选用的缓冲对是（　　）
A. NH_4^+ - NH_3（K_b=1×10^{-5}）
B. HAc-NaAc（K_a=1×10^{-5}）
C. HCOOH-HCOONa（K_a=1×10^{-4}）
D. HNO_2-$NaNO_2$（K_a=5×10^{-4}）
E. NaH_2PO_4-Na_2HPO_4（K_a=6.3×10^{-8}）

【多项选择题】

21. 下列与缓冲溶液的缓冲容量大小有关的因素是（　　）
A. 缓冲溶液的 pH 范围
B. 缓冲溶液的总浓度
C. 缓冲溶液组分的浓度比
D. 外加的酸量
E. 外加的碱量

22. 根据酸碱质子理论，下列离子中既可作酸，又可作碱的是（　　）
A. NH_4^+　B. SO_4^{2-}
C. HPO_4^{2-}　D. Ac^-
E. HCO_3^-

23. 下列物质属于共轭酸碱对的是（　　）
A. H_3PO_4- $H_2PO_4^-$　B. HS^--S^{2-}
C. HAc-Cl^-　D. H_2SO_4- SO_4^{2-}
E. HCl-Ac^-

24. 向 500 mL 浓度为 0.20 mol/L $NH_3 \cdot H_2O$ 溶液中，加入少量 NH_4Cl 晶体，则溶液中（　　）
A. pH 增大
B. NH_3 的解离常数 K_b 减小
C. pH 减小
D. NH_3 的解离度减小
E. pH 不变

25. 常温时，酸性水溶液中（　　）
A. 只有 H^+存在
B. H^+与 OH^-同时存在
C. pH＞7
D. pH＜7
E. pH≤7

26. 下列叙述，观点正确的是（　　）
A. 溶液中[H^+]越大，pH 越小
B. 温度升高，K_w 增大
C. 溶液中[OH^-]越大，pH 越小
D. K_a、K_b 与浓度无关
E. 浓盐酸溶液中，没有 OH^-存在

27. 在乙酸溶液中加入哪种物质不会发生同离子效应（　　）
A. 乙酸钠　B. 氯化铵
C. 盐酸　D. 碳酸钠
E. 氢氧化钾

28. 不属于缓冲对的为（　　）
A. HAc-NaAc
B. $NH_3 \cdot H_2O$-NH_4Ac
C. H_3PO_4-NaH_2PO_4

D. NaH_2PO_4-Na_3PO_4

E. HCl-NaCl

29. 下列叙述正确的是（　　）

A. K_a受温度影响，与浓度无关

B. 弱酸的浓度越大，其解离度就越小

C. 弱碱的浓度越小，其解离度就越小

D. 只有在纯水中$[H^+][OH^-]=K_w$

E. 只有满足$c \cdot K_a > 20K_w$且$c/K_a > 500$的条件时，才能用最简式计算一元弱酸的pH

30. 下述观点正确的是（　　）

A. 酸碱反应的实质是质子的转移

B. 酸失去质子后转化成碱

C. 酸越弱，其共轭碱越强

D. 酸越强，其共轭碱越强

E. 化合物中没有盐的概念，酸、碱及盐都是强电解质

二、简答题

1. 以$NH_3 \cdot H_2O$-NH_4Cl缓冲体系为例，说明在加入少量强酸时的缓冲机制，并指出体系中的抗酸组分和抗碱组分。
2. 简述强电解质溶液理论。
3. 某溶液中$[H^+]$为1×10^{-7} mol/L，这个溶液一定是中性的吗？

三、计算题

1. 计算下列溶液的pH：

（1）0.010mol/L 的 NaOH 溶液

（2）0.010mol/L 的 $NH_3 \cdot H_2O$ 溶液

（3）0.5mol/L 的 HAc 溶液

（4）0.2mol/L 的 NH_4Cl 溶液

2. 将 50 mL 0.10 mol/L NaOH 溶液加入 200 mL 0.1 mol/L HAc 溶液中，求混合后溶液的pH。（已知K_a（HAc）$=1.76\times10^{-5}$或$pK_a = 4.75$）
3. 欲配制pH=4.50的缓冲溶液，计算应在 1.00 L 浓度为 1.00 mol/L HAc 的溶液中加入多少克 $NaAc \cdot 3H_2O$ 固体？（摩尔质量为 136 g/mol）
4. 将 100 mL 0.1 mol/L HCl 溶液加入 400 mL 0.10 mol/L$NH_3 \cdot H_2O$ 中，求混合溶液的pH。

（王红波　郭梦金）

第七章
沉淀溶解平衡

学习目标

1. 知识目标：掌握沉淀溶解平衡的建立、溶度积与溶解度的换算、溶度积原理、分步沉淀；了解沉淀溶解平衡的应用。

2. 能力目标：能够进行溶度积与溶解度的换算，运用溶度积原理判断沉淀的产生与溶解，能运用溶度积原理分析、解决专业和生活中与此相关的问题。

3. 素质目标：提高尊重科学的专业素养，提升自我保护、环境保护的意识。

沉淀溶解平衡是一种常见的化学平衡。在实际工作中，经常利用沉淀溶解平衡理论来指导药物的生产、制备、分离、净化及定性、定量分析，以及环境中重金属的治理。在医学中也有不少运用实例，如人体内的尿路结石形成、骨骼的修复、龋齿的产生与防治等，都与沉淀溶解平衡原理相关。

第1节　溶　度　积

任务导入 7-1

根据《中国药典》的规定，检测 NaCl 注射液中 NaCl 含量时，需将准确浓度的 $AgNO_3$ 溶液与 NaCl 反应完全生成 AgCl 沉淀，从而求算 NaCl 的含量。在此任务中，就运用了 AgCl 的沉淀溶解平衡。

不同物质在水中的溶解度各不相同。经常用一定温度下某固体物质在 100 g 溶剂中达到饱和状态时所溶解溶质的质量，表示这种物质在这种溶剂中的溶解度。按物质在水中的溶解度不同，可将物质分为以下类型，如表 7-1 所示。

表 7-1　物质溶解度分类表

类型	难溶物质	微溶物质	可溶物质	易溶物质
溶解度/g	<0.01	0.01～1	1～10	>10

根据电解质在水溶液中解离程度不同可分为强电解质和弱电解质两类。在强电解质中，有一部分在水中的溶解度很小，但是溶于水中的部分是全部解离的，这类电解质称为难溶强电解质，如 AgCl、$CaCO_3$ 等。在难溶强电解质的水溶液中，存在两相化学平衡，即沉淀溶解平衡。

一、溶度积常数

任何难溶电解质在水中都会溶解，在一定温度和压力下，固、液两相达到平衡状态时，溶质粒子脱离固体表面成为离子进入溶液的过程称为溶解；溶液中离子重新结合成为固体并从溶液中析出的过程称为沉淀。溶解和沉淀是一对可逆反应，当难溶强电解质的溶解与沉淀速率相等时，达到一个动态平衡状态，称为沉淀溶解平衡，此时溶液是饱和溶液。

例如，在一定温度下，将 AgCl 固体投入水中，Ag^+ 和 Cl^-在水中的沉淀溶解平衡可写成：

$$AgCl(s) \rightleftharpoons Ag^+ + Cl^-$$

该反应的平衡常数可表示如下：

$$K_{sp}=[Ag^+][Cl^-]$$

K_{sp} 称为溶度积常数，简称溶度积。对于不同类型的难溶强电解质，溶度积的表达式不同。例如：

（1）AB 型：如 $BaSO_4$，$BaSO_4(s) \rightleftharpoons Ba^{2+}+SO_4^{2-}$

$$K_{sp}=[Ba^{2+}][SO_4^{2-}]$$

（2）AB_2 型：如 CaF_2，$CaF_2(s) \rightleftharpoons Ca^{2+}+2F^-$

$$K_{sp}=[Ca^{2+}][F^-]^2$$

（3）A_2B 型：如 Ag_2CrO_4，$Ag_2CrO_4(s) \rightleftharpoons 2Ag^+ + CrO_4^{2-}$

$$K_{sp}=[Ag^+]^2[CrO_4^{2-}]$$

对于难溶强电解质 A_mB_n，其沉淀溶解平衡的通式和溶度积可表示为：

$$A_mB_n(s) \rightleftharpoons mA^{n+} + nB^{m-}$$

$$K_{sp}=[A^{n+}]^m[B^{m-}]^n$$

在一定温度下，K_{sp} 的大小反映了难溶强电解质的溶解能力和沉淀能力。K_{sp} 数值的大小可以通过实验测定，表 7-2 列出了一些常见难溶强电解质的溶度积。

表 7-2　一些常见难溶强电解质的溶度积（298 K）

名称	化学式	K_{sp}	名称	化学式	K_{sp}
硫酸钡	$BaSO_4$	1.08×10^{-10}	硫化铜	CuS	6.3×10^{-36}
氟化钙	CaF_2	3.45×10^{-11}	氢氧化锰	$Mn(OH)_2$	1.9×10^{-13}
铬酸银	Ag_2CrO_4	1.12×10^{-12}	氢氧化铁	$Fe(OH)_3$	2.79×10^{-39}
氯化银	AgCl	1.77×10^{-10}	磷酸钙	$Ca_3(PO_4)_2$	2.07×10^{-33}
氢氧化镁	$Mg(OH)_2$	5.61×10^{-12}	乙酸银	AgAc	1.94×10^{-3}
碘化银	AgI	8.52×10^{-17}	溴化银	AgBr	5.35×10^{-13}
硫酸铜	$CuSO_4$	4.93×10^{-5}	碳酸钡	$BaCO_3$	2.58×10^{-9}
碳酸钙	$CaCO_3$	3.36×10^{-9}	氢氧化铜	$Cu(OH)_2$	2.2×10^{-20}

链接 抗酸药氢氧化铝的制备

氢氧化铝是一种常见抗酸药，用于治疗胃酸过多、胃溃疡、十二指肠溃疡等疾病的治疗。临床上的氢氧化铝制剂常见的有：复方氢氧化铝（斯达舒、胃舒平）、维 U 颠茄铝胶囊等。其制备方法是硫酸铝与碳酸钠反应：

$$Al_2(SO_4)_3 + 3Na_2CO_3 + 3H_2O \rightleftharpoons 2Al(OH)_3\downarrow + 3Na_2SO_4 + 3CO_2\uparrow$$

由于氢氧化铝为胶状沉淀，因此反应需要在较高温度的浓溶液中快速进行。形成氢氧化铝沉淀后，不必陈化，立即过滤、洗涤、干燥，经杂质检测、含量测定，符合药典标准方可药用。

二、溶度积与溶解度

溶度积与溶解度是两个不同的概念，它们都可以表示难溶强电解质的溶解能力。溶度积 K_{sp} 是一个只与温度相关的常数，反映了难溶强电解质在水中的溶解能力；溶解度 S 是指在一定温度下，一定量的饱和溶液中溶解溶质的量，所溶解溶质的量可以用质量来衡量，也可以用物质的量。当使用物质的量时，溶解度的单位就可以是 mol/L。溶度积与溶解度是可以相互换算的，但需要强调的是，不能简单认为溶解度大的难溶强电解质，其溶度积就大；溶解度小的难溶强电解质，其溶度积就小。而是需要根据难溶强电解质的类型来确定其 K_{sp} 的表达式，然后才能进行计算和比较，如表 7-3 所示。

表 7-3　几种类型难溶强电解质溶度积与溶解度比较（298 K）

难溶强电解质	难溶强电解质类型	溶度积（K_{sp}）	溶解度/（mol/L）
AgCl	AB	1.77×10^{-10}	1.33×10^{-5}
$BaSO_4$	AB	1.08×10^{-10}	1.04×10^{-5}
CaF_2	AB_2	3.45×10^{-11}	2.05×10^{-4}
Ag_2CrO_4	A_2B	1.12×10^{-12}	6.54×10^{-5}

【例 7-1】　298 K 时，AgCl 的溶解度 S 为 1.33×10^{-5} mol/L，计算 AgCl 的溶度积 K_{sp}。

解：

$$AgCl(s) \rightleftharpoons Ag^+ + Cl^-$$

$$K_{sp}(AgCl) = [Ag^+][Cl^-]$$

由于 S mol AgCl 完全电离后能生成 S mol Ag^+和 S mol Cl^-。因此在 AgCl 饱和溶液中有：$[Ag^+]=[Cl^-]=1.33\times10^{-5}$ mol/L。

$$K_{sp}(AgCl)=[Ag^+][Cl^-]=1.33\times10^{-5}\times1.33\times10^{-5}$$

即得出 AgCl 的 K_{sp} 为 1.77×10^{-10}。

【例 7-2】　已知 298 K 时 Ag_2CrO_4 的 K_{sp} 为 1.12×10^{-12}，AgCl 的 K_{sp} 为 1.77×10^{-10}，试比较两者溶解度的大小。

解：由于这两种难溶强电解质不是同一种类型，我们不能直接从溶度积的大小判断其溶解度的大小，应首先计算其溶解度，再比较大小。

设：Ag_2CrO_4 的溶解度是 x mol/L，

$$Ag_2CrO_4(s) \rightleftharpoons 2Ag^+ + CrO_4^{2-}$$

达到沉淀溶解平衡时，$[Ag^+]=2x$ mol/L，$[CrO_4^{2-}]=x$ mol/L，

$$K_{sp}(Ag_2CrO_4)=[Ag^+]^2[CrO_4^{2-}]=(2x)^2\cdot x=4x^3=1.12\times10^{-12}$$

得

$$x=6.54\times10^{-5}\ \text{mol/L}$$

然后计算 AgCl 的溶解度：

设 AgCl 的溶解度是 x_1 mol/L，

$$AgCl(s) \rightleftharpoons Ag^+ + Cl^-$$

达到沉淀溶解平衡时，$[Ag^+]=x_1$ mol/L，$[Cl^-]=x_1$ mol/L，

$$K_{sp}(AgCl)=[Ag^+][Cl^-]=(x_1)^2=1.77\times10^{-10}$$

得

$$x_1=1.33\times10^{-5}\ \text{mol/L}$$

由计算结果可知，Ag_2CrO_4 的溶度积比 AgCl 的溶度积小，但 Ag_2CrO_4 的溶解度却比 AgCl 的溶解度大，究其原因是两者属于不同类型，Ag_2CrO_4 是 A_2B 型，而 AgCl 是 AB 型。因此对不同类型的难溶强电解质，不能由 K_{sp} 值直接比较溶解能力的大小，必须计算出溶解度后才能进行比较；只有对相同类型的难溶强电解质，相同温度下才能由 K_{sp} 值的大小直接比较溶解能力的大小。

链接　尿路结石的形成

人的尿液中含有 $C_2O_4^{2-}$、PO_4^{3-}、Ca^{2+}、Mg^{2+}、NH_4^+、H^+、OH^-等离子。其中部分离子之间会发生反应

生成沉淀，如$C_2O_4^{2-}$和Ca^{2+}形成CaC_2O_4沉淀，PO_4^{3-}和Ca^{2+}形成$Ca_3(PO_4)_2$沉淀，这些沉淀是尿结石的主要成分。如果尿液中CaC_2O_4结晶沉淀物质浓度过高，或者尿液流动速率太慢，尿液在尿道中停留时间过长，就容易形成尿道结石。因此医学上经常用加快排尿速率（缩短尿液的停留时间）、加大尿量（减少$C_2O_4^{2-}$和Ca^{2+}的浓度）从而降低CaC_2O_4沉淀结晶浓度等办法防治结石。

三、溶度积规则

沉淀溶解平衡与其他化学平衡一样是一个动态平衡，当反应条件变化时会导致平衡的移动，而沉淀溶解平衡移动的基本规律称为溶度积规则。在一定温度下，我们把难溶强电解质溶液中各离子浓度幂的乘积称为离子积，用Q表示；当难溶强电解质处于沉淀溶解平衡状态时，该饱和溶液中各离子浓度幂的乘积即为溶度积K_{sp}。可以看出，K_{sp}与Q具有相同的表达式，但意义不同。K_{sp}是在饱和溶液这一特定条件下，因此在一定温度下是一个常数；而Q是在任意条件下，其数值不固定，会随离子浓度变化而变化。Q与K_{sp}的关系有以下三种情况。

1. $Q<K_{sp}$ 表示溶液为不饱和溶液，体系处于不平衡状态，平衡将向沉淀溶解方向移动，直到形成饱和溶液。

2. $Q=K_{sp}$ 表示溶液为饱和溶液，体系处于沉淀溶解平衡状态。

3. $Q>K_{sp}$ 表示溶液为过饱和溶液，体系处于不平衡状态，平衡向沉淀生成方向移动，直到形成饱和溶液。

上述用Q与K_{sp}的关系来判断沉淀生成或溶解的规则称为溶度积规则，它是难溶强电解质沉淀溶解平衡移动规律的概括，可以用来判断在一定条件下，某溶液中是否有沉淀生成或溶解。

链接 灭菌注射用水中杂质氯化物、硫酸盐、钙盐的限量检测

药品质量检测对药物质量控制具有重要意义，有些药物质量检测手段就运用了沉淀溶解平衡原理，如灭菌注射用水中杂质氯化物、硫酸盐、钙盐限量的检测。根据《中国药典》（2020年版）药品质量标准，各种临床上灭菌注射用水中氯化物、硫酸盐、钙盐的限量测定方法为：取本品，分置三支试管中，每管50 mL，第一管中加稀硝酸5滴及1 mol/L的$AgNO_3$试液1 mL，第二管中加1 mol/L氯化钡试液5 mL，第三管中加1 mol/L草酸铵试液2 mL，均不得发生浑浊。检测药物浓度时，在指定条件下，不产生沉淀，说明样品中的待测物Cl^-、SO_4^{2-}、Ca^{2+}浓度比规定浓度小，就是利用了溶度积规则，$Q_{样品}\leqslant K_{sp}$，无沉淀产生。

第2节 沉淀的生成、溶解与转化

任务导入 7-2

《中国药典》中对生理盐水中NaCl含量测定方法为：精密量取本品10 mL，加水40 mL、2%糊精溶液5 mL、2.5%硼砂溶液2 mL与荧光黄指示液5～8滴，用硝酸银滴定液（0.1 mol/L）滴定。每1 mL硝酸银滴定液（0.1 mol/L）相当于5.844 mg的NaCl。该任务中涉及沉淀生成相关知识。

溶度积规则是难溶强电解质关于沉淀生成与溶解平衡移动规律的总结，可以应用于判断沉淀的生成与溶解，进而控制离子浓度使溶液生成沉淀或使沉淀溶解。

一、沉淀的生成

根据溶度积规则，当$Q>K_{sp}$时，平衡向生成沉淀的方向移动。因此，要生成沉淀就要增加难溶强电解质的离子浓度，使离子积大于溶度积，这是沉淀生成的必要条件。因此在难溶强电解质饱和溶液

中，加入含有与体系相同离子的易溶强电解质，会使平衡向沉淀生成的方向移动，导致难溶强电解质沉淀析出，这称为沉淀溶解平衡的同离子效应。同离子效应的运用在实际生产中很常见，如用含有沉淀剂的溶液洗涤沉淀，可以避免沉淀物质因溶解而发生损失；适量加大沉淀剂的用量，能使被测组分沉淀更完全。

【例 7-3】 将 0.001 mol/L NaCl 和 0.001 mol/L $AgNO_3$ 溶液等体积混合，是否有 AgCl 沉淀生成？（AgCl 的 $K_{sp}=1.77\times10^{-10}$）

解：两溶液等体积混合，体积增大一倍，浓度减小一半，即

$$[Ag^+]=[Cl^-]=0.5\times0.001\text{mol/L}=0.0005\text{ mol/L}$$

$$Q=[Ag^+][Cl^-]=0.0005\times0.0005=2.5\times10^{-7}$$

因为 $Q>K_{sp}$，所以有 AgCl 沉淀生成。

【例 7-4】 如果将上例中 NaCl 和 $AgNO_3$ 溶液各稀释 100 倍后再等体积混合，是否有 AgCl 沉淀生成？（AgCl 的 $K_{sp}=1.77\times10^{-10}$）

解：稀释 100 倍后 NaCl 和 $AgNO_3$ 的浓度为

$$[NaCl]=[AgNO_3]=1\times10^{-5}\text{ mol/L}$$

等体积混合后，物质浓度减半，

即 $$[Ag^+]=[Cl^-]=0.5\times1\times10^{-5}\text{ mol/L}=5\times10^{-6}\text{ mol/L}$$

$$Q=[Ag^+][Cl^-]=5\times10^{-6}\times5\times10^{-6}=2.5\times10^{-11}$$

因为 $Q<K_{sp}$，所以无 AgCl 沉淀生成。

【例 7-5】 向 0.01 mol/L 的 $AgNO_3$ 溶液中滴入 HCl 溶液（不考虑溶液体积的变化），问：

（1）当 Cl^-浓度为多少时开始生成 AgCl 沉淀？

（2）加入过量 HCl 溶液，反应完成后，溶液中 Cl^-浓度为 0.01mol/L，此时溶液中 Ag^+是否沉淀完全？（AgCl 的 $K_{sp}=1.77\times10^{-10}$）

解：（1）向 0.01 mol/L 的 $AgNO_3$ 溶液中滴入 HCl 溶液，根据溶度积规则，当溶液中的 Cl^-浓度增大到能使 AgCl 的 $Q\geqslant K_{sp}$ 时，就会生成沉淀，即

$$Q=[Ag^+][Cl^-]=0.01\times[Cl^-]\geqslant K_{sp}$$

$$[Cl^-]\geqslant1.77\times10^{-8}\text{ mol/L}$$

当$[Cl^-]=1.77\times10^{-8}$ mol/L 时，溶液中开始生成 AgCl 沉淀，随着 AgCl 沉淀的生成，Ag^+浓度会逐渐降低。

（2）当溶液中 Cl^-浓度为 0.01 mol/L 时，溶液中 Ag^+浓度可根据溶度积规则计算：

$$[Ag^+]=\frac{K_{sp}}{[Cl^-]}=1.77\times10^{-8}\text{ mol/L}$$

此时 Ag^+浓度已经非常小，只有 1.77×10^{-8} mol/L，由此可以认为 Ag^+已经被沉淀完全。

在一定温度下，K_{sp} 为一常数，所以溶液中不可能有一种离子的浓度会等于 0，一般来说，残留在溶液中的离子浓度小于 10^{-5} mol/L 时，认为该离子沉淀完全。在任务导入 7-2 中，利用已知准确浓度的滴定液 $AgNO_3$ 溶液，与生理盐水中的 NaCl 反应，Q 大于 K_{sp}，产生 AgCl，滴定终点时，Cl^- 沉淀完全，从而可测出 NaCl 的含量。

链接

Ba^{2+}对人体有害，难溶性的 $BaSO_4$ 是唯一可供内服的钡盐药物。由于钡的相对原子质量大，X 射线不能透过钡原子，因此可以用作 X 射线造影剂，诊断胃肠道疾病。参看《中国药典》，硫酸钡的制备反应式如下：

$$BaCl_2+Na_2SO_4 \xlongequal{\quad} Ba_2SO_4\downarrow+2NaCl$$

反应所得的沉淀经过过滤、洗涤、干燥后检查其杂质，测定其含量，符合药典的质量标准才可供药用。

请思考：能否用 $BaCO_3$ 作为钡餐药物，为什么？

二、沉淀的溶解

在实际工作中，经常遇到需要使难溶强电解质沉淀溶解的问题，根据溶度积规则，要使沉淀溶解，只要降低难溶强电解质饱和溶液的离子浓度，使 $Q<K_{sp}$，沉淀就可以溶解，直到建立起新的沉淀溶解平衡。而加入不含相同离子的强电解质，增大了溶液的离子强度，使难溶强电解质沉淀的溶解度增加的现象称为盐效应。在难溶强电解质溶液中加入易溶强电解质，溶液中离子总数明显增多，离子强度增大，由于溶液中正负离子相互牵制作用增强，形成沉淀的离子结合机会减少，这时沉淀溶解平衡向沉淀溶解的方向移动，使难溶强电解质的溶解度增大，必须注意的是盐效应的作用不如同离子效应大，因此在有同离子效应存在的体系经常忽略盐效应的影响。

沉淀的溶解主要有以下三种途径降低离子浓度，使 $Q<K_{sp}$。

1. 生成弱电解质使沉淀溶解 利用酸、碱或某些盐类与难溶强电解质离子结合生成弱电解质（如弱酸、弱碱、水）可以使该难溶强电解质的沉淀溶解。

（1）生成弱酸 许多难溶的弱酸盐如硫化物、碳酸盐、草酸盐、铬酸盐、磷酸盐等，能与强酸或较强的酸反应，生成难解离的弱酸，使沉淀溶解平衡向溶解的方向移动，使沉淀溶解。

$$CaCO_3(s) \rightleftharpoons Ca^{2+} + CO_3^{2-}$$
$$+$$
$$2HCl = Cl^- + H^+$$
$$\Updownarrow$$
$$H_2CO_3$$

（2）生成弱碱 某些难溶氢氧化物如 $Mg(OH)_2$ 可溶于铵盐，因为铵盐溶于水解离出 NH_4^+ 能与难溶强电解质溶液中的 OH^- 发生反应生成 $NH_3 \cdot H_2O$，降低 OH^- 的浓度，使 $Q<K_{sp}$，促使 $Mg(OH)_2$ 沉淀溶解。

$$Mg(OH)_2(s) \rightleftharpoons Mg^{2+} + 2OH^-$$
$$+$$
$$2NH_4Cl = 2Cl^+ + 2NH_4^+$$
$$\Updownarrow$$
$$2NH_3 \cdot H_2O$$

（3）生成水 难溶氢氧化物如 $Mg(OH)_2$ 也可溶于酸生成水，使溶液中的 OH^- 的浓度降低，使 $Q<K_{sp}$，促使 $Mg(OH)_2$ 沉淀溶解。如果加入的酸足够多，可以使 $Mg(OH)_2$ 沉淀不断溶解，直至沉淀完全溶解。

$$Mg(OH)_2(s) \rightleftharpoons Mg^{2+} + 2OH^-$$
$$+$$
$$2HCl = 2Cl^- + 2H^+$$
$$\Updownarrow$$
$$2H_2O$$

所以利用化学反应使难溶强电解质中离子生成弱电解质，是使沉淀溶解的常用方法。

2. 利用氧化还原反应使沉淀溶解　加入一种氧化剂或还原剂，使难溶强电解质的某一离子发生氧化还原反应从而降低难溶强电解质的离子浓度，使 $Q<K_{sp}$，从而使沉淀发生溶解。例如，CuS 不溶于盐酸，但溶于 HNO_3，因为 S^{2-}可被 HNO_3 氧化生成单质硫，导致溶液中 S^{2-}浓度降低，$[Cu^{2+}][S^{2-}]<K_{sp}$，沉淀溶解。反应如下：

$$3CuS(s)+8HNO_3 \xlongequal{\quad} 3Cu(NO_3)_2+3S\downarrow+2NO\uparrow+4H_2O$$

3. 生成配合物使沉淀溶解　在难溶强电解质中加入配位剂，可使难溶强电解质的某一离子形成配离子，从而降低了难溶强电解质的离子浓度，导致沉淀溶解。例如，AgCl 沉淀溶于氨水，是因为生成了更难解离且易溶于水的配离子$[Ag(NH_3)_2]^+$，使溶液中 Ag^+的浓度降低，$Q<K_{sp}$ 沉淀逐步溶解（详见第八章配合物）。

以上使沉淀溶解的几种方法，都是降低难溶强电解质组分离子浓度，使 $Q<K_{sp}$。

三、沉淀的转化

借助某种试剂，将一种难溶强电解质转变为另一种难溶强电解质的过程称为沉淀的转化。沉淀的转化在实际生产中具有重要意义。例如，在烧水锅炉中常易产生以 $CaSO_4$ 为主要成分的水垢，必须及时清除，否则会给生产带来危害。但是 $CaSO_4$ 既难溶于水又难溶于酸，不易除去。必须利用沉淀转化的原理，先用 Na_2CO_3 溶液处理，将 $CaSO_4$ 沉淀转化为可溶于酸的 $CaCO_3$ 沉淀，再用盐酸就可以除去 $CaCO_3$ 了。反应如下：

$$CaSO_4+Na_2CO_3 \xlongequal{\quad} CaCO_3\downarrow+Na_2SO_4$$

$$CaCO_3+2HCl \xlongequal{\quad} CaCl_2+H_2O+CO_2\uparrow$$

沉淀转化的实质是沉淀溶解平衡的移动，一般来说，溶解度大的沉淀转化为溶解度小的沉淀容易实现，两种难溶强电解质的溶解度相差越大，沉淀转化越完全。但是将溶解度小的难溶强电解质转化为溶解度大的难溶强电解质比较困难。

氟化物对龋齿防治的化学原理就是沉淀的转化。牙齿表面有一薄层，称为牙釉质。牙釉质是由难溶的羟磷灰石$[Ca_5(PO_4)_3$（OH）]组成，它在唾液中存在沉淀溶解平衡：

$$Ca_5(PO_4)_3(OH) \rightleftharpoons 5Ca^{2+}+OH^-+3PO_4^{3-}$$

正常情况下，此反应向右进行的程度很小，当口腔内食物（如糖类）在细菌和酶的作用下生成有机酸（如乳酸）时，有机酸与羟磷灰石中的 OH^-中和生成水，使羟磷灰石的沉淀溶解平衡向沉淀溶解的方向移动，导致牙釉质空洞，形成龋齿。防止龋齿的最好方法是养成良好的习惯，多吃低糖食物和坚持饭后立即刷牙。如果在牙膏中加入氟离子（如 NaF 或 SnF_2），氟离子能与牙齿釉质里的 Ca^{2+}和 PO_4^{2-}反应生成更难溶的氟磷灰石$[Ca_5(PO_4)_3F]$，其 K_{sp} 为 1.0×10^{-60}，沉淀在牙齿表面：

$$5Ca^{2+}+3PO_4^{3-}+F \rightleftharpoons [Ca_5(PO_4)_3F]$$

又因为 F^-是比 OH^-更弱的碱，氟磷灰石比羟磷灰石更难溶于酸，因此能抵抗食物在口腔中转化生成的酸，从而有效保护我们的牙齿，降低龋齿发生率。

四、分步沉淀

在实际工作中，溶液中往往同时含有多种离子，当加入某种沉淀剂时，几种离子均可发生沉淀反应，生成不同的难溶强电解质沉淀。这种在混合溶液中，逐渐加入某种试剂，使不同离子按先后顺序沉淀析出的现象称为分步沉淀。对于沉淀出现的先后顺序可以用溶度积规则进行判断，最先满足 $Q>K_{sp}$ 的物质最先沉淀出来。

【例 7-6】　在含 Cl^-和 I^-浓度均为 0.1 mol/L 混合溶液中，逐渐滴加 $AgNO_3$ 溶液，哪种离子首先沉淀？为什么？当 AgCl 开始沉淀时，溶液中 I^-浓度是多少？（AgCl 的 K_{sp}=1.77×10^{-10}，AgI 的 K_{sp}=8.51

$\times 10^{-17}$）

解：

$$AgCl(s) \rightleftharpoons Ag^+ + Cl^-$$

$$AgI(s) \rightleftharpoons Ag^+ + I^-$$

当 Cl^- 开始沉淀时，所需要的 Ag^+ 浓度为

$$[Ag^+]=\frac{K_{sp}}{[Cl^-]}=\frac{1.77\times10^{-10}}{0.1}=1.77\times10^{-9}(mol/L)$$

因此，生成 AgCl 沉淀时溶液中 Ag^+ 的浓度需要达到 1.77×10^{-9}mol/L。

当 I^- 开始沉淀时，所需要的 Ag^+ 浓度为：

$$[Ag^+]=\frac{K_{sp}}{[I^-]}=\frac{8.51\times10^{-17}}{0.1}=8.51\times10^{-16}(mol/L)$$

因此，生成 AgI 沉淀时溶液中 Ag^+ 的浓度需要达到 8.51×10^{-16} mol/L。

由此可见，沉淀 I^- 所需要 Ag^+ 浓度比沉淀 Cl^- 所需要的 Ag^+ 要小近 10^6，所以逐滴加入 $AgNO_3$ 溶液时，AgI 先沉淀，AgCl 后沉淀。

当 AgCl 开始沉淀时，溶液中 Ag^+ 的浓度为 1.77×10^{-9} mol/L，此时 AgI 处于沉淀溶解平衡状态，因此有：

$$[I^-]=\frac{K_{sp}}{[Ag^+]}=\frac{8.51\times10^{-17}}{1.77\times10^{-9}}=4.81\times10^{-8}(mol/L)$$

当 AgCl 沉淀开始生成时，I^- 的浓度为 4.81×10^{-8} mol/L，此时溶液中剩余的 I^- 浓度已非常小，可以认为 I^- 沉淀完全，从而达到分离混合溶液中 Cl^- 与 I^- 的目的。两种沉淀的溶度积相差越大，分离越完全，效果越好。所以根据溶度积规则，适当控制条件可以达到分离纯化的目的。

分步沉淀的次序与 K_{sp} 和沉淀类型有关。沉淀类型相同的，如被沉淀离子浓度相同，K_{sp} 小的先沉淀，K_{sp} 大的后沉淀，溶度积相差越大，沉淀分离效果越好；沉淀类型不同的，就需要通过计算确定。此外，被沉淀离子浓度不同，也能改变分步沉淀的次序。

沉淀的生成、溶解、转化本质上都是沉淀溶解平衡的移动，影响平衡移动的因素主要有以下几方面。①浓度：降低离子浓度，平衡向沉淀溶解方向移动；②温度：升温，多数平衡向沉淀溶解方向移动；③加入相同离子，平衡向沉淀生成方向移动；④加入可与溶液中某些离子反应生成更难溶或更难电离物质或气体等，使平衡向溶解方向移动。

自测题

一、选择题

【单项选择题】

1. Ag_2S 的溶度积常数表达式正确的是（　　）

A. $K_{sp}=2[Ag^+][S^{2-}]$

B. $K_{sp}=[Ag^+][S^{2-}]^2$

C. $K_{sp}=[Ag^+]^2[S^{2-}]$

D. $K_{sp}=[Ag^+]^2[S^{2-}]^2$

E. $K_{sp}=[Ag^+][S^{2-}]$

2. 在 100 mL 0.01 mol/L 的 KCl 溶液中，加入 1 mL 0.01 mol/L 的 $AgNO_3$ 溶液，下列说法正确的是（AgCl 的 $K_{sp}=1.8\times10^{-10}$）（　　）

A. 有 AgCl 沉淀析出

B. 无 AgCl 沉淀析出

C. 有沉淀但不是 AgCl

D. 沉淀析出后溶解

E. 无法确定

3. 工业废水中常含有 Cu^{2+}、Cd^{2+}、Pb^{2+} 等重金属离子，可通过加入过量的难溶强电解质 FeS、MnS，使这些金属离子形成硫化物沉淀去除。根据以上事实，可推知 FeS、MnS 具有的相关性质是（　　）

A. 在水中的溶解能力小于 CuS、CdS、PbS

B. 在水中的溶解能力大于 CuS、CdS、PbS

C. 在水中的溶解能力与 CuS、CdS、PbS 相同

D. 二者均具有较强的吸附性

E. 无法判断在水中的溶解能力大小

4. 某温度下的 AgCl 饱和溶液中，当 Ag^+分别为 0.01 mol/L 和 0.001 mol/L 时，其溶度积常数 K_{sp}（ ）

A. 相同　B. 不同

C. 无法判断　D. 前者大于后者

E. 后者大于前者

5. 对水垢的主要成分是 $CaCO_3$ 和 $Mg(OH)_2$ 而不是 $CaCO_3$ 和 $MgCO_3$ 的原因解释，其中正确的有（ ）

A. $Mg(OH)_2$ 的溶解度大于 $MgCO_3$ 的溶解度，在水中发生了沉淀转化

B. $Mg(OH)_2$ 的溶解度小于 $MgCO_3$ 的溶解度，在水中发生了沉淀转化

C. $Mg(OH)_2$ 的溶度积大于 $MgCO_3$ 的溶度积，在水中没有发生沉淀转化

D. $Mg(OH)_2$ 的溶度积小于 $MgCO_3$ 的溶度积，在水中没有发生沉淀转化

E. 无法判断 $Mg(OH)_2$ 的溶解度与 $MgCO_3$ 的溶解度的关系

6. 在 CuS 的饱和溶液中加入 HNO_3 溶液，则（ ）

A. 沉淀增加　B. 沉淀溶解

C. 无现象发生　D. 不能确定

E. 沉淀转化

7. 实验室中，要使废水中的 Ag^+全部沉淀出来，最适宜选用的试剂是（ ）

A. HCl　B. NaCl

C. HNO_3　D. $NH_3 \cdot H_2O$

E. $BaCl_2$

8. 有关 AgCl 沉淀的溶解平衡说法正确的是（ ）

A. AgCl 沉淀生成和沉淀溶解不断进行，但速率相等

B. AgCl 难溶于水，溶液中没有 Ag^+ 和 Cl^-

C. 向 AgCl 沉淀中加入 NaCl 固体，AgCl 沉淀的 K_{sp} 增大

D. 向 AgCl 沉淀中加入 NaCl 固体，AgCl 沉淀的溶解度不变

E. 向 AgCl 沉淀中加入氨水，AgCl 沉淀的量不变

9. 某温度下 Ag_2CrO_4 的 K_{sp} 为 4.0×10^{-12}，则 Ag_2CrO_4 的溶解度（mol/L）为（ ）

A. 4.0×10^{-12}　B. 2×10^{-6}

C. 2×10^{-12}　D. 1×10^{-4}

E. 1×10^{-6}

10. 已知 K_{sp}（AgCl）$=1.8\times10^{-12}$、K_{sp}（Ag_2CO_3）$=8.46\times10^{-12}$、K_{sp}（Ag_2CrO_4）$=1.12\times10^{-12}$、K_{sp}（AgBr）$=5.35\times10^{-13}$，向含有相同浓度的 Cl^-、Br^-、CrO_4^{2-}、CO_3^{2-} 的溶液中逐滴加入 1 mol/L 的 $AgNO_3$ 溶液，沉淀产生的顺序为（ ）

A. AgCl、Ag_2CO_3、Ag_2CrO_4、AgBr

B. AgBr、AgCl、Ag_2CO_3、Ag_2CrO_4

C. AgBr、AgCl、Ag_2CrO_4、Ag_2CO_3

D. AgBr、Ag_2CO_3、AgCl、Ag_2CrO_4

E. Ag_2CrO_4、AgBr、AgCl、Ag_2CO_3

11. 已知某温度下 AgCl 的 $K_{sp}=1.8\times10^{-12}$，则该温度下，AgCl 在 0.01 mol/L 的 KCl 溶液中的溶解度为（ ）

A. 1.34×10^{-5}　B. 1.8×10^{-8}

C. 1.34×10^{-10}　D. 1.8×10^{-10}

E. 1.34×10^{-4}

12. 向含有 AgCl 沉淀的试管中滴加过量的氨水，AgCl 沉淀溶解的原因是（ ）

A. 发生了氧化还原反应

B. 生成了弱电解质

C. 生成了溶于水的配合物

D. 增加了溶剂

E. 放热，升高了温度，溶解度增大

【多项选择题】

13. 使难溶电解质沉淀溶解通常可以采取的方法是（ ）

A. 生成弱电解质

B. 生成强电解质

C. 生成配合物

D. 发生氧化还原反应

E. 更换溶剂法

14. 在 Cl^-的含量测定中，以 $AgNO_3$ 为滴定液，用 K_2CrO_4 作为判断反应终点的原因是（ ）

A. AgCl 比 Ag_2CrO_4 先沉淀

B. Ag_2CrO_4 开始沉淀时，Cl^-基本沉淀完全

C. AgCl 为白色沉淀，Ag_2CrO_4 为砖红色沉淀

D. K_2CrO_4 的用量可以随意加，不影响结果

E. AgCl 和 Ag_2CrO_4 都是沉淀

15. 影响沉淀的 K_{sp} 大小的因素有（ ）

A. 压强　B. 温度

C. 浓度　D. 同离子效应

E. 物质本身

16. 下列沉淀有颜色的（ ）

A. AgCl　B. $CaCO_3$

C. Ag_2CrO_4　D. AgI

E. $BaSO_4$

17. 有关 Q 与 K_{sp} 的说法正确的是（ ）

A. 同物质的 Q 与 K_{sp} 表达式相同

B. Q 大小与溶液中相关离子浓度有关

C. 一定条件下，同物质的 K_{sp} 是个不变的定值

D. 一定条件下，同物质的 Q 是个不变的定值

E. Q 与 K_{sp} 含义相同，可以互换

二、简答题

1. 请说出溶度积与溶解度的区别与联系。
2. 请简要叙述溶度积规则。

三、计算题

1. 试比较 AgI 在纯水中和在 0.010mol/L KI 溶液中的溶解度。（已知 AgI 的溶度积 $K_{sp}=9.3\times10^{-17}$）
2. 某溶液中 Mg^{2+}的浓度为 5×10^{-2} mol/L，要使 90%以上的 Mg^{2+}成为 $Mg(OH)_2$ 沉淀，溶液中 OH^-应为多少？[K_{sp}（$Mg(OH)_2$）= 1.2×10^{-11}]

（罗孟君）

第八章
配合物与配位平衡

学习目标

1. 知识目标：掌握配合物的基本概念，包括配合物的定义、组成及命名规则；熟悉配位平衡和稳定常数的意义，以及影响配位平衡的因素；了解螯合物的结构特点及其稳定性，以及螯合剂在日常生活中的应用。

2. 能力目标：培养学生分析复杂配合物结构的能力；通过实验室活动，提高学生制备简单配合物的实际操作能力；能够利用化学平衡的知识分析和解决配合物相关的化学问题。

3. 素质目标：培养科学探究精神和批判性思维能力，通过实验和问题解决活动提高自主学习和终身学习的能力；树立正确的科学态度和价值观，认识化学在社会发展和环境保护中的重要性，培养责任感和职业道德。

配位化合物是一大类广泛存在于自然界中的特殊化合物，是现代无机化学的重要研究对象，简称配合物，又称络合物。配合物的数量巨大，组成和结构形形色色，广泛地应用于医药、食品、环境、材料等方面。在医药学方面，配合物可以作为药物排除体内过量或有害的元素，可以治疗各种金属代谢障碍性疾病，甚至还具有杀菌、抗病毒和抗癌的药理作用。例如，乙二胺四乙酸（EDTA）的钙钠盐是排除人体内某些重金属或放射性元素的高效解毒剂；顺铂配合物不仅能抑制实验动物的肿瘤，也能抑制人体肿瘤，尤其是对人体生殖泌尿系统和其他软体组织等的恶性肿瘤有显著的疗效。

第1节 配 合 物

任务导入 8-1

在装有 1 mL 0.1 mol/L $CuSO_4$ 溶液的试管中滴入 2 滴 4 mol/L 氨水，有何现象？继续滴入过量氨水，又会发生什么变化？将上述最终得到的溶液装入两支试管中，在一支试管中加入少量 NaOH 溶液，在另一支试管中加入少量 $BaCl_2$ 溶液，请同学们观察有何现象？并思考原因。

一、配合物的基本概念

配合物是一类由简单离子或中性分子与金属离子或原子相结合的复杂化合物，如$[Ag(NH_3)_2]OH$、$[Cu(NH_3)_4]SO_4$等，它们既不同于 NaOH、HCl、H_2O、K_2SO_4 等简单化合物，也不同于 $KCl \cdot MgCl_2 \cdot 6H_2O$（光卤石）、$KAl(SO_4)_2 \cdot 12H_2O$（明矾）等复盐。

在简单化合物中，原子间是由共价键或离子键相结合，配合物却不然。例如，向 $CuSO_4$ 溶液中加入氨水，生成浅蓝色的 $Cu(OH)_2$ 沉淀，继续滴加氨水可使浅蓝色沉淀消失，得到深蓝色溶液。实验证明，上述深蓝色溶液是$[Cu(NH_3)_4]SO_4$。向$[Cu(NH_3)_4]SO_4$ 水溶液中加入少量 NaOH 溶液，既无浅蓝色 $Cu(OH)_2$ 沉淀生成，也无明显的氨臭，只有在加入 $BaCl_2$ 溶液时有白色 $BaSO_4$ 沉淀生成。这表明，$[Cu(NH_3)_4]SO_4$溶液中有 SO_4^{2-}，几乎没有游离的 Cu^{2+}和 NH_3 分子。也就是说，在此溶液中除了 SO_4^{2-} 外，还存在着由 Cu^{2+}和 NH_3 分子结合而成的稳定的$[Cu(NH_3)_4]^{2+}$复杂离子，即：

$$CuSO_4 + 4NH_3 \xlongequal{\quad} [Cu(NH_3)_4]SO_4$$

$$[Cu(NH_3)_4]SO_4 \xlongequal{\quad} [Cu(NH_3)_4]^{2+} + SO_4^{2-}$$

我们把由简单金属离子或原子与一定数目的中性分子或阴离子按一定的组成和空间构型所形成的复杂离子称为配离子，如$[Cu(NH_3)_4]^{2+}$和$[Cr(CN)_6]^{3-}$等。若形成的不是复杂离子而是复杂分子，这类分子称为配位分子，如$[Ni(CO)_4]$和$[Cu(NH_2CH_2COO)_2]$。配离子和配位分子统称配位单元，含有配位单元的化合物称为配合物。

二、配合物的组成

配合物一般分为内界和外界两部分。配位单元是配合物的特征部分，也称为配合物的内界，由中心和配体组成，其结合力是配位键，书写化学式时用方括号表明内界。除内界以外的简单离子称为外界。配合物的内界和外界之间以离子键结合，在水溶液中易解离出内界和外界，而内界则很难发生解离。配位分子比较特殊，只有内界，没有外界。

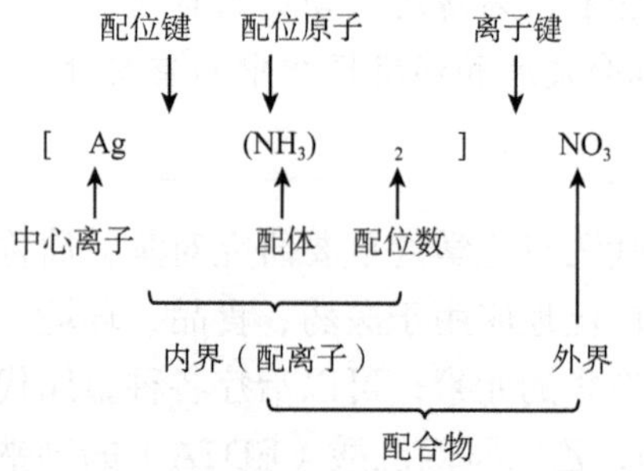

图 8-1 配合物$[Ag(NH_3)_2]NO_3$的组成示意图

在典型的配位单元中，中心多为金属，在中心离子周围的阴离子或中性分子称为配体。例如，$[Ag(NH_3)_2]NO_3$，Ag^+为中心离子，两个NH_3为配体。中心离子Ag^+和配体NH_3构成配合物的内界，通常把它们写在方括号内。NO_3^-构成配合物的外界。这种关系如图 8-1 所示。

（一）中心

位于配位单元中心位置的离子（或原子）称为中心离子（或原子）。它是配合物的核心部分，由于原子核外有能成键的空轨道，是电子对的接受体。常见的中心是金属，以过渡元素金属离子最多，如Cu^{2+}、Fe^{3+}等；也有中性原子，如$[Fe(CO)_5]$中的 Fe 原子；不常见的还有一些高氧化态的非金属元素，如$[SiF_6]^{2-}$中的Si^{4+}。

链接

过渡元素一般指元素周期表中第ⅠB、ⅡB、ⅦB族和第Ⅷ族的金属元素，包括镧系和锕系元素。其名称缘于这些元素在周期表中的位置介于典型的金属元素（主族）和非金属元素之间，且它们的性质也实现了从典型金属元素向非金属元素的过渡。它们的价电子层构型为$(n-1)d^{1\sim10}\ ns^{1\sim2}$，当失去电子成为离子后，$ns$和$np$轨道成为空轨道，$(n-1)d$轨道为部分空或全空；即使是它们的原子也存在空的$np$轨道和部分空的$(n-1)d$轨道。因此，过渡元素的原子和离子理论上都具备接受孤对电子的条件，都有形成配位化合物的倾向。

（二）配体与配位原子

在配位单元中，同中心以配位键相结合的阴离子或中性分子称为配体。例如，$[Fe(CN)_6]^{3-}$、$[Ag(NH_3)_2]^+$和$[SiF_6]^{2-}$中的CN^-、NH_3和F^-都是配体。在配体中，提供孤对电子直接与中心形成配位键的原子称为配位原子，如CN^-中的 C 原子、NH_3中的 N 原子和F^-中的 F 原子等。配位原子主要属于周期表中Ⅴ、Ⅵ、Ⅶ三个主族的元素。

配体按所含配位原子的数目，可以分为单齿配体和多齿配体。含有一个配位原子的配体称为单齿配体，如X^-、CN^-、NH_3、H_2O等，其配位原子分别是 X、C、N、O。在同一配体中含有两个或两个以上的配位原子同时与一个中心原子以配位键结合，称为多齿配体。例如，乙二胺（en），两个氨基中的 N 原子都是配位原子；乙二胺四乙酸（EDTA），除了两个氨基中的 N 原子以外，还有四个羟基氧也是配位原子。部分常见的配体和配位原子如表 8-1 所示。

表 8-1　部分常见的配体和配位原子

类型	配体名称	化学式	配位原子
单齿配体	卤离子	F^-、Cl^-、Br^-、I^-	X
	氨、亚硝基	NH_3、$-NO$	N
	水、羟基	H_2O、$-OH$	O
	硫氰酸根离子	SCN^-	通常为 S
	氰根离子	CN^-	通常为 C
多齿配体	乙二胺	$H_2NCH_2CH_2NH_2$	N
	草酸根离子	$^-OOC-COO^-$	O
	乙二胺四乙酸根离子	$(^-OOCCH_2)_2NCH_2CH_2N(CH_2COO^-)_2$	N、O

（三）配位数

与中心直接结合的配位原子总数称为中心原子的配位数。配位数一般为 2、4、6 和 8。表 8-2 列出了部分金属离子常见的配位数。在计算中心的配位数时，根据配位数的定义可以推出配位数的计算公式，即：配位数=∑配体数×配体齿数。

如果配体全部是单齿配体，那么中心的配位数与配体数相等；如果有多齿配体，则配位数与配体数不相等。例如，$[Fe(CN)_6]^{3-}$中的 CN^-是单齿配体，配位数和配体数都是 6；又例如，$[Cu(en)_2]^{2+}$中的配体 en 是二齿配体，所以配位数是 2×2=4；$[Fe(NH_3)_2(en)_2]^{3+}$中既有单齿配体，又有多齿配体，其配位数为 2×1+2×2=4。

表 8-2　部分常见金属离子的配位数

配位数	金属离子	实例
2	Ag^+、Cu^{2+}	$[Ag(NH_3)_2]^+$、$[Cu(CN)_2]^-$
4	Cu^{2+}、Zn^{2+}、Ni^{2+}	$[Cu(NH_3)_4]^{2+}$、$[ZnCl_4]^{2-}$、$[Ni(CN)_4]^{2-}$
	Pt^{2+}、Co^{2+}、Hg^{2+}	$[PtCl_2(NH_3)_2]$、$[HgI_4]^{2-}$、$[CoCl_4]^{2-}$
6	Fe^{2+}、Fe^{3+}、Co^{3+}、	$[Fe(CN)_6]^{4-}$、$[FeF_6]^{3-}$、$[Co(NH_3)_6]^{3+}$
	Al^{3+}、Cr^{3+}、Pt^{4+}	$[Cr(NH_3)_6]^{3+}$、$[AlF_6]^{3-}$、$[Pt(NH_3)_6]^{4+}$

（四）配离子的电荷数

配离子的电荷数等于中心离子的氧化数与配体总电荷数的代数和。例如，配离子$[Fe(CN)_6]^{4-}$所带电荷为 2+（–1）×6=–4。由于配合物通常是中性分子，外层离子的电荷总数等于配离子的电荷总数，且符号相反。例如，$[Co(NH_3)_6]Cl_3$ 中，外层 3 个 Cl^-的总电荷数为–3，则配离子$[Co(NH_3)_6]^{3+}$的电荷数为+3，中心原子的氧化数为+3。

链接　配位化学的奠基人——维尔纳

阿尔弗雷德·维尔纳（A. Werner），瑞士化学家，因对无机化学分子内原子连接的研究获得 1913 年诺贝尔化学奖。1893 年，他发表了“论无机化合物的结构”一文，大胆提出了划时代的配位理论，这是无机化学和配位化学结构理论的开端。该理论指出，无机化合物含有单个原子，这些原子作为中心核，周围以一定的空间构型排列着一定数量的其他原子、自由基或其他分子。维尔纳首次提出了“配位数”的概念。

他将表示围绕一个中心原子核聚集的原子数的数字称为配位数，其中最重要的配位数是 2、4、6 和 8。其中 6 作为配位数较常出现。

三、配合物的命名

从本质上说，配合物的命名比一般无机化合物命名特殊的地方在于配离子。只要清楚了配离子的命名规则，配合物的命名也就水到渠成了。处于配合物内界的配离子，其命名方法一般依照如下顺序：配体数目（以中文数字表示）+配体名称+合+中心离子名称+中心离子氧化数（以圆括号内的罗马数字表示）。

内界中有两种以上的配体时，不同配体之间以小圆点“·”隔开；如果有复杂的配体，名称可以写在圆括号内，以免引起歧义。不同配体的命名顺序为：

（1）若配体中既有无机配体又有有机配体，则无机配体在前，有机配体在后，即“先无机后有机”。

（2）在无机配体中既有离子又有分子，则阴离子在前，阳离子其次，中性分子在后，即“先离子后分子”。

（3）同类配体（比如同是无机分子配体），按配位原子的元素符号在英文字母中的顺序排列，即“先 A 后 B”。例如，$[Co(NH_3)_5H_2O]Cl_3$ 命名为三氯化五氨·一水合钴（Ⅲ），因为 NH_3 的 N 原子和 H_2O 的 O 原子，其英文字母 N 在 O 之前。

（4）同类配体，配位原子也相同，则原子数目少的排在前面，即“先简单后复杂”。若原子数也相同，则按结构式中与配位原子相连的元素符号的英文字母顺序排列，如$[Pt(NH_2)NO_2(NH_3)_2]$命名为氨基·硝基·二氨合铂（Ⅱ）。

配合物的命名方法仍然服从无机化合物的命名规则，即阴离子名称在前，阳离子的名称在后。如果配合物的外界是一个简单的酸根离子，便称“某化某”，如 Cl^-、OH^-等；若是一个复杂的酸根离子，便称“某酸某”，如 SO_4^{2-}、NO_3^- 等。

下面举一些实例说明：

$[Cu(en)_2]^{2+}$	二（乙二胺）合铜（Ⅱ）配离子
$K_3[Fe(CN)_6]$	六氰合铁（Ⅲ）酸钾
$[Co(NH_3)_6]Cl_3$	三氯化六氨合钴（Ⅲ）
$H_2[SiF_6]$	六氟合硅（Ⅳ）酸
$[PtBrCl(NH_3)(Py)]$	溴·氯·氨·吡啶合铂（Ⅱ）

有些配合物，仍沿用习惯叫法，如 $H_2[SiF_6]$也称为氟硅酸，$[Cu(NH_3)_4]^{2+}$称为铜氨配离子，$[Ag(NH_3)_2]^+$称为银氨配离子，$K_4[Fe(CN)_6]$称为亚铁氰化钾（黄血盐），$K_3[Fe(CN)_6]$称为铁氰化钾（赤血盐）等。

四、配合物的顺反异构

在配合物中，配体是按一定的方式排列在中心的周围，因此，每一种配合物都具有一定的空间构型。如果配合物中只有一种配体，它在中心周围也只能有一种排列方式。但是，如果配合物中有多种配体时，就可能出现不同的空间排列方式，这种组成相同、配体的空间排列方式不同的物质称为几何异构（或顺-反异构）现象。例如，具有平面正方形的配合物$[Pt(NH_3)_2Cl_2]$就有两种不同的排列方式。同种配体在同一侧的为顺式，在对角位置的为反式，具体结构式如图 8-2 所示。

图 8-2 配合物$[Pt(NH_3)_2Cl_2]$的顺反异构示意图

顺-反异构体不但理化性质不同，在人体内所表现的生理、药理作用也可能不同。临床表明，顺式$[Pt(NH_3)_2Cl_2]$有抗癌作用，但对人体的毒副作用较大；反式$[Pt(NH_3)_2Cl_2]$对人体的毒副作用较小，却没有抗癌作用。

同样在八面体配合物中，也有顺-反异构现象；而对于四面体构型的配合物，无论其中配体是否相同，均不存在顺-反异构现象。一般来说，配体数越大，配体种类越多，其几何异构现象越复杂。

链接 铂类抗肿瘤药物

1969 年，首次发现顺铂（顺-二氯·二氨合铂）$[Pt(NH_3)_2Cl_2]$对肿瘤细胞生长的抑制作用，铂类药物遂成为临床上的一线抗癌药。铂类药物之所以能抑制癌变，是由于其中的 Pt（Ⅱ）能与癌细胞中的脱氧核糖核酸（DNA）上的碱基相结合，从而破坏肿瘤细胞 DNA 遗传信息的复制和转录过程。

第二代铂类抗肿瘤药物包括卡铂（顺-1，1-环丁烷二羧酸·二氨合铂）、奈达铂（顺-乙醇酸-二氨合铂）等；第三代铂类抗肿瘤药物包括奥沙利铂[（1*R*-反式）-（1，2-环己二胺-*N*，*N'*）[草酸（2-）-*O*，*O'*]合铂]、洛铂（顺-1，2-二氨甲基环丁烷·乳酸合铂）等。洛铂是目前在我国上市的铂类药品中，唯一拥有自主知识产权及化合物专利的产品，也是我国 1 类化药新药、国家医保产品。

五、螯 合 物

（一）螯合物的概念

随着现代科学技术的发展，人们认识到不仅无机物可以作为配位体，而且有机物也可以作为配位体，从而形成更复杂的配合物。例如，乙二胺就是一种有机配位体。它的每个分子上都有两个氨基结构式：$H_2N—CH_2—CH_2—NH_2$。

当乙二胺与铜离子配合时，乙二胺氨基的两个氮原子，可各提供一对孤对电子和中心离子配对，也就是说每分子乙二胺上有两个配位原子可以形成两个配位键。由于两个配位原子在分子中相隔两个其他原子，因此一个乙二胺分子和铜离子配合形成了一个五元环结构的稳定的配离子，它像螃蟹的两个螯钳，从两边紧紧地把金属离子钳在中间。其反应方程式如图 8-3 所示。

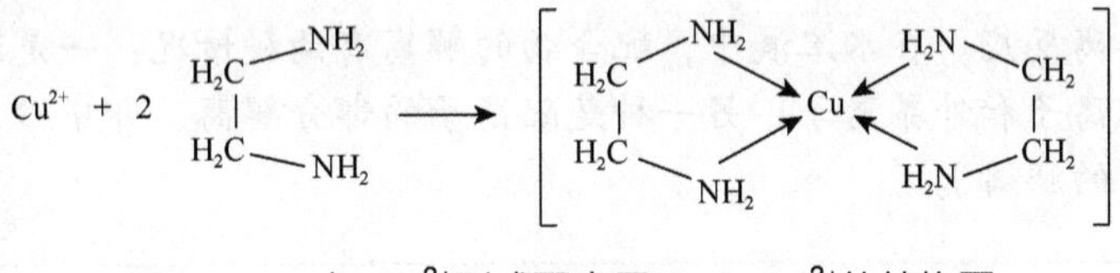

图 8-3 en 与 Cu^{2+}形成配离子$[Cu(en)_2]^{2+}$的结构图

这种具有环形结构的配合物称为螯合物（或内配合物），形成螯合物的配位体称为螯合剂。

（二）螯合物的形成条件

螯合物与普通配位化合物不同，要形成螯合物必须具备三个条件。

（1）螯合物的中心离子必须有空轨道，能接受配位体提供的孤对电子。

（2）螯合剂必须含有 2 个或 2 个以上能够给出孤对电子的配位原子，以便与中心离子形成环状结构。

（3）相邻的两个配位原子之间必须间隔 2 个或 3 个其他原子，以便形成稳定的五元环或六元环。

（三）螯合物的结构

链接

某患者口服诺氟沙星一个疗程，自述达不到预期疗效，临床药师详细咨询后，发现患者有用牛奶送服药物的习惯，于是提示这种服药方式不正确。诺氟沙星属于多齿配体，能与牛奶中的钙离子形成金属螯合物，从而降低药物活性，所以这类药物不宜和牛奶等含丰富 Ca^{2+} 的食物同时使用，建议至少间隔 1 小时。

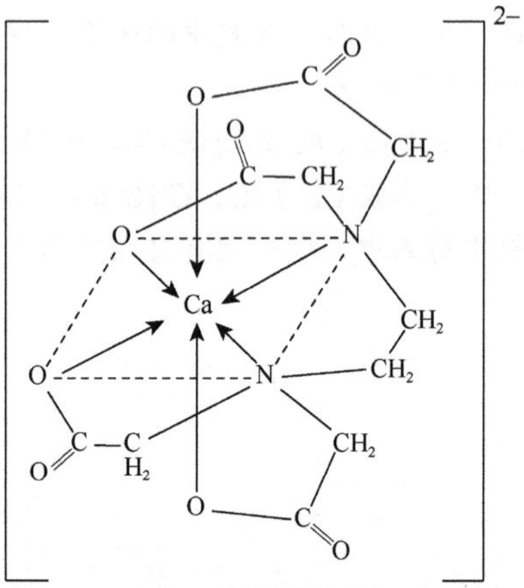

图 8-4 EDTA 与 Ca^{2+} 形成稳定螯合物 CaY^{2-} 的结构图

通常将提供多齿配体的配位剂称为螯合剂，螯合物的环称为螯环。一个配位体与中心离子形成的螯环数目越多，螯合物越稳定。例如，EDTA 中有 2 个氨基氮原子和 4 个羧基氧原子，因而是包含 6 个配位原子的六齿配位体，能与除了 Na^+、K^+、Rb^+、Cs^+等离子以外的大多数金属离子形成螯合物，其中许多具有非常好的稳定性。Ca^{2+}一般不易形成配合物，但 EDTA 与 Ca^{2+}可以形成非常稳定的螯合物。结构如图 8-4 所示，其中含有 5 个五元环，因此它具有很高的稳定性。

EDTA 和金属离子的螯合反应迅速，并且生成的螯合物结构稳定，易溶于水。因此，临床上常用 EDTA 作解毒剂，治疗机体重金属离子 Pb^{2+}、Pt^{2+}、Hg^{2+}等中毒；分析化学上，利用 EDTA 进行配位滴定，测定某些药物或食品中金属离子的含量。在药物制剂工作中，使用螯合物掩蔽金属离子，消除金属离子对药物氧化的催化作用。

第 2 节 配 位 平 衡

任务导入 8-2

中心离子与配体生成配离子或配位分子的反应称为配位反应，而配离子或配位分子解离出中心离子和配体的反应称为解离反应。在水溶液中，配合物的解离有两种情况：一是配合物内界与外界之间的完全解离，解离成配离子和外界离子；另一种是配离子的部分解离，即中心离子与配体之间的部分解离（类似于弱电解质的解离）。

一、配位平衡和稳定常数

（一）配位平衡

配位单元的中心离子与配体之间是以配位键结合，在水溶液中很少解离。如前所述，在 $[Cu(NH_3)_4]SO_4$ 溶液中加入少量 Ba^{2+}，可以观察到白色的 $BaSO_4$ 沉淀产生，而加入 NaOH 溶液却并无 $Cu(OH)_2$ 沉淀产生。但若加入 Na_2S 溶液，则有黑色的 CuS 沉淀产生（$K_{sp}^{\ominus}[Cu(OH)_2]=2.2\times10^{-20}$，$K_{sp}^{\ominus}(CuS)=6.3\times10^{-36}$）。这说明$[Cu(NH_3)_4]^{2+}$在水溶液中像弱电解质一样，能部分解离出极少量的 Cu^{2+}，同时 Cu^{2+}与 NH_3 又可以结合成$[Cu(NH_3)_4]^{2+}$。因此，在一定条件下，当配位反应速率与解离反应速率相等时，配合物就达到了配位解离平衡，简称为配位平衡。

在$[Cu(NH_3)_4]SO_4$溶液中，存在如下平衡：

$$[Cu(NH_3)_4]^{2+} \rightleftharpoons Cu^{2+} + 4NH_3$$

（二）配合物的稳定常数

在实际工作中，经常用稳定常数表示配离子的稳定性，其含义是当配离子生成时反应的平衡常数，也称形成常数。例如，铜氨酸离子形成时，存在着下列配位平衡：

$$Cu^{2+} + 4NH_3 \rightleftharpoons [Cu(NH_3)_4]^{2+}$$

其平衡常数表达式为：

$$K_{稳} = \frac{[Cu(NH_3)_4^{2+}]}{[Cu^{2+}][NH_3]^4}$$

这个常数越大，说明生成配离子的倾向越大，而离解的程度越小，即配离子越稳定。所以，这个常数称为铜氨配离子（或配合物）的稳定常数，用 $K_{稳}$ 来表示。

而对于铜氨配离子的解离反应 $[Cu(NH_3)_4]^{2+} \rightleftharpoons Cu^{2+} + 4NH_3$，其平衡常数表达式为：

$$K_{不稳} = \frac{[Cu^{2+}][NH_3]^4}{[Cu(NH_3)_4^{2+}]}$$

这个常数越大，表示铜氨离子越易离解，即配离子越不稳定。所以，这个常数称为铜氨离子的不稳定常数，又称解离常数，通常用 $K_{不稳}$ 来表示。显然稳定常数和不稳定常数互为倒数，即：

$$K_{稳} = \frac{1}{K_{不稳}}$$

一些常见配离子的稳定常数见表 8-3。

表 8-3　常见配离子的稳定常数（298.15K）

配离子	$K_{稳}$	配离子	$K_{稳}$	配离子	$K_{稳}$
$[Ag(CN)_2]^-$	1.3×10^{21}	$[Cd(SCN)_4]^{2-}$	3.8×10^{2}	$[Fe(CN)_6]^{3-}$	1.0×10^{42}
$[Ag(NH_3)_2]^+$	1.6×10^{7}	$[Cu(CN)_2]^-$	1.0×10^{24}	$[Fe(C_2O_4)_3]^{3-}$	1.6×10^{20}
$[Ag(SCN)_2]^-$	4.0×10^{8}	$[Cu(NH_3)_2]^+$	7.4×10^{10}	$[Fe(NCS)_2]^+$	3.0×10^{3}
$[Ag(S_2O_3)_2]^{3-}$	1.6×10^{13}	$[Cu(CN)_4]^-$	2.0×10^{27}	$[HgCl_4]^{2-}$	1.2×10^{15}
$[Al(C_2O_4)_3]^{3-}$	2.0×10^{16}	$[Cu(NH_3)_4]^{2+}$	2.1×10^{13}	$[HgI_4]^{2-}$	6.8×10^{29}
$[AlF_6]^{3-}$	6.9×10^{19}	$[Cu(OH)_4]^{2-}$	3.2×10^{18}	$[Hg(CN)_4]^{2-}$	1.0×10^{41}
$[Au(CN)_2]^-$	2.0×10^{38}	$[Cu(en)_2]^{2+}$	4.0×10^{9}	$[Ni(NH_3)_6]^{2+}$	5.5×10^{8}
$[CdCl_4]^{2-}$	3.1×10^{2}	$[Co(NH_3)_6]^{2+}$	1.3×10^{5}	$[Zn(CN)_4]^{2-}$	1.0×10^{16}
$[CdI_4]^{2-}$	3.0×10^{6}	$[Co(NCS)_4]^-$	1.0×10^{3}	$[Zn(NH_3)_4]^{2+}$	2.9×10^{9}
$[Cd(NH_3)_4]^{2+}$	1.0×10^{7}	$[Co(NH_3)_6]^{3+}$	1.4×10^{35}	$[Ca(EDTA)]^{2-}$	3.7×10^{10}
$[Cd(NH_3)_6]^{2+}$	1.4×10^{5}	$[Fe(CN)_6]^{4-}$	1.0×10^{35}	$[Mg(EDTA)]^{2-}$	4.9×10^{8}

通常配合物稳定常数都比较大，为了书写方便，可用它的对数值 $\lg K_{稳}$ 来表示。一些常见配离子的 $\lg K_{稳}$ 值见表 8-4。

表 8-4　一些常见配离子的 $\lg K_{稳}$ 值

配离子	$[Fe(SCN)_6]^{3-}$	$[Ag(NH_3)_2]^+$	$[Zn(NH_3)_4]^{2+}$	$[Cu(NH_3)_4]^{2+}$
$\lg K_{稳}$	9.10	7.23	9.47	13.63

螯合物和一般配合物相比，其最大的特点之一就是稳定常数更大，因而它更稳定。一些常见 EDTA

金属螯合物的 $\lg K_{稳}$ 值见表 8-5。

表 8-5 一些常见 EDTA 金属螯合物的 $\lg K_{稳}$ 值

金属离子	Na^+	Ba^{2+}	Mg^{2+}	Ca^{2+}	Zn^{2+}	Cu^{2+}	Fe^{3+}
$\lg K_{稳}$	1.7	7.8	8.6	11.0	16.4	18.7	24.2

从表 8-4 可知，EDTA 和重金属如 Fe^{3+}、Cu^{2+}、Zn^{2+}等离子生成的螯合物要比 EDTA 和轻金属如 Na^+、Ba^{2+}、Mg^{2+}等离子生成的螯合物稳定。

对同类型的配合物，即配位体数目相同的配合物，$K_{稳}$越大，配合物稳定性越强。对于不同类型的配合物，不能通过简单比较 $K_{稳}$ 大小的方法衡量两者的稳定性，而需要通过计算，求出中心离子的浓度，从而比较其稳定性，这一点类似于沉淀溶解平衡中 K_{sp} 的使用。

链接 中国配位化学领域的开拓者和奠基人——戴安邦

戴安邦，无机化学家，中国科学院院士。长期从事无机化学和配位化学教学和研究工作，是中国较早从事胶体化学和配位化学研究的学者之一。对硅、铬、钨、钼、铀、钍、铝、铁等元素的多核配合物化学进行了系统的研究，其中“硅酸聚合作用理论”的研究成果，澄清了百年来多种片面和自相矛盾的有关报道，是该领域第一个定量理论。论证了合成氨催化剂活化氮的活性中心是铁原子簇，提出了七铁原子簇活性中心结构模型。

二、配位平衡的移动

配位平衡与其他化学平衡一样，是一种动态平衡，如果改变平衡体系的条件，平衡将发生移动。根据平衡移动的原理，改变金属离子或配体的浓度均会使平衡发生移动，从而导致配离子的生成或解离。若增加金属离子或配体浓度会增加配合物的稳定性，但降低金属离子或配体浓度时就可能导致配离子的解离。

（一）溶液 pH 对配位平衡的影响

1. 配体的酸效应 当配合物的配体为 F^-、CN^-、SCN^-和 NH_3 及有机酸根离子时，加入强酸，易生成难解离的弱酸分子，从而使配位平衡向解离的方向移动，导致配合物的稳定性降低，这种现象称为酸效应。例如，向$[Ag(NH_3)_2]^+$溶液中加入 HNO_3 时，会使$[Ag(NH_3)_2]^+$被破坏，因 NH_3 与 H^+结合生成弱酸 NH_4^+，使平衡向配离子解离的方向移动。反应方程式为：

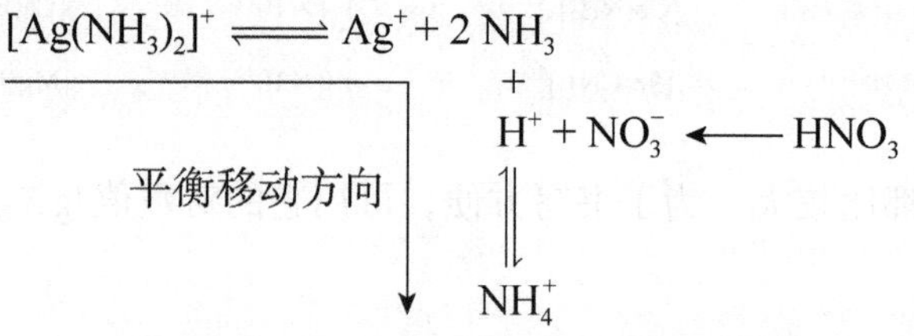

$$[Ag(NH_3)_2]^+ + 2H^+ \rightleftharpoons Ag^+ + 2NH_4^+$$

这里反应的实质是 H^+与 Ag^+争夺配体 NH_3。再例如，向$[FeF_6]^{3-}$溶液中，加入强酸，因 F^-与 H^+生成难电离的弱酸 HF，使平衡向配离子解离的方向移动。反应方程式为：

$$[FeF_6]^{3-} + 6H^+ \rightleftharpoons Fe^{3+} + 6HF$$

上述反应同样存在着配位平衡与酸碱平衡的竞争。增大溶液的酸度（即降低溶液 pH），使配位平衡向解离方向移动，能够降低配合物稳定性。同样，降低溶液的酸度（即增大溶液 pH），可以使配位平衡向配位方向移动，从而增加配合物的稳定性。

在生成配合物溶液的过程中，为了避免酸效应的影响，常控制溶液的酸度（pH）在一定范围内。这是利用配合物进行定性鉴定或定量分析时必须注意的重要条件之一。

2. 金属离子的水解效应　当溶液 pH 增大时，因中心离子发生水解，降低了溶液中的中心离子浓度，导致配合物稳定性下降，这种现象称为水解效应。

大多数配合物的中心离子是过渡金属离子，若降低溶液的酸度，这些过渡金属离子可能发生水解，平衡向配合物解离的方向移动，配合物的稳定性降低。例如，向$[FeF_6]^{3-}$溶液中加入 NaOH 时，Fe^{3+}发生水解生成 $Fe(OH)_3$ 沉淀，导致$[FeF_6]^{3-}$解离。反应方程式为：

$$[FeF_6]^{3-} + 3OH^- \rightleftharpoons Fe(OH)_3\downarrow + 6F^-$$

因为酸效应和水解效应两者的存在，使得酸度对配体和金属离子浓度的影响也完全相反。酸度大，水解程度小，有利于金属离子稳定，但影响配体的稳定性；酸度小，有利于配体稳定，但较大的水解程度又会影响金属离子的稳定性。因此过高或过低的酸度均不利于配离子的形成。在实际工作中需要全面地考虑这些因素的影响，确定每种配合物适宜的酸度范围。

（二）沉淀剂对配位平衡的影响

配位平衡体系中加入沉淀剂可能导致配离子解离。如果沉淀剂与中心离子反应生成沉淀，降低平衡体系中心离子的浓度，平衡向配离子解离的方向移动。例如，向$[Ag(CN)_2]^-$溶液中加入 Na_2S 溶液，由于生成难溶的 Ag_2S 沉淀，则$[Ag(CN)_2]^-$解离。反应方程式如下：

$$2[Ag(CN)_2]^- + S^{2-} \rightleftharpoons Ag_2S\downarrow + 4CN^-$$

$$K = \frac{[CN^-]^4[Ag^+]^2}{[Ag(CN)_2^-]^2[S^{2-}][Ag^+]^2} = \frac{1}{[K_{稳}^2([Ag(CN)_2]^-)\cdot K_{sp}(Ag_2S)]}$$

$$= 1/[(1.3\times10^{21})^2\times1.6\times10^{-49}]=6.3\times10^9$$

平衡常数 K 较大，说明反应进行得较完全，S^{2-}能夺取$[Ag(CN)_2]^-$中的 Ag^+。又例如，$[Ag(CN)_2]^-$配离子中加入 NaCl 溶液，就没有 AgCl 沉淀生成。

$$[Ag(CN)_2]^- + Cl^- \rightleftharpoons AgCl(s) + 2CN^-$$

$$K = \frac{[CN^-]^2[Ag^+]}{[Ag(CN)_2^-][Cl^-][Ag^+]} = \frac{1}{[K_{稳}([Ag(CN)_2]^-)\cdot K_{sp}(AgCl)]}$$

$$= 1/[1.3\times10^{21}\times1.8\times10^{-10}]=4.3\times10^{-12}$$

K 很小说明正反应几乎不能进行，而逆反应进行得较完全。即 Cl^-不能夺取$[Ag(CN)_2]^-$中的 Ag^+，相反，AgCl 可溶于 CN^-溶液中。可见，在配位平衡和沉淀平衡的竞争中总反应方向取决于 $K_{稳}$ 和 K_{sp} 的大小，即 $K_{稳}$ 越小，K_{sp} 越小，配合物越易电离生成沉淀；$K_{稳}$ 越大，K_{sp} 越大，沉淀越易溶解生成配离子。

（三）氧化还原对配位平衡的影响

若在配合物溶液中加入某种氧化剂或还原剂，能与配位体或中心离子发生氧化还原反应，配体或中心离子的浓度降低，则会使配位平衡向着解离的方向移动，从而破坏配离子的存在。例如，向$[Fe(SCN)_2]^+$溶液中加入 $SnCl_2$ 溶液，由于 Sn^{2+}将 Fe^{3+}还原为 Fe^{2+}，使$[Fe(SCN)_2]^+$发生解离，溶液的血红色褪去。反应方程式为：

$$2[Fe(SCN)_2]^+ + Sn^{2+} \rightleftharpoons 2Fe^{2+} + 4SCN^- + Sn^{4+}$$

（四）配位平衡之间的相互转化

向一种配离子溶液中加入另一种能与中心原子形成更稳定配离子的配合剂，原来的配位平衡转化为新的配位平衡。例如，向$[Ag(NH_3)_2]^+$溶液中加入足量的 CN^-，$[Ag(NH_3)_2]^+$将转化为$[Ag(CN)_2]^-$。这是因为$[Ag(NH_3)_2]^+$的稳定常数（1.6×10^7）远小于$[Ag(CN)_2]^-$的稳定常数（1.0×10^{21}），反应正向进行的趋势很大。反应方程式为：

$$[Ag(NH_3)_2]^+ + 2CN^- \rightleftharpoons [Ag(CN)_2]^- + 2NH_3$$

自测题

一、选择题

【单项选择题】

1. 下列离子不能成为中心离子的是（　　）
   A. Cu^{2+}　B. Fe^{3+}　C. Ag^+
   D. NH_4^+　E. Co^{3+}
2. 与中心离子通过配位键相结合的中性分子或阴离子称为（　　）
   A. 配离子　B. 配位体　C. 配合物
   D. 反离子　E. 中心离子
3. 配合物$[Pt(CN)_4(NO_2)I]^{2-}$中心离子 Pt^{3+}的配位数为（　　）
   A. 4　B. 6　C. 7
   D. 3　E. 2
4. EDTA 分子中的配位原子数是（　　）
   A. 2 个　B. 4 个　C. 6 个
   D. 8 个　E. 7 个
5. 下列具有相同配位数的一组配合物是（　　）
   A. $[Co(en)_3]Cl_3$，$[Co(en)_2(NO_2)_2]$
   B. $K_2[Co(NCS)_4]$，$K_3[Co(C_2O_4)_2Cl_2]$
   C. $[Pt(NH_3)_2Cl_2]$，$[Pt(en)_2Cl_2]^{2+}$
   D. $[Cu(H_2O)_2Cl_2]$，$[Ni(en)_2(NO_2)_2]$
   E. $[Pt(CN)_4(NO_2)Br]^{2-}$，$[Cr(H_2O)_3Cl_2]^+$
6. 配合物$[Co(NH_3)_5Cl]Cl_2$中配离子的电荷为（　　）
   A. +5　B. +4　C. +3
   D. +2　E. +1
7. 往$[FeF_6]^{3-}$溶液中加入 H_2SO_4，溶液由无色变为黄色的现象称为（　　）
   A. 配位效应　B. 同离子效应　C. 螯合效应
   D. 酸效应　E. 盐效应
8. 反应 $AgCl(s)+2NH_3 \rightleftharpoons [Ag(NH_3)_2]^+ + Cl^-$ 的标准平衡常数是（　　）
   A. $K_稳 \cdot K_{sp}$　B. $K_稳 / K_{sp}$　C. $K_稳 + K_{sp}$
   D. $K_稳 - K_{sp}$　E. $K_{sp} / K_稳$
9. 在 $Cu^{2+}+4NH_3 \rightleftharpoons [Cu(NH_3)_4]^{2+}$ 平衡体系中，加入少量 HCl，平衡移动的方向是（　　）
   A. 向左　B. 向右
   C. 不移动　D. 先向左再向右
   E. 先向右再向左
10. 某钴氨配合物，配位数为 6，用 $AgNO_3$ 溶液沉淀所含 Cl^- 时，能得到相当于总含氯量的 2/3，则该化合物是（　　）
   A. $[CoCl(NH_3)_5]Cl_2$　B. $[CoCl_2(NH_3)_4]Cl$
   C. $[CoCl_3(NH_3)_3]$　D. $[Co(NH_3)_6]Cl_3$
   E. $[CoCl(NH_3)_4]Cl_2$

【多项选择题】

11. 下列可以作为中心离子的是（　　）
   A. Fe^{3+}　B. Fe^{2+}　C. Cu^{2+}
   D. Si^{4+}　E. Zn^{2+}
12. 下列可以作为配体的是（　　）
   A. CH_4　B. H_2O　C. NH_3
   D. SCN^-　E. en
13. 配合物的组成包括（　　）
   A. 中心离子（原子）　B. 配位体
   C. 配位数　D. 配离子的电荷
   E. 配位原子
14. 配合物在医药中的应用包括（　　）
   A. 作为药物的应用
   B. 作为金属解毒剂的应用
   C. 作为抗凝血剂的应用
   D. 作为抑菌剂的应用
   E. 在临床检验和生化实验中的应用

二、简答题

1. 写出下列各物质的化学式。
（1）二氯·四水合铁（Ⅲ）离子；
（2）六氯合锰（Ⅲ）酸钾；
（3）氯化二氯·三氨·水合钴（Ⅲ）。
2. 有两种钴（Ⅲ）配合物组成均为 $Co(NH_3)_5Cl(SO_4)$，但分别只与 $BaCl_2$ 和 $AgNO_3$ 生成沉淀。请写出两个配合物的化学结构式。

（叶群丽）

第九章
氧化还原反应与电极电势

学习目标

1. 知识目标： 掌握元素氧化数、氧化还原反应、原电池、电极电势的概念、氧化还原反应方程式的配平方法（离子-电子法）；熟悉原电池符号的书写、能斯特方程的意义及应用；了解电极电势产生的机制。

2. 能力目标： 能够应用能斯特方程计算氧化还原电对在不同条件下的电极电势；能够应用电极电势来比较氧化剂、还原剂氧化还原能力的相对强弱，并判断氧化还原反应进行的方向和程度。

3. 素质目标： 掌握氧化还原反应相关的科学思维方式和解决问题的科学方法，具备发现问题、独立分析和解决问题的能力；培养有创新精神、合作意识的学习习惯和精益求精、严谨踏实的工作态度。

氧化还原反应是化学反应中极为重要的反应类型。人类的繁衍生息、衣食住行都与氧化还原反应密切相关。例如，葡萄糖在体内进行的有氧代谢，最终生成 CO_2 和 H_2O 并放出能量，就是典型的氧化还原反应。

$$C_6H_{12}O_6(s) + 6O_2(g) = 6CO_2(g) + 6H_2O(l) + 2816\text{kJ}$$

另外，维生素 C 含量的测定、过氧化氢（俗称双氧水）消毒杀菌、饮用水残留氯的监测等药品生产、分析及检测等工作也都离不开氧化还原反应。本章将介绍氧化还原反应的基本概念、原电池及电极电势，以及电极电势的应用。

第 1 节　氧化还原反应概述

任务导入 9-1

在中学化学学习中，化合价是氧化还原反应中的重要概念，它是一种元素的一个原子与其他元素的原子化合时表现出来的性质。化合价通常为整数，可为正、负或零。例如，在氯化钠中，钠的化合价为+1，氯的化合价为−1。但在一些复杂的化合物中，化合价无法准确地反映出元素的实际氧化态，如四氧化三铁中，铁的化合价难以用简单的整数来表示。因此，为了更全面、准确地描述元素在化合物中的成键状态，引入氧化数的概念。

一、氧　化　数

氧化还原反应的实质是反应物之间发生了电子的转移或偏移。例如：

$$\overset{2e^-}{\overbrace{2Br^- + Cl_2}} = Br_2 + 2Cl^-$$

该反应中 2 个 Br^- 失去 2 个电子转化为 Br_2，同时 Cl_2 得到 2 个电子转化为 2 个 Cl^-，反应过程中有

2 个电子发生了转移。但在一些氧化还原反应中，电子并不完全离开某个原子，而是从一个原子向另一个原子偏移。例如，氢气（H_2）和氯气（Cl_2）反应生成氯化氢（HCl），氢在反应中并没有失去最外层的 1 个电子，电子只是在共用的状态下偏向氯而已。为了更准确地描述和研究氧化还原反应的问题，IUPAC 于 1970 年提出氧化数的概念，并于 1990 年重新修订了氧化数的定义。

氧化数是指某元素一个原子表观荷电数，这种表观荷电数是把原子间每个化学键中的电子指定给电负性较大的原子而求得的。

确定元素原子的氧化数一般遵循如下规则。

（1）单质元素的氧化数为零。

（2）化合物中所有元素的氧化数代数和等于零。

（3）单原子离子的氧化数等于它所带的电荷数，多原子离子中所有元素的氧化数代数和等于该离子所带的电荷数。

（4）在任何物质中，某种元素的氧化数取决于该元素成键电子对的数目和与之成键的元素电负性的相对大小。

综上可知：氟的电负性最大，所以氟化物中氟的氧化数总是−1；碱金属与碱土金属的氧化数分别为+1 和+2；在一般化合物中氢的氧化数为+1，但在金属氢化物（如 $LiAlH_4$）和硼氢化物（如 B_2H_6）中为−1；在大多数化合物中氧的氧化数为−2，但在过氧化物（如 H_2O_2）中为−1，在超氧化物（如 KO_2）中为−0.5，在氧的氟化物（如 OF_2）中为+2。

【例 9-1】 计算 H_2SO_4、$S_2O_3^{2-}$、$S_4O_6^{2-}$ 中 S 的氧化数。

解：设 S 的氧化数为 x，已知 H 的氧化数为+1，O 的氧化数为−2。

根据化合物分子中各元素原子的氧化数的代数和等于零；多原子离子中各元素原子的氧化数的代数和等于该离子所带的电荷数，可得

H_2SO_4 中：$2\times(+1)+x+4\times(-2)=0$　　$x=+6$

$S_2O_3^{2-}$ 中：$2x+3\times(-2)=-2$　　$x=+2$

$S_4O_6^{2-}$ 中：$4x+6\times(-2)=-2$　　$x=+2.5$

【例 9-2】 计算 Fe_3O_4 中 Fe 的氧化数。

解：设 Fe 的氧化数为 x，已知 O 的氧化数为−2。

根据化合物分子中各元素原子的氧化数的代数和等于零，可得

Fe_3O_4 中：$3x+4\times(-2)=0$　　$x=\dfrac{8}{3}$

氧化数与化合价的概念不同。化合价反映的是原子间形成化学键的能力，只能是整数；而氧化数是对元素外层电子偏离原子状态的人为规定值，它是一种形式电荷数，既可以是整数，也可以是小数或者分数。

二、氧化还原反应

凡是反应前后元素的氧化数发生变化的反应就称为氧化还原反应。氧化还原反应包括氧化反应和还原反应两个半反应，得电子氧化数降低的过程称为还原反应，得电子氧化数降低的物质称为氧化剂，即：氧化剂被还原；失去电子氧化数升高的过程称为氧化反应，失去电子氧化数升高的物质称为还原剂，即：还原剂被氧化。例如，铜离子与锌单质反应是氧化还原反应，反应中各元素氧化数的变化情况如下：

失去2e⁻，氧化数升高（被氧化）

$$\overset{0}{Zn} + \overset{+2}{Cu^{2+}} = \overset{+2}{Zn^{2+}} + \overset{0}{Cu}$$

得到2e⁻，氧化数降低（被还原）

Zn 失去电子，生成 Zn^{2+}，发生氧化反应，Zn 是还原剂，其氧化半反应为：

$$Zn-2e^- \rightleftharpoons Zn^{2+}$$

Cu^{2+}得到电子，生成 Cu，发生还原反应，Cu^{2+}是氧化剂，其还原半反应为：

$$Cu^{2+}+2e^- \rightleftharpoons Cu$$

在半反应中，同一元素的两个不同氧化数的物质，就组成了一个氧化还原电对（简称电对）。其中氧化数较大的物质称为氧化态或氧化型，以 Ox 表示；氧化数较小的物质称为还原态或还原型，以 Red 表示。电对通常表示为：氧化型/还原型，或"Ox/Red"，如 Cu^{2+}/Cu、Zn^{2+}/Zn 等。半反应式可写为：

$$Ox+ne^- \rightleftharpoons Red$$

三、氧化还原反应方程式的配平

氧化还原反应方程式常用的配平方法有氧化数法和离子-电子法。

1. 氧化数法 配平原则是：氧化剂中元素氧化数降低的总数等于还原剂中元素氧化数升高的总数。现以 HNO_3 和 Cu 反应为例，说明氧化数法的具体配平步骤。

（1）写出反应物和生成物的化学式：

$$Cu + HNO_3 \longrightarrow Cu(NO_3)_2 + NO + H_2O$$

（2）标出氧化数有变化的元素，计算出反应前后氧化数变化的数值，并使氧化数升、降值相等：

氧化数升高2（×3）

$$\overset{0}{Cu} + H\overset{+5}{N}O_3 \longrightarrow \overset{+2}{Cu}(NO_3)_2 + \overset{+2}{N}O + H_2O$$

氧化数降低3（×2）

（3）根据氧化剂中元素氧化数降低的数值必须与还原剂中元素氧化数升高的数值相等的原则，在氧化剂和还原剂前面乘上适当的系数：

$$3Cu + 2HNO_3 \longrightarrow 3Cu(NO_3)_2 + 2NO + H_2O$$

（4）配平反应前后氧化数没有变化的原子。一般先配平除氢和氧以外的其他原子，然后再检查两边的原子数：

$$3Cu + 8HNO_3 = 3Cu(NO_3)_2 + 2NO + 4H_2O$$

2. 离子-电子法 配平原则是：氧化剂获得电子的总数等于还原剂失去电子的总数。现以 $KMnO_4$ 在 H_2SO_4 溶液中与 Na_2SO_3 反应为例，说明离子-电子法的具体配平步骤。

（1）将氧化还原反应式改写成离子方程式：

$$MnO_4^- + SO_3^{2-} + H^+ \longrightarrow Mn^{2+} + SO_4^{2-} + H_2O$$

（2）将未配平的离子方程式拆成两个半反应：

氧化反应 $SO_3^{2-} - e^- \longrightarrow SO_4^{2-}$

还原反应 $MnO_4^- + e^- \longrightarrow Mn^{2+}$

（3）配平两个半反应式，使反应前后原子数目相等、电子和离子的电荷守恒：

$$SO_3^{2-}+H_2O-2e^- \longrightarrow SO_4^{2-}+2H^+ \quad ①$$

$$MnO_4^-+8H^++5e^- \longrightarrow Mn^{2+}+4H_2O \quad ②$$

（4）根据氧化还原反应中得失电子数相等的原则，将两个半反应分别乘以某数值，使其转移的电子数等于它们的最小公倍数，然后将两个半反应相加，得到配平的离子反应方程式：

①×5　$5SO_3^{2-}+5H_2O-10e^- \longrightarrow 5SO_4^{2-}+10H^+$

②×2　$2MnO_4^-+16H^++10e^- \longrightarrow 2Mn^{2+}+8H_2O$

①×5 +②×2　$2MnO_4^-+5SO_3^{2-}+6H^+ \longrightarrow 2Mn^{2+}+5SO_4^{2-}+3H_2O$

（5）加上未参与氧化还原反应的离子，可改写为分子方程式：

$$2KMnO_4+5Na_2SO_3+3H_2SO_4 \longrightarrow 2MnSO_4+K_2SO_4+5Na_2SO_4+3H_2O$$

氧化数法和离子-电子法各有特点。氧化数法配平简单的氧化还原反应比较迅速，它的适用范围比较广泛，不限于水溶液中的反应；离子-电子法配平时不需要知道元素的氧化数，特别对有介质参与的复杂反应的配平比较方便，但只适用于配平水溶液中的反应。

第 2 节　原电池与电极电势

任务导入 9-2

化学电池包含原电池和电解池。原电池是通过自发的氧化还原反应将化学能转化为电能，如干电池、蓄电池等，在日常生活和工业中有广泛应用。电解池则借助外部电源的作用，使不能自发进行的氧化还原反应发生，实现电能向化学能的转化，常用于电镀、电解水等。化学电池在能源转换和存储方面发挥着重要作用。

一、原　电　池

将一块 Zn 片置入 $CuSO_4$ 溶液中，经过一段时间后，可以观察到 Zn 片逐渐溶解变小，$CuSO_4$ 溶液的蓝色渐渐变浅，而 Zn 片上不断有红棕色的 Cu 析出，同时溶液温度升高。产生以上现象的原因是 Zn 和 $CuSO_4$ 之间发生了氧化还原反应：

$$Zn + Cu^{2+} \longrightarrow Zn^{2+} + Cu$$

由于 Zn 片与 $CuSO_4$ 溶液直接接触，电子可从 Zn 直接转移给 Cu^{2+}，这些电子的转移是无秩序的，反应放出的化学能转变成热能。我们能否使转移的电子进行定向移动，让化学能转变为电能呢？

（一）原电池装置和原理

原电池是能将氧化还原反应的化学能转变为电能的装置。图 9-1 为铜-锌原电池的装置示意图，在两个烧杯中，分别盛放 $ZnSO_4$ 溶液和 $CuSO_4$ 溶液。在 $ZnSO_4$ 溶液的烧杯中插入一块 Zn 片（称为锌电极或锌半电池），在 $CuSO_4$ 溶液的烧杯中插入一块 Cu 片（称为铜电极或铜半电池），将两个烧杯中的溶液用盐桥（倒置的装满饱和 KCl 溶液和琼脂做成冻胶的 U 形管）连接起来。用导线串联 Zn 片和 Cu 片，并在导线中间接上检流计。当合上开关 K 时，就会看到检流计的指针发生偏转，这说明在外电路中有电流通过。经过一段时间后会发现锌片逐渐溶解，而铜片慢慢增大，两个烧杯的温度无明显变化。由检流计指针偏转的方向可知，锌电极发生氧化反应，向外电路输出电子，称为负极；铜电极发生还原反应，从外电路

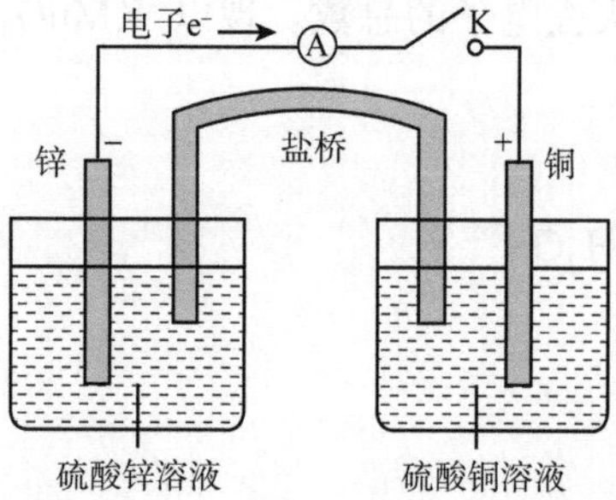

图 9-1　铜-锌原电池装置示意图

接受电子，称为正极。

链接 盐桥的作用

盐桥是为了减小液接电位，而在两种溶液之间连接的高浓度电解质溶液。盐桥常出现在原电池中，是由琼脂和饱和氯化钾或饱和硝酸钾溶液构成的。盐桥的作用：①形成闭合回路（即离子通道）；②平衡电荷（即离子库）；③减小液接电位。

铜-锌原电池的电极反应和电池反应分别是：

锌极（负极，发生氧化反应）：$Zn-2e^- \longrightarrow Zn^{2+}$

铜极（正极，发生还原反应）：$Cu^{2+}+2e^- \longrightarrow Cu$

电池反应（氧化还原反应）：$Zn + Cu^{2+} \rightleftharpoons Zn^{2+} + Cu$

该原电池反应与锌片直接插在铜盐溶液中的置换反应完全相同，只不过在原电池中，氧化剂和还原剂不直接接触，氧化反应和还原反应分别在两个半电池中进行，因而电子做有规律的定向移动，产生电流。

随着反应的进行，锌半电池溶液中由于 Zn^{2+}不断增加，正电荷过剩；铜半电池溶液中由于 Cu^{2+}不断减少，负电荷过剩。使用盐桥，Cl^-会自动流向锌半电池，K^+流向铜半电池，从而使锌盐和铜盐溶液保持电中性，以维持氧化还原反应的持续进行。

在理论上，凡是氧化还原反应都能作为电池反应。其中没有金属导体时可使用惰性电极，如铂电极、石墨电极。因为气体或离子本身不能直接作为导体，必须以惰性金属（如镀有铂黑的金属 Pt 片）或非金属（如石墨）作载体和导体，C（石墨）和 Pt 不参与电极反应，只起吸附气体和传递电子的作用。

（二）电极和原电池的符号

为方便书写与识别，可以用电池符号表示原电池。铜-锌原电池的电池符号可以表示为：

$$(-)\ Zn\,(s)\ |\ ZnSO_4\,(c_1)\ \|\ CuSO_4\,(c_2)\ |\ Cu\,(s)\,(+)$$

原电池符号的书写应遵循以下规则：

（1）将负极写在左边，并用“(－)”表示；将正极写在右边，用“(＋)”表示。

（2）用单垂线“｜”表示电极与溶液的界面；用“,”区分同一相中的不同组分；用双垂线“‖”表示盐桥。

（3）用化学式表示电池中各物质的组成，纯净物质后面用括号注明物质的状态（如 g、l、s）；溶液要注明其浓度；气体则要注明其分压。

（4）某些电极反应没有导电材料，需插入石墨、铂等惰性电极，在电池符号中也应该表示出来。如电池反应 $Cl_2+2Fe^{2+} \rightleftharpoons 2Fe^{3+}+2Cl^-$ 的电池符号为：

$$(-)\ Pt\ |\ Fe^{2+}\,(c_1),\ Fe^{3+}\,(c_2)\ \|\ Cl^-\,(c_3)\ |\ Cl_2\,(p)\ |\ Pt\,(+)$$

【例 9-3】 写出电池反应 $Cr_2O_7^{2-}+6Cl^-+14H^+ \rightleftharpoons 2Cr^{3+}+3Cl_2\uparrow+7H_2O$ 的原电池符号。

还原反应：$Cr_2O_7^{2-}+14H^++6e^- \rightleftharpoons 2Cr^{3+}+7H_2O$

氧化反应：$2Cl^--2e^- \rightleftharpoons Cl_2\uparrow$

故 $Cr_2O_7^{2-}/Cr^{3+}$ 电对为正极，Cl_2/Cl^- 电对为负极。

原电池符号：

$$(-)\ C\ |\ Cl_2\,(p)\ |\ Cl^-\,(c_1)\ \|\ H^+\,(c_2),\ Cr^{3+}\,(c_3),\ Cr_2O_7^{2-}\,(c_4)\ |\ C\,(+)$$

其中 c_1、c_2、c_3、c_4 分别表示各离子的浓度。

【例 9-4】 已知原电池：$(-)\ Pt\ |\ Sn^{2+}\,(c_1),\ Sn^{4+}\,(c_2)\ \|\ Fe^{3+}\,(c_3),\ Fe^{2+}\,(c_4)\ |\ Pt\,(+)$，写出

其电极反应及电池反应式。

解：电极反应式：负极（氧化反应）$Sn^{2+} - 2e^{-} \rightleftharpoons Sn^{4+}$

正极（还原反应）$Fe^{3+} + e^{-} \rightleftharpoons Fe^{2+}$

电池反应式：$2Fe^{3+} + Sn^{2+} \rightleftharpoons 2Fe^{2+} + Sn^{4+}$

二、电极电势

（一）电极电势的产生

原电池可以产生电流，说明正负电极间存在电势差，称为原电池电动势，用 E 表示。

$$E = \varphi_{+} - \varphi_{-} \tag{9-1}$$

式中，φ_{+} 为正极的电极电势，单位为 V；φ_{-} 为负极的电极电势，单位为 V。

原电池电动势的大小不仅与电池反应中各物质的本性有关，还与溶液的浓度和温度等因素有关。在标准状态下测得的电动势称为标准电动势（$E^{\ominus}$）。标准状态是指电池反应中的液体或固体都是纯净物，溶液中离子浓度（严格说应为活度）为 1 mol/L，气体的分压为 101.325 kPa。

电极电势是怎样产生的？为什么不同的电极具有不同的电势呢？现以金属单质与金属离子构成的电极为例加以说明。

将金属片插入含有该金属离子的溶液中，会发生两种倾向：一种是金属原子有失去电子，变成金属离子溶解到溶液中的趋势，即金属溶解。金属越活泼、溶液越稀，则其溶解到溶液中的趋势越大；另一种是溶液中的金属离子，也有获得电子，变成金属单质，沉积到电极上的趋势，即金属沉积。这两种倾向最终达到平衡。

$$\mathrm{M(s)} \underset{\text{沉积}}{\overset{\text{溶解}}{\rightleftharpoons}} \mathrm{M}^{n+} + ne^{-}$$

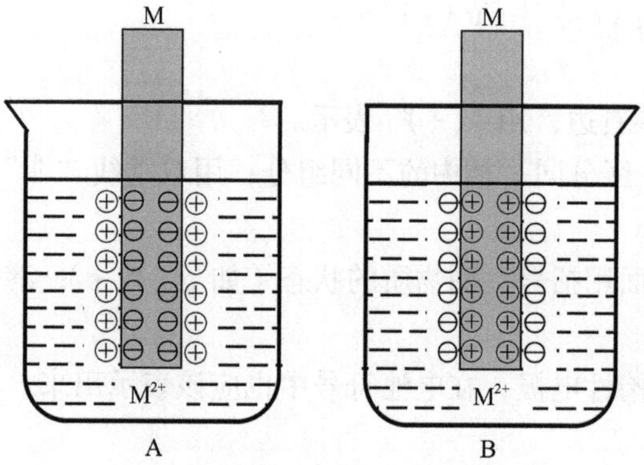

图 9-2　电极电势的产生示意图

在一定条件下，若金属原子失去电子的倾向大于金属离子获得电子的倾向，则有更多的金属离子进入溶液中，金属表面就会有富余的电子而带负电荷。在富余电子的吸引下，溶液中的金属离子会较多地分布于金属表面附近，于是在溶液和金属两相之间的界面层就会形成一个双电层，如图 9-2A 所示。反之，若金属原子失去电子的倾向小于金属离子获得电子的倾向，则有更多的金属单质沉积，金属表面就会有富余的阳离子而带正电荷。在富余阳离子的吸引下，溶液中的阴离子会较多地分布于金属表面附近，于是在溶液和金属两相之间的界面层就会形成一个双电层，如图 9-2B 所示。这种产生在双电层之间的电势差称为金属电极的电极电势。

（二）标准电极电势的测定

电极电势的大小反映了氧化还原电对中氧化型物质的氧化能力及还原型物质还原能力的强弱。至今还无法测得任何电极电势的绝对值，在实际应用中，只能选定某电极作为参比电极，并把其电极电势规定为某一定值，再将其他电极与参比电极组成原电池，从而获得其他电极电势的相对大小。

1. 标准氢电极　按照 IUPAC 的建议，通常选定标准氢电极作为参比电极。标准氢电极的结构如图 9-3 所示。将镀有铂黑的金属铂片浸入到 H^{+}浓度（严格说应为活度）为 1 mol/L 的溶液中，并通入纯氢气，保持压力为 101.325 kPa，即形成标准氢电极。电极反应如下：

$$2H^+(aq)+2e^- \rightleftharpoons H_2(g)$$

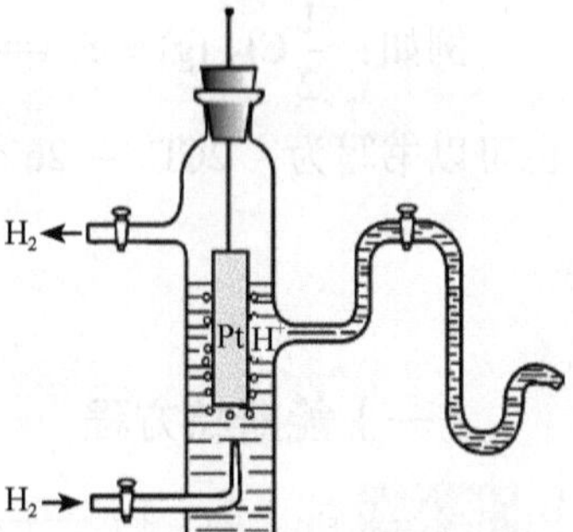

图 9-3　标准氢电极

电极电势与温度有关，规定在 298.15 K 时，标准氢电极的电极电势为 0，即：

$$\varphi^{\ominus}_{H^+/H_2} = 0.0000V$$

2. 标准电极电势　将标准氢电极与标准状态时的其他待测电极组成原电池，测定电池电动势后，可计算出待测电极的标准电极电势。

例如，对铜电极标准电极电势进行测定时，将标准氢电极与标准铜电极组成原电池：

$(-)$ Pt | H_2 (101.325 kPa) | H^+ (1 mol/L) ‖ Cu^{2+} (1 mol/L) | Cu (+)

测得该电池的标准电动势为：$E^{\ominus} = \varphi^{\ominus}_{Cu^{2+}/Cu} - \varphi^{\ominus}_{H^+/H_2} = 0.3419V$

因 $\varphi^{\ominus}_{H^+/H_2} = 0.0000V$，故铜电极的标准电极电势为 $\varphi^{\ominus}_{Cu^{2+}/Cu} = 0.3419V$。

用同样的方法可以测得其他各种电极的标准电极电势（也可用热力学方法计算得到），并将其按 $\varphi^{\ominus}$ 值由小到大的顺序汇集在一起就构成了标准电极电势表，见附录 7。表 9-1 列出了一些常见的氧化还原电对的电极反应与标准电极电势。

表 9-1　部分常用电对的标准电极电势值（298.15K）

电极反应	φ / V	电极反应	φ / V
$Zn^{2+} + 2e^- \rightleftharpoons Zn$	−0.7618	$I_2 + 2e^- \rightleftharpoons 2I^-$	0.5345
$2CO_2 + 2H^+ + 2e^- \rightleftharpoons H_2C_2O_4$	−0.49	$O_2 + 2H^+ + 2e^- \rightleftharpoons H_2O_2$	0.695
$2H^+ + 2e^- \rightleftharpoons H_2$	0.0000	$Fe^{3+} + e^- \rightleftharpoons Fe^{2+}$	0.771
$Sn^{4+} + 2e^- \rightleftharpoons Sn^{2+}$	0.151	$MnO_2 + 4H^+ + 2e^- \rightleftharpoons Mn^{2+} + 2H_2O$	1.224
$Cu^{2+} + 2e^- \rightleftharpoons Cu$	0.3419	$MnO_4^- + 8H^+ + 5e^- \rightleftharpoons Mn^{2+} + 4H_2O$	1.51

使用标准电极电势表时应注意以下几点。

（1）在标准电极电势表中，电极反应表示为：氧化型+ ne^- $\rightleftharpoons$ 还原型

在氧化还原电对中，氧化型和还原型是互相依存的。但需注意：同一种物质在某一电对中是氧化型，在另一电对中可能是还原型。例如，Sn^{2+}在 $Sn^{2+} + 2e^- \rightleftharpoons Sn$（$\varphi^{\ominus}$= − 0.1375V）中是氧化型，但在 $Sn^{4+} + 2e^- \rightleftharpoons Sn^{2+}$（$\varphi^{\ominus}$=+0.151V）中是还原型。

（2）从附录 7 电极电势表中可以看出，自上而下 $\varphi^{\ominus}$ 值逐渐增大。说明氧化型物质的氧化能力依次增强，而还原型物质的还原能力依次减弱。较强的氧化剂其对应的还原剂的还原能力较弱，较强的还原剂其对应的氧化剂的氧化能力较弱。

（3）可以根据附录 7 电极电势表中数据判断标准状态下氧化还原反应的方向：较强的氧化剂和较强的还原剂可自发反应，生成其相对应的较弱的还原剂和较弱的氧化剂。例如：

$$Br_2\ (l) + 2Fe^{2+} \rightleftharpoons 2Br^- + 2Fe^{3+}$$

由于 $\varphi^{\ominus}_{Br_2/Br^-} = 1.066V$ 较高，$\varphi^{\ominus}_{Fe^{3+}/Fe^{2+}} = 0.771V$ 较低，所以较强的氧化剂 Br_2 与较强的还原剂 Fe^{2+}发生反应，变成相对应的较弱的还原剂 Br^-与较弱的氧化剂 Fe^{3+}。

（4）标准电极电势的数据与电极反应的方向及系数无关，它是一个强度性质，只反映了氧化还原电对得失电子的趋势。

例如：$\frac{1}{2}Cl_2(g) + e^- \rightleftharpoons Cl^-$　$\varphi^{\ominus}_{Cl_2/Cl^-} = 1.3583V$

也可以书写为：$2Cl^- - 2e^- \rightleftharpoons Cl_2(g)$　$\varphi^{\ominus}_{Cl_2/Cl^-} = 1.3583V$

三、能斯特方程

（一）能斯特方程

链接 能 斯 特

能斯特（H. W. Nernst），德国物理化学家，24 岁时开始发表有关电化学方面的论文，1889 年，年仅 25 岁的能斯特发表了成名作，即著名的能斯特方程式并建立了金属双电层理论。由于阐述了热力学第三定律和在电化学方面取得的巨大成就，1920 年他获得了诺贝尔化学奖。

标准电极电势是在标准状态下测得的，而绝大多数氧化还原反应都是在非标准状态下进行的。电极电势的大小，不仅取决于电对本身的性质，还与温度、溶液中的相关离子浓度、气体的分压等因素有关。德国科学家能斯特（Nernst）从理论上推导出电极电势与反应温度、浓度等因素的关系。

对某个指定的电极，电极电势与各影响因素的定量关系可用能斯特方程表示：

$$a\text{氧化型} + ne^- \rightleftharpoons b\text{还原型}$$

$$\varphi = \varphi^{\ominus} + \frac{RT}{nF}\ln\frac{[\text{氧化型}]^a}{[\text{还原型}]^b} \tag{9-2}$$

式中，$\varphi^{\ominus}$ 为电对的标准电极电势；R 为摩尔气体常数，8.314 J/（K·mol）；F 为法拉第常数，96 487 C/mol；n 为电池反应中电子的转移数；T 为热力学温度；$[\text{氧化型}]^a$、$[\text{还原型}]^b$ 分别表示电极反应中氧化型和还原型一侧各物质相对浓度幂的乘积，若是气体则用相对分压。

当温度为 298.15 K 时，将各常数值代入式（9-2），并将自然对数换算成常用对数，可简化为：

$$\varphi = \varphi^{\ominus} + \frac{0.0592}{n}\lg\frac{[\text{氧化型}]^a}{[\text{还原型}]^b} \tag{9-3}$$

书写能斯特方程式的表达式时应注意以下两点。

（1）如果电对中的物质是固体、纯液体或水时，它们的浓度视为 1，不写入能斯特方程中。例如：

$$MnO_4^- + 8H^+ + 5e^- \rightleftharpoons Mn^{2+} + 4H_2O$$

$$\varphi_{MnO_4^-/Mn^{2+}} = \varphi^{\ominus}_{MnO_4^-/Mn^{2+}} + \frac{0.0592}{5}\lg\frac{[MnO_4^-][H^+]^8}{[Mn^{2+}]}$$

（2）如果反应中有气体参加，应将气体的分压与标准压力的数值代入能斯特方程中。例如：

$$O_2 + 4H^+ + 4e^- \rightleftharpoons 2H_2O$$

$$\varphi_{O_2/H_2O_2} = \varphi^{\ominus}_{O_2/H_2O_2} + \frac{0.0592}{4}\lg\frac{p_{O_2}\cdot[H^+]^4}{p^{\ominus}}$$

（二）影响电极电势的因素

链接

在铜-锌原电池中，改变相关金属离子的浓度，会发现电池电动势也会发生变化。究其原因，是因为改变原电池离子浓度，电池正极或负极的电极电势会发生改变，从而影响电池的电动势。那么在铜-锌原电池中，增大 Cu^{2+} 的浓度，电池电动势会发生怎样的变化呢？如果增大 Zn^{2+} 的浓度，结果又会怎样呢？

1. 浓度对电极电势的影响　从式（9-3）可以看出，在一定温度下，改变氧化型或还原型物质的浓度，会导致电极电势数值发生变化。

【例 9-5】　已知电极反应 $Fe^{3+} + e^- \rightleftharpoons Fe^{2+}$，$\varphi^{\ominus}=0.771V$，试计算 $[Fe^{3+}]/[Fe^{2+}]=10$ 和 $[Fe^{3+}]/[Fe^{2+}]=\frac{1}{10}$ 时的 φ 值（T=298.15K）。

解：该反应的能斯特方程为：

$$\varphi_{Fe^{3+}/Fe^{2+}}=\varphi^{\ominus}_{Fe^{3+}/Fe^{2+}}+0.0592\lg\frac{[Fe^{3+}]}{[Fe^{2+}]}$$

当 $[Fe^{3+}]/[Fe^{2+}]=10$ 时，$\varphi_{Fe^{3+}/Fe^{2+}}=0.771+0.0592=0.8302$（V）

当 $[Fe^{3+}]/[Fe^{2+}]=\frac{1}{10}$ 时，$\varphi_{Fe^{3+}/Fe^{2+}}=0.771-0.0592=0.7118$（V）

上述例题说明浓度对电极电势的影响规律：降低氧化型物质浓度或增大还原型物质浓度，电极电势值减小；反之，增大氧化型物质浓度或降低还原型物质浓度，电极电势值增大。

2. 溶液酸碱度对电极电势的影响　凡是 H^+ 或 OH^- 参加的电极反应，酸碱度的变化对 φ 值也会产生影响。

【例 9-6】　已知电极反应 $MnO_4^-+8H^++5e^- \rightleftharpoons Mn^{2+}+4H_2O$，$\varphi^{\ominus}_{MnO_4^-/Mn^{2+}}=1.51V$。试分别计算 pH=2 和 pH=7 时的电极电势。已知 $[MnO_4^-]=[Mn^{2+}]=1.0$ mol/L，T=298.15 K。

解：该电极反应的能斯特方程为

$$\varphi_{MnO_4^-/Mn^{2+}}=\varphi^{\ominus}_{MnO_4^-/Mn^{2+}}+\frac{0.0592}{5}\lg\frac{[MnO_4^-][H^+]^8}{[Mn^{2+}]}$$

（1）当 pH=2，即 $[H^+]=1\times10^{-2}$ mol/L 时：

$$\varphi_{MnO_4^-/Mn^{2+}}=1.51+\frac{0.0592}{5}\lg\frac{1.0\times(1.0\times10^{-2})^8}{1.0}=1.3206(V)$$

（2）当 pH=7，即 $[H^+]=1\times10^{-7}$ mol/L 时：

$$\varphi_{MnO_4^-/Mn^{2+}}=1.51+\frac{0.0592}{5}\lg\frac{1.0\times(1.0\times10^{-7})^8}{1.0}=0.8492(V)$$

3. 沉淀生成对电极电势的影响　如果在反应体系中加入某一种沉淀剂，由于沉淀的生成，必然降低氧化型或还原型离子的浓度，则电极电势值将发生改变。

4. 配合物生成对电极电势的影响　若配位化合物的生成造成某一电极的氧化型物质或者还原型物质浓度改变，则可能导致此电极的电极电势数据改变。如下述电对：

$$Ag^+ + e^- \rightleftharpoons Ag,\quad \varphi^{\ominus}_{Ag^+/Ag}=0.7996V$$

当在该体系中加入氨水时，由于 Ag^+ 和 NH_3 分子生成了难解离的 $[Ag(NH_3)_2]^+$ 配离子：

$$Ag^+ + 2NH_3 \rightleftharpoons [Ag(NH_3)_2]^+$$

溶液中 Ag^+ 浓度降低，因而电极电势值也随之下降。若所加配位剂使生成的配离子越稳定，则银离子浓度降低越多，电极电势值越小，银离子的氧化能力越弱。

一般来说，难溶化合物或配合物的生成使氧化型的离子浓度减小时，电极电势值会变小，氧化型物质的氧化能力减小，还原型物质的还原能力加大。若难溶化合物或配合物的生成使还原型的离子浓度减小时，电极电势值会变大，氧化型物质的氧化性加大，还原型物质的还原性减小。

第3节 电极电势的应用

任务导入 9-3

在金属腐蚀防护中，电极电势有着重要作用。例如，在船体上连接一块比铁更活泼的金属锌。由于锌的电极电势比铁低，在海水等电解质环境中，锌优先失去电子被腐蚀，从而保护了铁不被腐蚀。这就是利用了电极电势的差异，来防止金属腐蚀，延长金属的使用寿命。由于不同的金属具有不同的电极电势，因此，可以通过电极电势的大小来判断金属氧化还原能力的相对强弱。

一、比较氧化剂和还原剂的相对强弱

电极电势的大小反映出氧化还原电对中氧化型的氧化能力和还原型的还原能力的强弱。标准状态下，确定氧化剂和还原剂的相对强弱，可通过直接比较$\varphi^{\ominus}$值的大小而得出。$\varphi^{\ominus}$值越大，氧化型物质的氧化能力越强，其对应的还原型物质的还原能力越弱；$\varphi^{\ominus}$值越小，还原型物质的还原能力越强，其对应的氧化型物质的氧化能力越弱。

【例 9-7】 指出下列电对在标准状态时最强的氧化剂和还原剂，并排出下列电对中氧化能力和还原能力强弱的顺序：Cu^{2+}/Cu、Fe^{3+}/Fe^{2+}、MnO_4^-/Mn^{2+}、I_2/I^-、Sn^{2+}/Sn。

解：查附录7标准电极电势表可知，以上电对的标准电极电势如下：

$Cu^{2+} + 2e^- \rightleftharpoons Cu$ $\qquad \varphi^{\ominus}=0.3419V$

$Fe^{3+} + e^- \rightleftharpoons Fe^{2+}$ $\qquad \varphi^{\ominus}=0.771V$

$MnO_4^- + 8H^+ + 5e^- \rightleftharpoons Mn^{2+} + 4H_2O$ $\qquad \varphi^{\ominus}=1.51V$

$I_2 + 2e^- \rightleftharpoons 2I^-$ $\qquad \varphi^{\ominus}=0.5345V$

$Sn^{2+} + 2e^- \rightleftharpoons Sn$ $\qquad \varphi^{\ominus}=-0.1375V$

由此可见，电对MnO_4^-/Mn^{2+}的$\varphi^{\ominus}$值最大，在标准状态下，氧化型MnO_4^-是最强的氧化剂；电对Sn^{2+}/Sn的$\varphi^{\ominus}$值最小，在标准状态下，还原型Sn是最强的还原剂。

在标准状态下，各物质氧化能力由强到弱的顺序为：

$$MnO_4^- > Fe^{3+} > I_2 > Cu^{2+} > Sn^{2+}$$

在标准状态下，各物质还原能力由强到弱的顺序为：

$$Sn > Cu > I^- > Fe^{2+} > Mn^{2+}$$

【例 9-8】 已知$Fe^{3+} + e^- \rightleftharpoons Fe^{2+}$，$\varphi^{\ominus}=0.771V$和$I_2 + 2e^- \rightleftharpoons 2I^-$，$\varphi^{\ominus}=0.5345V$，试回答哪些物质可以作还原剂，哪些物质可以作氧化剂？请排列各氧化型物质的氧化能力及还原型物质的还原能力的强弱顺序。

解：氧化还原电对中的氧化型可作氧化剂，即Fe^{3+}、I_2；

氧化还原电对中的还原型可作还原剂，即Fe^{2+}、I^-。

各氧化型物质的氧化能力从强到弱为$Fe^{3+} > I_2$；

各还原型物质的还原能力从强到弱为$I^- > Fe^{2+}$。

二、判断氧化还原反应进行的方向

氧化还原反应的本质是电子的转移或偏移。电子由失电子趋势大的还原剂向得电子趋势大的氧化剂方向转移，即只有在正负极存在电极电势差的情况下，电子才有可能由电极电势高的方向流向电极电势低的方向，氧化还原反应才能得以顺利进行。其反应的方向为：

$$\text{强氧化型} + \text{强还原型} \rightleftharpoons \text{弱还原型} + \text{弱氧化型}$$

【例 9-9】 试判断反应 $Fe^{2+} + Ce^{4+} \rightleftharpoons Fe^{3+} + Ce^{3+}$ 在标准状态下进行的方向。

解：反应 $Fe^{2+} + Ce^{4+} \rightleftharpoons Fe^{3+} + Ce^{3+}$ 可拆成两个电极半反应，查电极电势表可知：

$$Fe^{3+} + e^- \rightleftharpoons Fe^{2+}, \quad \varphi^{\ominus}=0.771V$$

$$Ce^{4+} + e^- \rightleftharpoons Ce^{3+}, \quad \varphi^{\ominus}=1.72V$$

在上述反应中 Ce^{4+} 和 Fe^{3+} 都是氧化剂，且 Ce^{4+} 的氧化性比 Fe^{3+} 强；Fe^{2+} 和 Ce^{3+} 都是还原剂，且 Fe^{2+} 的还原性比 Ce^{3+} 强。所以氧化还原反应可以在 Ce^{4+} 和 Fe^{2+} 之间发生，即 $Fe^{2+} + Ce^{4+} \rightleftharpoons Fe^{3+} + Ce^{3+}$。

三、判断氧化还原反应进行的限度

氧化还原反应总是在电极电势大的电对中的氧化型和电极电势小的电对中的还原型之间进行。氧化剂和还原剂电极电势差越大，反应进行的趋势就越大，反应程度就会越完全。氧化还原反应进行的最大限度是化学平衡状态，原电池的电动势 E=0 V，即 φ(正)=φ(负)。利用两个电对的标准电极电势，可计算出氧化还原反应平衡常数，以确定反应进行的程度大小。

【例 9-10】 计算 $6Fe^{2+} + Cr_2O_7^{2-} + 14H^+ \rightleftharpoons 6Fe^{3+} + 2Cr^{3+} + 7H_2O$ 反应的平衡常数（T=298.15 K）。

解：该氧化还原反应达到平衡时：φ(正)=φ(负)

查附录 7 标准电极电势表：$6Fe^{3+} + 6e^- \rightleftharpoons 6Fe^{2+} \quad \varphi^{\ominus}_{Fe^{3+}/Fe^{2+}}=0.771V$

$$Cr_2O_7^{2-} + 14H^+ + 6e^- \rightleftharpoons 2Cr^{3+} + 7H_2O \quad \varphi^{\ominus}_{Cr_2O_7^{2-}/Cr^{3+}}=1.232V$$

$$\varphi_{Fe^{3+}/Fe^{2+}}=\varphi^{\ominus}_{Fe^{3+}/Fe^{2+}}+\frac{0.0592}{6}\lg\frac{[Fe^{3+}]^6}{[Fe^{2+}]^6}$$

$$\varphi_{Cr_2O_7^{2-}/Cr^{3+}}=\varphi^{\ominus}_{Cr_2O_7^{2-}/Cr^{3+}}+\frac{0.0592}{6}\lg\frac{[Cr_2O_7^{2-}][H^+]^{14}}{[Cr^{3+}]^2}$$

达到平衡时 $\varphi_{Fe^{3+}/Fe^{2+}}=\varphi_{Cr_2O_7^{2-}/Cr^{3+}}$，即：

$$\varphi^{\ominus}_{Fe^{3+}/Fe^{2+}}+\frac{0.0592}{6}\lg\frac{[Fe^{3+}]^6}{[Fe^{2+}]^6}=\varphi^{\ominus}_{Cr_2O_7^{2-}/Cr^{3+}}+\frac{0.0592}{6}\lg\frac{[Cr_2O_7^{2-}][H^+]^{14}}{[Cr^{3+}]^2}$$

即 $\lg\dfrac{[Fe^{3+}]^6[Cr^{3+}]^2}{[Fe^{2+}]^6[Cr_2O_7^{2-}][H^+]^{14}}=\dfrac{6\times(\varphi^{\ominus}_{Cr_2O_7^{2-}/Cr^{3+}}-\varphi^{\ominus}_{Fe^{3+}/Fe^{2+}})}{0.0592}=\lg K^{\ominus}=46.88$

所以，$K^{\ominus}=7.59\times10^{46}$

该反应的平衡常数值如此之大，表明该反应朝正向进行的趋势极强，反应进行得非常彻底。

将上述推导推广应用到所有氧化还原反应，得 298.15 K，氧化还原反应的平衡常数 $K^{\ominus}$ 的计算通式为

$$\lg K^{\ominus}=\frac{n(\varphi^{\ominus}_{+}-\varphi^{\ominus}_{-})}{0.0592}=\frac{nE^{\ominus}}{0.0592} \tag{9-4}$$

式中，n 为配平的氧化还原反应式中电子转移的数目。

显然，从式（9-4）中可以看出，$\varphi^{\ominus}_{+}$ 与 $\varphi^{\ominus}_{-}$ 的差值越大，$K^{\ominus}$ 越大，即氧化剂和还原剂间进行的氧化还原反应越完全。在温度一定时，氧化还原反应的标准平衡常数与标准电动势 $E^{\ominus}$ 及转移的电子数有关。即氧化还原反应的标准平衡常数只与氧化剂和还原剂的本性有关，而与反应物的浓度无关。计算表明，对于 n=2 的反应，$E^{\ominus}$ = +0.2V 时，或者当 n=1，$E^{\ominus}$ = +0.4V 时，均有 $K^{\ominus}>10^6$，此平衡常数

已较大，可以认为反应已进行得相当完全。

【例 9-11】 已知氧化还原反应 $Fe^{2+} + Ce^{4+} \rightleftharpoons Fe^{3+} + Ce^{3+}$，判断在标准状态下该反应进行的程度。

解： 反应 $Fe^{2+} + Ce^{4+} \rightleftharpoons Fe^{3+} + Ce^{3+}$ 可拆成两个电极半反应：

$$Fe^{3+} + e^- \rightleftharpoons Fe^{2+}, \qquad \varphi^{\ominus}_{Fe^{3+}/Fe^{2+}} = 0.771V$$

$$Ce^{4+} + e^- \rightleftharpoons Ce^{3+}, \qquad \varphi^{\ominus}_{Ce^{4+}/Ce^{3+}} = 1.72V$$

$$\lg K^{\ominus} = \frac{n(\varphi^{\ominus}_{+} - \varphi^{\ominus}_{-})}{0.0592} = \frac{1\times(1.72-0.771)}{0.0592} = 16.03$$

$$K^{\ominus} = 1.07\times10^{16}$$

$K^{\ominus}$很大，说明反应向右进行得很彻底。

四、元素标准电极电势图及其应用

（一）元素电势图

大多数非金属元素和过渡元素可以有多种氧化数，同一元素的不同氧化数物质其氧化能力或还原能力不同。为了能更清楚地表示同一元素各种不同氧化数物质的氧化还原能力以及它们之间的关系，拉特默（W. M. Latimer）提出将它们的标准电极电势以图解方式表示，此图称为元素电势图或者拉特默图。画元素电势图时，将某一元素的各种氧化值按从高到低（或从低到高）的顺序排列，在能构成电对的两种氧化数之间用直线连接起来并在直线上标明相应电对的标准电极电势值。根据溶液 pH 的不同，元素电势图又可以分为两大类：$\varphi^{\ominus}_{A}$ 表示溶液 pH=0 时相应电对的标准电极电势，$\varphi^{\ominus}_{B}$ 表示溶液 pH=14 时相应电对的标准电极电势。例如，氯元素在酸性和碱性介质中的电势图如下：

酸性介质中 $\varphi^{\ominus}_{A}$：

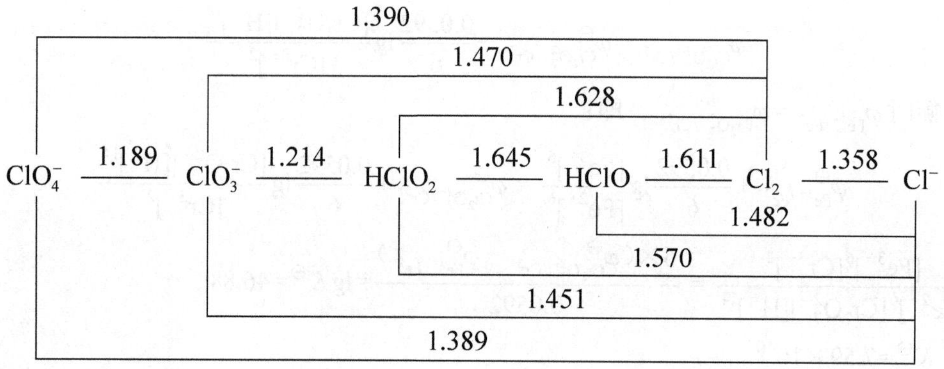

碱性介质中 $\varphi^{\ominus}_{B}$：

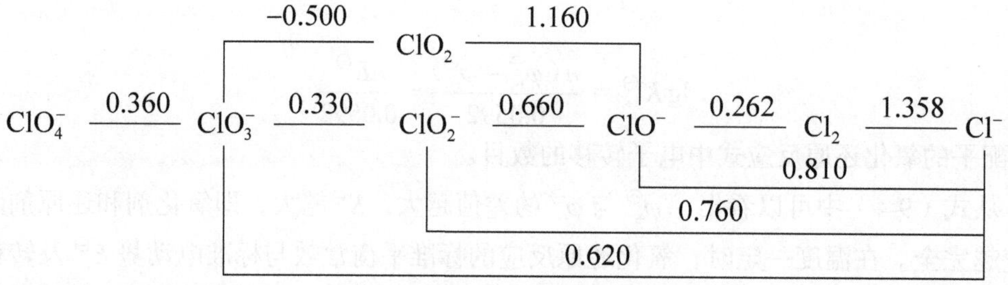

元素电势图不仅可以表明一种元素各氧化数之间的电极电势高低和相互关系，还可以判断哪些氧化数物质在酸性或碱性溶液中能稳定存在。

(二)元素电势图的应用

1. 判断歧化反应能否发生　歧化反应是一种自身氧化还原反应，是指氧化作用和还原作用发生在同一分子内部处于同一氧化态的元素上，使该元素的原子(或离子)一部分被氧化，另一部分被还原。例如，某元素的三种氧化数组成两个电对，按其氧化数由高到低排列为：

$$\mathrm{A}\ \frac{\varphi^{\ominus}(\text{左})}{\quad}\ \mathrm{B}\ \frac{\varphi^{\ominus}(\text{右})}{\quad}\ \mathrm{C}$$

如果$\varphi^{\ominus}$(左)$>\varphi^{\ominus}$(右)，则元素中间价态B能稳定存在，不会发生歧化反应。

如果$\varphi^{\ominus}$(左)$<\varphi^{\ominus}$(右)，则元素中间价态B不能稳定存在，会发生歧化反应。

【例9-12】　判断Fe^{2+}在标准状态下能否发生歧化反应。

解：查附录7标准电极电势表，作元素电势图：

$$Fe^{3+}\ \frac{0.771}{\quad}\ Fe^{2+}\ \frac{-0.447}{\quad}\ Fe$$

由电势图可知：$\varphi^{\ominus}$(左)$>\varphi^{\ominus}$(右)，所以中间价态Fe^{2+}能稳定存在，不会发生歧化反应。

2. 求算未知的电对的标准电极电势

设某元素电势图如下：

$$\underbrace{\mathrm{A}\ \frac{\varphi_1^{\ominus}}{n_1}\ \mathrm{B}\ \frac{\varphi_2^{\ominus}}{n_2}\ \mathrm{C}}_{\varphi^{\ominus},\ n_1+n_2}$$

则电势图中各电极电势之间的关系由热力学计算得出：

$$\varphi^{\ominus}=\frac{n_1\varphi_1^{\ominus}+n_2\varphi_2^{\ominus}}{n_1+n_2}$$

自测题

一、选择题

【单项选择题】

1. MnO_4^{2-}中Mn元素的氧化数是(　　)
   A. +3　B. +4　C. +5　D. +6　E. +7
2. 在氧化还原反应$Cl_2+2NaOH = NaClO+NaCl+H_2O$中，$Cl_2$(　　)
   A. 是还原剂
   B. 是氧化剂
   C. 既是氧化剂又是还原剂
   D. 既不是氧化剂又不是还原剂
   E. 以上都不对
3. 由$\varphi^{\ominus}_{I_2/I^-}=0.54V$和$\varphi^{\ominus}_{Fe^{3+}/Fe^{2+}}=0.77V$，可知(　　)
   A. Fe^{2+}与I_2能反应　B. Fe^{2+}比I^-还原能力强
   C. Fe^{3+}与I^-不能反应　D. Fe^{3+}与I^-能反应
   E. 以上都不对
4. 已知$\varphi^{\ominus}_{MnO_4^-/Mn^{2+}}=1.51V$，$\varphi^{\ominus}_{Fe^{3+}/Fe^{2+}}=0.77V$，$\varphi^{\ominus}_{I_2/I^-}=0.54V$，则$MnO_4^-$、$Fe^{3+}$、$I_2$的氧化能力的强弱顺序为(　　)
   A. $MnO_4^->Fe^{3+}>I_2$　B. $MnO_4^->I_2>Fe^{3+}$
   C. $Fe^{3+}>MnO_4^->I_2$　D. $MnO_4^-<Fe^{3+}<I_2$
   E. 以上都不对
5. 对于原电池的电极名称，下列叙述错误的是(　　)
   A. 电子流入的一极为正极
   B. 发生氧化反应的一极为正极
   C. 电子流出的一极为负极
   D. 比较不活泼的金属构成的一极为正极
   E. 铜-锌原电池中，锌极为负极
6. 在反应$2KClO_3 \xlongequal{\triangle} 2KCl+3O_2\uparrow$中，氯元素的氧化数(　　)
   A. 升高　B. 降低　C. 不变
   D. 无法判断　E. 为零
7. 已知反应$2Fe^{3+}+2I^- = 2Fe^{2+}+I_2$，氧化产物是(　　)

A. Fe^{3+}　B. I_2　C. I^-
D. Fe^{2+}　E. 无氧化产物

8. 已知 $\varphi^{\ominus}_{Fe^{3+}/Fe^{2+}}=0.771V$，$\varphi^{\ominus}_{Sn^{4+}/Sn^{2+}}=0.15V$，则反应 $2Fe^{3+}+Sn^{2+} = 2Fe^{2+}+Sn^{4+}$ 在标准状态下的自发方向为（　　）
A. 正向自发　B. 逆向自发
C. 处于平衡状态　D. 先正向，后逆向
E. 无法判断

9. 对于电极反应 $Ag^{+}+e^{-} \rightleftharpoons Ag$，当 Ag^{+}的浓度增大时，电极电势（　　）
A. 增大　B. 减小
C. 不变　D. 先增大后减小
E. 无法判断

10. 下列关于电极电势的叙述，正确的是（　　）
A. 电极电势是指电极与溶液之间的电势差
B. 电极电势的大小只取决于电极本身的性质
C. 电极电势的值可以通过实验直接测定
D. 电极电势的大小与温度无关
E. 电极电势的大小只与溶液的浓度有关

【多项选择题】

11. 下列有关氧化数的叙述中，正确的是（　　）
A. 中性分子的所有元素的氧化数之和为零
B. H 的氧化数在化合物中不一定是+1，O 的氧化数不一定是−2
C. 氧化值可以是整数或分数
D. 在单质分子中，元素的氧化值为零
E. H 的氧化数总是+1，O 的氧化数总是−2

12. 下列电对中书写正确的是（　　）
A. Zn^{2+}/Zn　B. Fe^{2+}/Fe
C. Mn^{2+}/MnO_4^-　D. H^+/H_2
E. Cu^{2+}/Cu

13. 下列物质中，可与 $KMnO_4$ 发生氧化还原反应的有（　　）
A. $Na_2C_2O_4$　B. CH_3COOH
C. H_2O_2　D. $FeSO_4$
E. NaOH

14. 下列关于氧化还原反应的说法正确的是（　　）
A. 氧化还原反应中一定有电子转移或偏移
B. 氧化还原反应中一定有氧元素参与
C. 有单质参加的化合反应一定是氧化还原反应
D. 某元素从化合态变为游离态，该元素一定被还原
E. 金属单质在反应中一般作还原剂

15. 在氧化还原反应中，下列叙述正确的是（　　）
A. 氧化剂得电子，氧化数升高
B. 氧化剂被氧化，还原剂被还原
C. 得电子越多的氧化剂，其氧化性越强
D. 元素由化合态变成游离态时，它可能被氧化，也可能被还原
E. 氧化还原反应的本质是电子的转移或偏移

16. 原电池中，盐桥的作用包括（　　）
A. 传递电子　B. 平衡电荷
C. 形成闭合回路　D. 加快氧化还原反应速率
E. 消除液接电势

17. 标准氢电极的条件包括（　　）
A. 氢气压力为 101.325 kPa
B. 氢离子浓度为 1 mol/L
C. 温度为 298.15 K
D. 铂黑作为电极材料
E. 溶液为硫酸溶液

18. 下列关于氧化数的说法，正确的是（　　）
A. 氧化数是人为规定的形式电荷数
B. 在单质中元素的氧化数为零
C. 氢在化合物中的氧化数一般为+1
D. 氧在化合物中的氧化数一般为−2
E. 氧化数可以是整数、分数或零

19. 下列变化中，需要加入还原剂才能实现的是（　　）
A. $Fe^{3+} \rightarrow Fe^{2+}$　B. $H_2O_2 \rightarrow O_2$
C. $CuO \rightarrow Cu$　D. $CO \rightarrow CO_2$
E. $SO_2 \rightarrow SO_3$

20. 下列氧化还原反应中，水既不是氧化剂也不是还原剂的是（　　）
A. $2Na_2O_2+2H_2O = 4NaOH+O_2\uparrow$
B. $2F_2+2H_2O = 4HF+O_2$
C. $Cl_2+H_2O = HCl+HClO$
D. $3NO_2+H_2O = 2HNO_3+NO$
E. $SO_3+H_2O = H_2SO_4$

二、简答题

1. 氧化还原反应的本质是什么？请举例说明。
2. 写出下列反应的半电池反应及相关电对：

$$Zn+Cu^{2+} \rightleftharpoons Zn^{2+}+Cu$$
$$H_2+2Fe^{3+} \rightleftharpoons 2H^{+}+2Fe^{2+}$$

3. 配平方程式：

$$KMnO_4 + HCl \longrightarrow KCl + MnCl_2 + Cl_2+H_2O$$
$$Cr_2O_7^{2-} + H^{+} + I^{-} \longrightarrow Cr^{3+} + I_2 + H_2O$$

三、计算题

某原电池的反应 $3HClO_2+2Cr^{3+}+4H_2O \rightleftharpoons 3HClO+Cr_2O_7^{2-}+8H^{+}$，试计算该原电池的标准电动势，已知 $\varphi^{\ominus}_{HClO_2/HClO}$=1.673V，$\varphi^{\ominus}_{Cr_2O_7^{2-}/Cr^{3+}}$=1.36V 。

（王　坤）

第十章
常见非金属元素及其化合物

学习目标

1. 知识目标： 掌握常见非金属单质及其化合物的结构和化学性质；熟悉常见非金属元素在周期表中的位置及变化规律；了解非金属单质及其化合物的物理性质及元素的通性。

2. 能力目标： 能够说出常见非金属单质及其化合物的性质及主要用途，能解释与上述物质化学性质相关的实际问题；能说出重要元素及化合物的药用价值。

3. 素质目标： 掌握常见非金属元素及其化合物的有关知识，具备发现问题、独立分析和解决问题的能力；培养团队合作精神和环保意识，同时增强对化学科学的兴趣和热爱。

在目前已发现的118种元素中，非金属元素占了22种。在周期表中，除氢以外，其他非金属元素都位于p区右上角。本章将主要介绍非金属元素氯、溴、碘、氧、硫、氮、磷、砷、碳、硅、硼等单质及其重要化合物的性质。

第1节 卤族元素

任务导入 10-1

食盐（主要成分是NaCl）作为日常生活中重要的调味品，是不可缺少的，菜中无食盐将食之无味。同时，NaCl也是人体生理活动所需要的重要物质。漂白剂是日常生活中经常使用的一类物品，其主要成分为$Ca(ClO)_2$和$CaCl_2$，可以用来漂洗衣物上沾染的一些难以清洁的污渍，同时具有杀菌、消毒、除臭作用，上述这些物质中都含有氯元素。当然卤族元素中的氟、溴、碘也有重要的用途，广泛涉及医药、工业、高科技等多个领域。

卤族元素简称卤素，位于元素周期表中第ⅦA族，包括氟（F）、氯（Cl）、溴（Br）、碘（I）、砹（At）、䃅（Ts）六种元素。

卤素原子的价电子构型为ns^2np^5，在化学反应中很容易获得一个电子，形成氧化值为−1的离子。卤素是同周期中最活泼的非金属元素，有最大的电负性和最小的原子半径。除氟外，其他卤素原子均能形成+1、+3、+5和+7的化合物。由于它们能显示出多种不同的氧化态，因此氧化还原性是本族元素的主要特征。卤素的基本性质见表10-1。

表 10-1 卤素的基本性质

性质	氟	氯	溴	碘
元素符号	F	Cl	Br	I
原子序数	9	17	35	53
相对原子质量	18.99	35.45	79.90	126.90
价电子层结构	$2s^22p^5$	$3s^23p^5$	$4s^24p^5$	$5s^25p^5$

续表

性质	氟	氯	溴	碘
原子半径/pm	64	99	114	133
离子半径/pm	136	181	196	216
电负性	3.98	3.16	2.96	2.66
主要氧化数	−1、0	−1、0、+1、+3、+5、+7	−1、0、+1、+3、+5、+7	−1、0、+1、+3、+5、+7

链接 卤素的生物学效应

适量的氟有助于钙、磷的利用，促进骨的形成，增加骨硬度及耐酸腐蚀能力。氯在体内多以 Cl^-的形式存在，和 K^+、Na^+互相配合，对维持体内渗透压、电荷平衡等有重要作用。碘是构成甲状腺素的必需成分，甲状腺素的作用是维持生长及智力发育和调节能量代谢。碘缺乏和碘过量都对人体不利。碘缺乏会导致地方性甲状腺肿及呆小症。长期碘摄入过量会导致高碘性甲状腺肿等疾病。

卤素单质为非极性双原子分子，随相对分子质量依次增大，色散力增强，熔点、沸点依次升高。常温下，氟（F_2）、氯（Cl_2）是气体，溴（Br_2）是液体，碘（I_2）则为易升华的固体。卤素单质难溶于水，易溶于有机溶剂。

卤素单质的化学性质活泼，是强氧化剂。单质的氧化性强弱顺序为 $F_2>Cl_2>Br_2>I_2$。卤素单质在化学反应中得到电子后被还原为卤素离子 X^-，X^-的还原性强弱顺序为：$I^->Br^->Cl^->F^-$。

卤素单质可与金属、非金属、氢气、水和碱发生反应，卤素之间能发生置换反应。

一、卤化氢和卤化物

（一）卤化氢和氢卤酸

卤素的氢化物又称卤化氢，其水溶液为氢卤酸。卤化氢都是具有强烈刺激性气味的无色气体，在空气中与水蒸气结合形成细小的酸雾而“冒烟”。它们的一些物理性质见表 10-2。

表 10-2 卤化氢的物理性质

性质	HF	HCl	HBr	HI
熔点/K	189.9	158.2	184.5	222.2
沸点/K	292.5	188.1	206.0	237.6
生成热/（kJ/mol）	−268.8	−92.3	−36.3	25.9
溶解度/（mol/L）	35	42	49	57
键能/（kJ/mol）	565	431	362	299

强酸性和卤离子的还原性是氢卤酸的主要化学性质。除氢氟酸是弱酸外，其余都是强酸，酸性按 HF、HCl、HBr、HI 顺序递增。卤离子的还原能力按 F^-、Cl^-、Br^-、I^-的顺序依次增强。

氢卤酸中应用最广泛的是盐酸，它属于挥发性强酸。市售浓盐酸的含量约为 37%，为无色液体。工业用的盐酸中，因含少量铁离子而略呈黄色。人体和动物胃液中含盐酸约 0.5%，它有助于食物消化和杀灭病菌。

氢卤酸能与某些金属离子反应，生成难溶于水的金属卤化物沉淀。

$$X^- + Ag^+ \xlongequal{} AgX$$

氢氟酸的特殊性质是与二氧化硅或硅酸盐反应生成气态氟化硅：

$$SiO_2 + 4HF \xlongequal{} SiF_4\uparrow + 2H_2O$$

$$CaSiO_3 + 6HF \xlongequal{} CaF_2 + SiF_4\uparrow + 3H_2O$$

因此，氟化氢不宜贮存于玻璃器皿中，通常盛于聚乙烯塑料容器中。氢氟酸与皮肤接触易引起难以治愈的灼伤，若皮肤上不慎沾有氢氟酸，应立即用大量清水冲洗，并涂敷氨水。

（二）卤化物

卤素与电负性较小的元素形成的化合物称为卤化物，卤化物可分为金属卤化物和非金属卤化物。前者多为离子型卤化物，具有离子化合物的特点，常见的有氯化钠、氯化钾、氯化钙等。非金属卤化物中存在共价键，故易挥发，熔沸点较低，常见的有 HCl 等。金属卤化物与卤素单质发生加合作用，生成含有多个卤原子的化合物称为多卤化物，如 KI_3、$KICl_2$ 等。

（三）相关药物

1. HCl 水溶液 内服补充胃酸不足，治疗胃酸缺乏症。药用含量为 9.5%～10.5%（g/mL）。

2. NaCl 水溶液 浓度为 9.0 g/L 的生理盐水，用于出血过多、严重腹泻等所引起的缺水症，也可用于洗涤伤口。

3. KCl 水溶液 常用于治疗各种原因所致的钾缺乏症和低钾血症，也可作为利尿药的辅助用药。

4. 溴化钠、溴化钾、溴化铵 三者的混合溶液称为三溴合剂，主要用作镇静剂。

5. 碘化钠、碘化钾 主要用于配制碘酊（助溶剂），也可用于缺碘引起的甲状腺肿大。

二、含氧酸及其盐

除氟外，所有的卤素都可以生成含氧酸。例如，氯可以生成氧化数为+1、+3、+5、+7 的四种含氧酸，分别为 HClO（次氯酸）、$HClO_2$（亚氯酸）、$HClO_3$（氯酸）和 $HClO_4$（高氯酸）。其中酸性 $HClO < HClO_2 < HClO_3 < HClO_4$，氧化性 $HClO > HClO_2 > HClO_3 > HClO_4$。其对应盐的氧化性逐渐减弱，但稳定性增强。本节主要讲述氯的含氧酸及其盐。

（一）次氯酸及其盐

次氯酸（HClO）是一元弱酸（$K_a = 4.6\times10^{-11}$），性质不稳定，易分解。

1. 光照时分解 次氯酸是一种强氧化剂，能杀灭水中的细菌，具有杀菌作用。此外可以作漂白剂还能使有色物质氧化而褪色。

$$2HClO \xlongequal{光照} 2HCl + O_2\uparrow$$

2. 在溶液中分解

$$3HClO \xlongequal{} 2HCl + HClO_3$$

$Ca(ClO)_2$ 是常见的次氯酸盐，是漂白粉的有效成分，将氯气通入熟石灰中，可制成漂白粉。

$$2Cl_2 + 3Ca(OH)_2 \xlongequal{} Ca(ClO)_2 + CaCl_2\cdot Ca(OH)_2 + 2H_2O$$

漂白粉是次氯酸钙、碱式氯化钙的混合物。遇酸会产生次氯酸，具有与次氯酸相同的作用，如漂白、杀菌作用。

$$Ca(ClO)_2 + H_2O + CO_2 \xlongequal{} CaCO_3 + 2HClO$$

$$Ca(ClO)_2 + 2HCl \xlongequal{} CaCl_2 + 2HClO$$

链接

84 消毒液是一种以次氯酸钠为主要成分的消毒剂，主要用于物体表面和环境的消毒。漂白粉也是一种含氯的消毒剂，主要成分是次氯酸钙，可用于环境、饮用水、污水等的消毒。但它们应该放在避光、干燥、通风的环境中，并且要在保质期内使用。

（二）氯酸及其盐

氯酸（$HClO_3$）为强酸，其酸度接近盐酸和硝酸。氯酸是强氧化剂，室温时较稳定，遇热发生爆炸。

$$3HClO_3 = 2O_2\uparrow + Cl_2\uparrow + HClO_4 + H_2O$$

$KClO_3$是最重要的氯酸盐。在催化剂存在下，加热至473K时，$KClO_3$受热分解生成氧气和氯化钾，实验室常用此法制取氧气。如果没有催化剂，加热至668K时，即发生歧化反应。

$$4KClO_3 = 3KClO_4 + KCl$$

固体氯酸盐（如$KClO_3$）是强氧化剂，与易燃物质（如硫、磷、碳等）混合后，经摩擦或撞击就会爆炸，因此可用来制造炸药、火柴及烟火等。

（三）高氯酸及其盐

高氯酸（$HClO_4$）是最强的无机酸，也是强氧化剂，能稳定地存在于冷稀溶液中。在分析化学中，高氯酸的冰醋酸溶液是非水酸碱滴定常采用的标准溶液，可以用于对许多药品的含量测定。纯高氯酸为无色、黏稠的液体，与易燃物相遇会发生猛烈爆炸。

高氯酸盐较稳定，不易分解，其氧化性弱于氯酸盐。高氯酸盐一般易溶于水，只有高氯酸钾等少数难溶于水，在分析化学中利用此性质可定量地测定钾。有些高氯酸盐有显著的水合作用，如无水$Ca(ClO_4)_2$和$Mg(ClO_4)_2$等都是优良的干燥剂和脱水剂。

三、拟卤素

拟卤素也称类卤素或类卤化物，是指那些由两个或两个以上电负性较大的元素原子组成的且与卤素性质相近的原子团。重要的拟卤素有氰$(CN)_2$、硫氰$(SCN)_2$和氧氰$(OCN)_2$。它们的性质与卤素相似。

1. 游离态时都是二聚体，具有挥发性和特殊的刺激性气味。
2. 与金属元素化合生成盐，其中Ag（Ⅰ）、Hg（Ⅰ）、Pb（Ⅱ）的盐皆难溶于水。
3. 与氢化合形成氢酸，除氢氰酸是弱酸外，其余均为强酸，但酸性较氢卤酸弱。
4. 与水或碱溶液发生歧化反应。如：

$$(CN)_2 + H_2O = HCN + HOCN$$

$$(CN)_2 + 2OH^-(\text{冷}) = CN^- + OCN^- + H_2O$$

5. 拟卤素离子具有还原性，能被氧化剂氧化。
6. 拟卤素离子是较好的配位剂，与许多中心离子（原子）形成配位化合物，如$K_2[Hg(SCN)_4]$。

所有氰化物均为剧毒品，CN^-能使人体中枢神经麻痹，毫克数量级即可致死，使用时要特别注意。处理含CN^-的废液时，可加入硫酸亚铁，使其生成无毒的$Na_4[Fe(CN)_6]$，或加入次氯酸钾氧化为无毒的KCNO。

硫氰酸盐大多溶于水，其中KSCN和NH_4SCN是常用的化学试剂，也是检出Fe^{3+}的特效而灵敏的试剂。

第2节 氧族元素

任务导入10-2

氧族元素在自然界中广泛存在，如氧气、硫黄、砷酸盐等，并且在生物体内具有重要作用，如氧气是生物体进行有氧呼吸的必要条件，硫是蛋白质的重要组成成分，硒是人体所必需的微量元素。此外，它们在工业上也有重要用途，许多重要的工业产品都包含氧族元素。但很多环境污染问题也与氧族元素有关，如含硫化合物造成的大气与水体污染。

氧族元素位于元素周期表中第ⅥA族，包括氧（O）、硫（S）、硒（Se）、碲（Te）、钋（Po）、鉝（Lv）六种元素。其中硒和碲属于稀有元素，钋是放射性元素，本族元素中最重要的是氧和硫。

氧族元素的价电子构型是 ns^2np^4，容易获得两个电子达到稳定结构。氧的电负性仅次于氟，常见的氧化值为−2（氟化物、过氧化物和超氧化物等除外），而硫、硒、碲等化合物中，常见的氧化值为−2、+2、+4、+6。氧族元素的基本性质见表 10-3。

表 10-3 氧族元素的基本性质

性质	氧	硫	硒	碲	钋
元素符号	O	S	Se	Te	Po
相对原子质量	16.00	32.06	78.96	127.60	208.98
价电子层结构	$2s^22p^4$	$3s^23p^4$	$4s^24p^4$	$5s^25p^4$	$6s^26p^4$
共价半径/pm	66	104（S_8）	117（灰）	137	167
离子半径/pm	140	184	198	221	—
电负性	3.44	2.58	2.55	2.10	2.00
主要氧化数	−2、−1	−2、+2、+4、+6	−2、+2、+4、+6	−2、+2、+4、+6	—

一、臭氧与过氧化氢

（一）臭氧

在自然界，大气中的闪电、机器运转中的火花等都能产生臭氧（O_3）。常温下 O_3 是具有鱼腥气味的淡蓝色气体。微量 O_3 对人体健康有益，它不仅能杀菌，还能刺激中枢神经，加速血液循环。当大气中的 O_3 含量大于 1×10^{-6} 时，就会引起头痛、疲劳等症状。O_3 还具有保护地面的生物免遭强紫外线照射而受伤害的作用。

O_3 分子呈“V”形几何构型，是单质中唯一的极性分子，其化学性质比 O_2 活泼。

1. 不稳定性 O_3 在常温下即可分解生成氧气，紫外线、加热、催化剂都有利于 O_3 分解。

2. 氧化性 O_3 的氧化性比 O_2 强，常温下能与许多还原剂直接作用，如：

$$PbS + 4O_3 = PbSO_4 + 4O_2\uparrow$$

$$2Fe^{2+} + O_3 + 2H^+ = O_2\uparrow + H_2O + 2Fe^{3+}$$

$$2I^- + H_2O + O_3 = 2OH^- + I_2 + O_2\uparrow$$（此反应可用于检验 O_3 的存在）

臭氧是常用的漂白剂和消毒剂，用它来处理污染物，不仅作用强、速度快，而且没有二次污染。

（二）过氧化氢

纯的过氧化氢（H_2O_2）是一种淡蓝色的黏稠液体，可与水以任意比互溶。其水溶液俗称双氧水，市售商品为 3%和 30%的水溶液。过氧化氢分子间存在的氢键缔合作用，使它具有较高的熔点（−1℃）和沸点（150℃）。

过氧化氢的主要化学性质：

1. 不稳定性 常温下分解缓慢，加热或高温时剧烈分解甚至发生爆炸。遇光、碱和少量重金属离子（如 Mn^{2+}、Cu^{2+}等）时可加快分解。因此，常储存在阴凉、避光的棕色瓶或塑料容器中。

$$2H_2O_2 = 2H_2O + O_2\uparrow$$

2. 氧化还原性 一般情况下过氧化氢为强氧化剂，若遇更强的氧化剂时，则为还原剂。

$$H_2O_2 + 2I^- + 2H^+ \longrightarrow I_2 + 2H_2O$$
$$PbS + 4H_2O_2 \longrightarrow PbSO_4 + 4H_2O$$

3. 弱酸性 过氧化氢是一种极弱的二元酸（K_{a1}=2.2×10^{-12}）。作为氧化剂时产物是 H_2O，作为还原剂时产物为 O_2，过氧化氢在水溶液中反应后，本身不留下其他物质，是一种不污染溶液的“洁净”试剂，主要用作纸浆、棉织物、羊毛等的漂白剂。在医药方面，过氧化氢含量为 3%的双氧水，常作为消毒防腐药，用于清洗疮口。五官科用过氧化氢含漱或洗涤有炎症的部位。

二、硫及其化合物

（一）单质硫

硫在自然界中，以单质硫和化合态硫两种形式存在，天然的单质硫存在于火山地区和地壳的岩层中。硫不溶于水，微溶于乙醇，易溶于 CS_2 中。单质硫俗称硫黄，为淡黄色晶体。硫有多种同素异形体，主要有斜方硫、单斜硫和弹性硫三种。硫的化学性质比较活泼，主要表现为氧化性和还原性。

1. 硫与单质的反应 与大多数的金属（除金、铂等外）和卤素（除 I_2 外）、氧、氢、碳、磷等非金属直接化合。

$$H_2 + S \xlongequal{\triangle} H_2S$$
$$Hg + S \longrightarrow HgS$$

2. 硫与氧化性酸、强碱等的反应

$$S + 6HNO_3 \longrightarrow H_2SO_4 + 6NO_2\uparrow + 2H_2O$$
$$S + 2H_2SO_4(浓) \longrightarrow 3SO_2\uparrow + 2H_2O$$
$$3S + 6NaOH \longrightarrow 2Na_2S + Na_2SO_3 + 3H_2O$$

（二）硫化氢

硫化氢（H_2S）是无色，有臭鸡蛋味的有毒气体，吸入少量就会引起头痛、晕眩等症状，吸入较多时会造成昏迷甚至死亡。故制备或使用时必须在通风橱中进行。

硫化氢能溶于水，其水溶液称为氢硫酸，氢硫酸是二元弱酸。

$$H_2S \rightleftharpoons H^+ + HS^- \qquad K_{a1} = 9.1\times10^{-8}$$
$$HS^- \rightleftharpoons H^+ + S^{2-} \qquad K_{a2} = 1.1\times10^{-12}$$

硫化氢具有较强的还原性，能与 O_2 等强氧化剂反应。

$$O_2 + 2H_2S \longrightarrow 2H_2O + 2S\downarrow$$

（三）金属硫化物

金属硫化物根据其溶解性分为可溶性硫化物和难溶性硫化物，其主要性质表现为易水解和难溶。

1. 水解作用 因为 S^{2-}是弱酸根，生成的盐类都具有一定的水解性，使溶液显碱性。

$$S^{2-} + H_2O \rightleftharpoons HS^- + OH^-$$

2. 溶解性 除了碱金属、铵盐和部分碱土金属（钙、锶、钡）的硫化物可以溶解外，多数硫化物都难溶于水并且具有特征颜色。例如，FeS、CuS、PbS、Ag_2S、HgS 等为黑色，MnS 为肉红色，ZnS 为白色。此外，它们在不同酸中的溶解度也不同：能溶于 HCl 的有 FeS、ZnS、MnS、PbS 等；能溶于 HNO_3 的有 CuS、PbS、Ag_2S 等；HgS 只溶于王水。根据它们的溶解性和颜色不同，在分析化学中常用来鉴别和分离各种金属离子。

（四）硫的含氧酸及其盐

硫能形成多种含氧酸，其中有亚硫酸（H_2SO_3）、硫酸（H_2SO_4）、硫代硫酸（$H_2S_2O_3$）、焦硫酸（$H_2S_2O_7$）等，它们常以盐的形式存在于自然界中。

1. 亚硫酸及其盐 二氧化硫溶于水，水溶液称为亚硫酸（H_2SO_3），亚硫酸是二元弱酸。

亚硫酸及其盐的主要化学性质为：

（1）不稳定性 亚硫酸及其盐不稳定，遇强酸即分解放出 SO_2。

$$SO_3^{2-} + 2H^+ \xlongequal{\quad} SO_2\uparrow + H_2O$$

（2）氧化还原性 亚硫酸盐既有氧化性又有还原性，主要显还原性。在空气中亚硫酸钠很容易被氧气氧化。因此亚硫酸钠常作为抗氧化剂用于注射剂中，以保护药品中的主要成分不被氧化。

$$2Na_2SO_3 + O_2 \xlongequal{\quad} 2Na_2SO_4$$

2. 硫酸及其盐 纯硫酸是无色的油状液体，是最常用的三大无机强酸之一，为二元强酸，具有酸的一切通性。

硫酸及其盐的主要化学性质为：

（1）吸水性和脱水性 浓硫酸具有较强的吸水性，因此可作干燥剂，常用于干燥不与它起反应的氯气、氢气等气体。硫酸具有很强的脱水性，能将某些有机物中的氢和氧按水的组成比脱去而使其炭化。因此浓硫酸能严重地破坏动植物的组织，使用时必须注意安全。

（2）强酸性和强氧化性 浓硫酸主要表现为强氧化性，可以氧化许多金属和非金属。但金和铂即使加热也不与浓硫酸反应。此外，冷浓硫酸（93%以上）不和铁、铝等金属作用，因为铁和铝在冷浓硫酸中被钝化，故可将浓硫酸装在钢罐中运输和贮存。

（3）硫酸盐的溶解性 硫酸有酸式盐和正盐两类。酸式盐均易溶于水。正盐大部分易溶于水，仅 Ag_2SO_4、$HgSO_4$、$CaSO_4$ 微溶，$SrSO_4$、$BaSO_4$ 和 $PbSO_4$ 难溶。

多数硫酸盐能形成复盐。当形成复盐的两种硫酸盐的晶体相同时，又称为矾。例如，明矾 $KAl(SO_4)_2 \cdot 12H_2O$，铬钾矾 $KCr(SO_4)_2 \cdot 12H_2O$ 等。

3. 硫代硫酸及其盐 由于硫代硫酸不稳定，易分解，因此常用其盐。硫代硫酸钠（$Na_2S_2O_3 \cdot 5H_2O$）俗称大苏打或海波，它是无色、透明的晶体，易溶于水。硫代硫酸钠在中性或碱性溶液中很稳定，但在酸性溶液中迅速分解。

$$Na_2S_2O_3 + 2HCl \xlongequal{\quad} 2NaCl + S\downarrow + SO_2\uparrow + H_2O$$

硫代硫酸钠是中等强度的还原剂，与 I_2 作用时，它被氧化为连四硫酸钠，该反应是定量分析中碘量法的基本反应。

$$2Na_2S_2O_3 + I_2 \xlongequal{\quad} Na_2S_4O_6 + 2NaI$$

硫代硫酸盐有很强的配位性，$S_2O_3^{2-}$ 可作为配体与金属离子形成配合物，如：

$$2S_2O_3^{2-} + AgBr \xlongequal{\quad} [Ag(S_2O_3)_2]^{3-} + Br^-$$

20%硫代硫酸钠普通制剂内服用于治疗重金属中毒，外用可治疗疥癣和慢性皮炎等皮肤病；10%硫代硫酸钠注射剂主要用于治疗氰化物、砷、汞、铅、铋和碘中毒。

第3节 氮族元素

任务导入 10-3

氮族元素在性质上表现出从典型的非金属元素到典型的金属元素的一个完整的过渡。N 和 P 是非金属元素，Sb 和 Bi 为金属元素，处于中间的 As 为准金属元素。氮族元素及其化合物在生产生活中都有重要的用途或影响，如氮是构成蛋白质和核酸的重要元素，也是植物生长的必要养分之一；磷是构成生物膜、核糖体、细胞膜等生物大分子的组成成分，并参与能量代谢；含砷的化合物都有剧毒，如 As_2O_3 俗称砒霜，少量就能使人致死；氮氧化合物是除硫化物以外另一种主要的大气污染源。

氮族元素（nitrogen group）位于元素周期表中第ⅤA族，包括氮（N）、磷（P）、砷（As）、锑（Sb）、铋（Bi）、镆（Mc）六种元素。

氮族元素的价电子构型为 ns^2np^3，主要形成氧化数为+3、+5 的化合物。氮族元素生成的含氧酸比卤素及氧族元素生成的相应含氧酸的酸性弱。氮族元素的基本性质见表 10-4。

表 10-4 氮族元素的基本性质

性质	氮	磷	砷	锑	铋
元素符号	N	P	As	Sb	Bi
原子序数	7	15	33	51	83
相对原子质量	14.01	30.97	74.92	121.76	208.98
价电子层结构	$2s^22p^3$	$3s^23p^3$	$4s^24p^3$	$5s^25p^3$	$6s^26p^3$
共价半径/pm	70	110	121	141	152
电负性	3.04	2.19	2.18	2.05	2.02
主要氧化数	±1、±2、±3、+4、+5	−3、+1、+3、+5	−3、+3、+5	+3、+5	+3、+5

一、氨和铵盐

（一）氨

常温下，氨（NH_3）为无色有刺激性气味的气体，是极性分子，极易溶于水。在 20℃时，1 L 水中能溶解 700 L 的氨，氨的水溶液称为氨水。一般市售浓氨水含 NH_3 约 28%。

氨的主要化学性质如下。

1. 弱碱性 NH_3 极易溶于水，在水中主要形成水合分子 $NH_3 \cdot H_2O$，其中很小一部分发生解离，生成 NH_4^+ 和 OH^-，所以 NH_3 的水溶液显弱碱性。

$$NH_3 \cdot H_2O \rightleftharpoons NH_4^+ + OH^-$$

2. 还原性 NH_3 能与部分氧化剂反应，生成 N_2。

$$4NH_3 + 3O_2 = 6H_2O + 2N_2\uparrow$$

$$2NH_3 + 3CuO = 3Cu + 3H_2O + N_2\uparrow$$

3. 易形成配合物 NH_3 分子中的孤电子对倾向于和别的分子或离子形成配位键，生成各种形式的配合物，如$[Ag(NH_3)_2]^+$、$[Cu(NH_3)_4]^{2+}$等都是以 NH_3 为配体的配合物。许多金属难溶盐可溶解在氨水中，就是基于配位反应原理。

（二）铵盐

铵盐通常为无色晶体，易溶于水。其化学性质有水解反应、与碱发生复分解反应、受热发生分解反应等。

二、硝酸及其盐

纯硝酸为无色、易挥发、有刺激性气味的液体，能与水以任意比混溶。市售的浓硝酸含 HNO_3 约 69%。

HNO_3是一种强酸，除具有酸的通性外，还有其自身特性。

1. 不稳定性　受热或见光易分解，故应贮存在棕色瓶中。

$$4HNO_3 = 2H_2O + 4NO_2\uparrow + O_2\uparrow$$

2. 氧化性　HNO_3具有极强的氧化性，几乎能与所有金属（除金、铂外）、非金属发生氧化还原反应。浓 HNO_3 与非金属反应的产物是 NO，与金属反应的产物主要取决于酸的浓度、金属的活泼性和反应的温度。与不活泼金属反应时，浓 HNO_3 多被还原为 NO_2，稀 HNO_3 多被还原为 NO；与活泼金属反应时，稀 HNO_3 主要被还原为 N_2O 或铵盐。Fe、Al、Cr 等金属与冷的浓 HNO_3 接触时会被钝化，所以现在一般用铝制容器来盛装浓 HNO_3。部分反应方程式如下：

$$2HNO_3(浓) + S = H_2SO_4 + 2NO\uparrow$$

$$5HNO_3 + 3P + 2H_2O = 3H_3PO_4 + 5NO\uparrow$$

$$4HNO_3(浓) + Cu = Cu(NO_3)_2 + 2NO_2\uparrow + 2H_2O$$

$$8HNO_3(稀) + 3Cu = 3Cu(NO_3)_2 + 2NO\uparrow + 4H_2O$$

$$10HNO_3(稀) + 4Zn = 4Zn(NO_3)_2 + NH_4NO_3 + 3H_2O$$

王水（1 体积浓 HNO_3 与 3 体积浓 HCl 的混合溶液）的氧化能力很强，能使一些不溶于 HNO_3 的金属（如：金、铂等）溶解。

硝酸盐大多为晶体，易溶于水。硝酸盐性质不稳定，受热易分解。

三、磷 和 砷

（一）磷及其化合物

磷在自然界中是以磷酸盐的形式出现，磷的矿物有磷酸钙 $Ca_3(PO_4)_2 \cdot H_2O$ 和磷灰石 $Ca_5F(PO_4)_3$，这两种矿物是制造磷肥和一切磷化合物的原料。

磷是生命元素，它存在于细胞、蛋白质、骨骼和牙齿中，是细胞核的重要成分。磷酸与糖结合形成的核苷酸是遗传基因的物质基础。磷在脑细胞中含量丰富，脑磷脂供给大脑活动所需的巨大能量。

磷存在多种同素异形体，常见的有白磷、红磷和黑磷。纯白磷是无色透明的晶体，见光逐渐变为黄色，所以叫黄磷。黄磷的燃点很低，超过 50℃就会自燃，故保存在水中。红磷是一种暗红色的粉末，无毒，不溶于水、碱和二硫化碳。黑磷具有与石墨类似的片状结构，能导电，所以黑磷有“金属磷”之称。

磷可形成多种氧化数的含氧酸和含氧酸盐，主要有正磷酸（H_3PO_4）、亚磷酸（H_3PO_3）和次磷酸（H_3PO_2），以+5 的 P 的含氧酸和含氧酸盐最为重要。

H_3PO_4 为三元酸，属于中等强度的酸。可以形成三种类型的盐，即磷酸盐（如 Na_3PO_4）、磷酸氢盐（如 Na_2HPO_4）、磷酸二氢盐（如 NaH_2PO_4）。磷酸盐和磷酸氢盐中，只有钾盐、钠盐和铵盐溶于水，所有的磷酸二氢盐均易溶于水。可溶性的磷酸盐在水溶液中能发生不同程度的水解，使溶液呈现不同程度的酸碱性。例如，Na_3PO_4 的水溶液呈碱性，Na_2HPO_4 的水溶液呈弱碱性，NaH_2PO_4 的水溶液呈弱酸性。实验室和制剂室常用 NaH_2PO_4 和 Na_2HPO_4 配制缓冲溶液。

链接　磷的生物学效应

磷对生物体的遗传代谢、生长发育、能量供应等有十分重要的作用。磷是生物体所有细胞的必需元素。磷脂是细胞膜上的主要脂类组成成分，与膜的通透性有关。磷能刺激神经肌肉，使心脏和肌肉有规律地收缩。磷能帮助细胞分裂、增殖及蛋白质的合成。磷离子对于糖类、脂类和蛋白质的代谢是必需的，它作为辅助因子作用于广大的酶体系，也存在于高能磷酸化合物中，如 ATP、磷酸肌酸等具有储存和转移能量的作用。在骨的发育与成熟过程中，钙和磷的平衡有助于无机盐的利用。磷酸盐能调节维生素 D 的代谢，维持钙的内环境稳定。

（二）砷及其化合物

砷是类金属元素，有灰砷（金属砷）、黄砷和黑砷三种同素异形体。灰砷最稳定，呈灰色斜方六面体结晶，有金属光泽，既不溶于水又不溶于酸。砷的毒性极低，砷化合物则均有毒性，三价砷化合物比其他砷化合物的毒性更强。砷的化合物主要有砷的氢化物、氧化物、硫化物及含砷盐等。砷的化合物都有剧毒，三价砷较五价砷毒性强。AsH_3是无色、有大蒜味的剧毒气体。As_2O_3俗名砒霜，白色粉末状剧毒物，两性偏酸性氧化物，微溶于水，溶解后生成亚砷酸，它是一种弱酸。常外用治疗慢性皮炎、皮癣等，也可配成亚砷酸钾溶液治疗慢性白血病，砒霜在中药上有去腐拔毒的功效。

第4节　碳、硅和硼

任务导入 10-4

碳是自然界中最常见的元素，广泛存在于大气、地壳和生物体中。化合态的碳的种类很多，空气中的二氧化碳、地壳中的各种碳酸盐、煤、石油，以及动植物体内的糖、脂肪、蛋白质、纤维素和其他有机物都是含碳的化合物，可以说碳是生命世界的栋梁，没有碳就没有生命。此外，硅和硼也是人体所需的微量元素，主要应用于工业中。

碳族元素（carbon group）位于元素周期表中第ⅣA族，包括碳（C）、硅（Si）、锗（Ge）、锡（Sn）、铅（Pb）、𫓧（Fl）六种元素。其中碳、硅是非金属，锗、锡是两性元素，铅以金属性为主。

碳族元素的价电子构型为ns^2np^2，主要形成氧化数为+4的化合物，也可形成氧化数为+2的化合物，但不稳定。碳元素有^{12}C、^{13}C、^{14}C多种同位素，广泛存在于自然界中，有重要的用途。碳的化合物比任何元素的化合物都多，所有的有机化合物都含碳元素，其数量已超过百万种。碳族元素的基本性质见表10-5。

表10-5　碳族元素的基本性质

性质	碳	硅	锗	锡	铅
元素符号	C	Si	Ge	Sn	Pb
原子序数	6	14	32	50	82
相对原子质量	12.0	28.1	72.6	118.7	207.2
价电子层结构	$2s^22p^2$	$3s^23p^2$	$4s^24p^2$	$5s^25p^2$	$6s^26p^2$
共价半径/pm	77	117	122	140	175
电负性	2.55	1.90	2.01	1.96	1.90
主要氧化数	−4、+4、+2	−4、+2、+4	+2、+4	+2、+4	+2、+4

链接　我国首次批量生产碳-14同位素

碳-14同位素广泛应用于农业、化学、医学、生物学等领域，具有极高的医用价值和科研价值。此前，我国碳-14供应几乎全部依赖进口，价格昂贵且供应得不到保障，供应紧缺已经严重制约产业的发展。

据人民日报记者报道，2024年4月20日，碳-14靶件从秦山核电重水堆机组中成功抽出，这是中国首次利用核电商用堆批量生产碳-14同位素，标志着中国彻底破解了国内碳-14同位素的进口依赖，实现碳-14供应全面国产化。

一、碳及其化合物

（一）碳单质

单质碳有定形碳和无定形碳两种，前者有金刚石、石墨、C_{60} 等，而后者有木炭、焦炭、活性炭等，它们都属同素异形体。金刚石晶莹美丽、光彩夺目，在自然界中硬度最大，熔点最高；石墨乌黑柔软，具有润滑性，能导电。C_{60} 的分子结构酷似足球，俗称足球烯，研究表明足球烯可以消灭自由基，抵抗衰老；活性炭具有很强的吸附能力，是常用的吸附剂，在医药、空气净化、净水和防毒装置中有广泛的应用。

在常温下，碳的化学性质不活泼。但在加热的条件下可以与非金属（如 O_2、S、H_2）、金属（如 Ca）、某些氧化物（如 CuO）反应。

链接　"踢"进医药界的足球烯

富勒烯也叫足球烯，主要成分是 C_{60}，因形似足球而得名，它是碳元素的同素异形体，是 60 个碳原子连接在一起形成的中空结构。人们发现，足球烯不仅在材料化学领域有巨大作用，还被"踢"进了医学界的大门。由于其本身结构特点，能够吸附和存储大量水分子，因此具有很好的保湿功效；它能够清除自由基，抑制氧化反应；还具有一定抗炎作用。因此有良好的医疗应用前景。（可参看本章视频——富勒烯）

（二）碳的化合物

碳的化合物主要有一氧化碳（CO）、二氧化碳（CO_2）、碳酸及碳酸盐。

1. 一氧化碳　CO 是无色、无臭、有毒的气体，易溶于乙醇等有机溶剂。

CO 分子具有还原性。可以从许多金属化合物中夺取氧，使金属还原。

（1）还原性

$$PdCl_2 + CO + H_2O \xlongequal{} Pd\downarrow(\text{灰黑色}) + CO_2\uparrow + 2HCl$$（可用于检测微量CO的存在）

（2）配位性　CO 是一种重要的配位体，能与许多过渡金属反应生成金属羰基化合物。例如，$Fe(CO)_5$、$Ni(CO)_4$ 和 $Cr(CO)_6$ 等。

2. 二氧化碳　CO_2 是无色无臭略带酸味的气体，能溶于水。易液化和固化，固体 CO_2 称为干冰，是一种制冷剂。

CO_2 化学性质不活泼，在高温下才能和一些金属反应。

$$2Mg + CO_2 \xlongequal{\text{高温}} 2MgO + C$$

CO_2 不能燃烧，也不支持燃烧，故可作灭火剂用。此外，它在近代发展的临界状态化学中常被用作介质来分离中草药成分。

3. 碳酸及其盐　CO_2 能溶于水生成碳酸（H_2CO_3），H_2CO_3 为二元弱酸。碳酸盐有正盐和酸式盐两种，如正盐 Na_2CO_3，俗称纯碱。酸式盐 $NaHCO_3$，又称小苏打，水溶液呈碱性，作抗酸的药，内服能中和胃酸及碱化尿液，5%$NaHCO_3$ 注射液用于治疗酸中毒。

碳酸盐的主要化学性质如下。

（1）溶解性　所有酸式盐都溶于水，正盐中只有铵盐和碱金属（Li 除外）的碳酸盐易溶于水，其余均不溶。

（2）酸碱性　碳酸盐由于能发生水解，呈碱性。当用 Na_2CO_3 和金属阳离子反应时，有些阳离子生成碳酸盐，如 Ca^{2+}、Sr^{2+}、Ba^{2+}等；Al^{3+}、Fe^{3+}、Cr^{3+}生成了氢氧化物沉淀；Mg^{2+}、Zn^{2+}、Pb^{2+}、Fe^{2+}与 Cu^{2+}生成碱式碳酸盐。

$$3CO_3^{2-} + 2Al^{3+} + 3H_2O = 2Al(OH)_3 + 3CO_2\uparrow$$
$$2CO_3^{2-} + 2Cu^{2+} + H_2O = Cu_2(OH)_2CO_3 + CO_2\uparrow$$

二、硅及其化合物

（一）硅单质

硅在自然界中分布极广，地壳中约含 27.6%，仅次于氧。具有明显的金属光泽，呈灰色。结晶型的硅是暗黑蓝色的，很脆，是典型的半导体，具有金刚石的晶体结构。

硅非常稳定，在常温下，除氟化氢以外，很难与其他物质发生反应。

（二）硅的化合物

硅的化合物主要有二氧化硅（SiO_2）、硅酸及硅酸盐。

1. 二氧化硅 自然界天然存在的 SiO_2 叫做硅石，分为晶态和无定形两大类。晶态 SiO_2 主要存在于石英矿中，纯的石英晶体叫水晶，紫水晶、玛瑙和碧玉都是含杂质的有色石英晶体，砂子也是混有杂质的石英颗粒。硅藻土和蛋白石则是无定形 SiO_2 矿石。石英耐高温，能透过紫外光，常用于制造耐高温仪器和医学、光学仪器。

二氧化硅不溶于酸，但可溶于 HF 中，反应式如下：

$$SiO_2 + 4HF = SiF_4\uparrow + 2H_2O$$

二氧化硅为酸性氧化物，它能溶于热的强碱溶液或溶于熔融的碳酸钠中，生成可溶性的硅酸盐：

$$SiO_2 + 2NaOH = Na_2SiO_3 + H_2O$$
$$SiO_2 + Na_2CO_3 = Na_2SiO_3 + CO_2\uparrow$$

玻璃的主要成分为 SiO_2，能被碱腐蚀，通常配制的碱溶液不能用玻璃瓶保存。

2. 硅酸及硅酸盐

（1）硅酸 硅酸为组成复杂的白色固体，是无定形 SiO_2 的水合物，常用通式 $xSiO_2 \cdot yH_2O$ 来表示。简单的硅酸是正硅酸（H_4SiO_4），习惯上用 H_2SiO_3（偏硅酸）来表示。

硅酸为二元弱酸，溶液呈弱酸性，虽然 SiO_2 为硅酸的酸酐，但由于它不溶于水，所以用可溶性硅酸盐与酸反应制得，反应式如下：

$$Na_2SiO_3 + 2HCl = H_2SiO_3 + 2NaCl$$

硅酸在水中的溶解度很小，并不立即沉淀，而是以单分子形式存在于溶液中。当放置一段时间后，逐渐缩合形成多硅酸的胶体溶液，即硅酸溶胶。向溶胶中加入酸或电解质，便可沉淀出白色透明、软而有弹性的固体，即硅酸凝胶。将硅酸凝胶烘干，便可制得硅胶。硅胶具有多孔性，有较强的吸附作用，实验室中常用作干燥剂。若把硅胶用 $CoCl_2$ 溶液浸泡，则可制得变色硅胶。因为无水 $CoCl_2$ 为蓝色，水合 $CoCl_2 \cdot 2H_2O$ 为粉红色，根据变色硅胶的颜色可以判断硅胶的吸水程度。

（2）硅酸盐 在自然界中种类很多，分布广。除了钠、钾的硅酸盐易溶外，其余均难溶。可溶性 Na_2SiO_3 的水溶液叫水玻璃（工业上称泡花碱），在建筑上用作黏合剂，木材、织物经它浸泡后可以防腐、阻燃。

天然沸石是铝硅酸盐，具有多孔结构，有许多笼状空穴，加热真空脱水干燥，制成的干燥剂，可干燥气体和有机溶剂。

$Mg_2Si_3O_8$（三硅酸镁）内服中和胃酸时能生成胶状的 SiO_2，对胃及十二指肠溃疡面有保护作用。

链接

硅是最常见、应用最广的半导体材料，由于其优异的电学、光学和物理性能，高纯度的硅材料常用于太阳能电池板和集成电路芯片制造；在环境工程领域可制造气体传感器；在光学和光纤通信中能制造光学器件和光纤通信设备；加之优异的生物相容性和机械性能，在医疗领域用于制造人工关节、人工心脏瓣膜和植入式医疗传感器等。

三、硼及其化合物

元素周期表中第ⅢA族的元素称为硼族元素（boron group），包括硼（B）、铝（Al）、镓（Ga）、铟（In）、铊（Ti）、鉨（Nh）六种元素。其中，硼位于元素周期表中第2周期，第ⅢA族。价电子构型为$2s^22p^1$，为非金属元素。硼在自然界中主要以硼酸和相应的硼酸盐存在。

H_3BO_3是白色片状晶体，微溶于水，为一元弱酸，之所以显弱酸性并不是它本身能解离出质子，而是由于B原子上存在空的p轨道，能接受OH^-的孤电子对，而解离出H^+。

$$B(OH)_3 + H_2O \rightleftharpoons B(OH)_4^- + H^+$$

H_3BO_3与多元醇，如甘油结合成硼酸甘油，可使酸性增强。分析化学中基于此反应来测定硼酸的含量。

H_3BO_3的弱酸性有杀菌作用，常用于配制成硼酸软膏、痱子粉等。

重要的硼酸盐为四硼酸钠（硼砂）$Na_2B_4O_7 \cdot 10H_2O$，它是白色晶体，易风化，易溶于水，水溶液呈碱性。在实验室中常用硼砂配制缓冲溶液或作为标定酸标准溶液的基准物质。

硼砂内服可以刺激胃液分泌；也是治疗咽喉炎及口腔炎的冰硼散和复方硼砂含漱剂的主要成分。

链接 硼的生物学效应

硼是维持骨的健康和钙、磷、镁正常代谢所需要的微量元素之一，对停经后妇女防止钙质流失、预防骨质疏松症具有功效；硼有助于提高男性睾丸甾酮分泌量，强化肌肉，是运动员不可缺少的营养素。此外，硼还有改善脑功能，提高反应能力的作用。但硼、硼酸、硼砂都是低毒类蓄积性毒物，长期过量摄入可引起慢性中毒，因此老年人有必要注意适当摄取。

自测题

一、选择题

【单项选择题】

1. 下列物质在常温下呈液态的是（　　）
   A. F_2　B. Cl_2　C. Br_2
   D. I_2　E. At_2
2. HX及卤化物中的X^-，具有最大还原性的是（　　）
   A. F^-　B. Cl^-　C. Br^-
   D. I^-　E. 不确定
3. 下列实验可以用来区别NaBr和NaI溶液的是（　　）
   A. 分别通入CO_2
   B. 分别通入Cl_2
   C. 分别加入Na（s）
   D. 分别加入HCl溶液
   E. 分别加入KCl
4. 下列物质在常温下能储存在铁制容器中的是（　　）
   A. 乙酸　B. 氢硫酸
   C. 稀硫酸　D. 盐酸
   E. 浓硫酸
5. $HClO$、$HClO_3$、$HClO_4$酸性大小排列顺序正确的是（　　）
   A. $HClO_4 > HClO_3 > HClO$
   B. $HClO > HClO_3 > HClO_4$
   C. $HClO_3 > HClO_4 > HClO$
   D. $HClO_4 > HClO > HClO_3$
   E. $HClO_3 < HClO_4 < HClO$
6. 过氧化氢（H_2O_2）（　　）
   A. 是一种酸
   B. 是一种氧化剂
   C. 是一种还原剂
   D. 既是氧化剂又是还原剂
   E. 是一种碱
7. 在Na_2S、Na_2SO_3、Na_2SO_4、$Na_2S_2O_3$四种固体化合物

中，加入盐酸进行鉴别，若有刺激性气味的气体和黄色沉淀产生，则可判断该物质为（　　）

A. Na_2S　　B. Na_2SO_3

C. Na_2SO_4　　D. $Na_2S_2O_3$

E. 无法确定

8. 在下列各组物质中不属于同素异形体的是（　　）

A. 氧气、臭氧、氧原子

B. 斜方硫、单斜硫、弹性硫

C. 石墨、活性炭、焦炭

D. 红磷、白磷、黑磷

E. 以上答案均不正确

9. 下列硫化物中在水中最不稳定的是（　　）

A. ZnS　　B. Al_2S_3　　C. CuS

D. Ag_2S　　E. HgS

10. 实验室中，常用于精密仪器防潮的是（　　）

A. 硅胶　　B. 活性炭

C. 氯化钙　　D. 浓硫酸

E. 氯化镁

11. 关于磷酸盐的叙述，错误的是（　　）

A. 磷酸盐有正盐和两种酸式盐

B. 磷酸二氢盐都易溶于水

C. 磷酸盐只有钾、钠、铵盐能溶于水

D. 磷酸盐都显酸性

E. 以上答案均不正确

12. 下列化合物中，不能由单质直接化合的是（　　）

A. $FeCl_3$　　B. NO_2　　C. NH_3

D. PCl_3　　E. HCl

13. 硝酸不具有的性质是（　　）

A. 毒性　　B. 酸性　　C. 挥发性

D. 不稳定性　　E. 氧化性

14. 目前对人类环境造成危害的酸雨主要是由下列的哪种气体造成的（　　）

A. CO_2　　B. H_2O　　C. H_2S

D. SO_2　　E. CO

【多项选择题】

15. 下列说法正确的是（　　）

A. 亚砷酸盐在碱性溶液中还原性

B. 三氧化二砷俗称砒霜

C. 砷化氢受热分解为单质砷，可形成“砷镜”

D. 砷化氢具有氧化性

E. 以上均不对

16. 下列物质中，能用作消毒剂的是（　　）

A. 氨水　　B. 臭氧　　C. 氯水

D. 双氧水　　E. 上述都不对

17. 有关王水，下列叙述正确的是（　　）

A. 浓硝酸和浓盐酸混合

B. 浓硝酸和浓盐酸混合体积比为 1∶3

C. 能使金、铂等溶解

D. 浓硝酸和浓硫酸混合体积比为 1∶3

E. 以上都不对

18. 下列盐中，能溶于水的是（　　）

A. $CaCl_2$　　B. $NaHCO_3$

C. NaBr　　D. Na_2CO_3

E. $CaCO_3$

19. 关于碳的化合物的性质，下列说法中正确的是（　　）

A. 一氧化碳是无色无味的气体，有剧毒

B. 固体二氧化碳称为干冰，是一种制冷剂

C. 二氧化碳不能燃烧，也不支持燃烧，故可作灭火剂

D. 碳酸为二元弱酸，仅存于水溶液中

E. 一般情况下可溶性的碳酸盐和其酸式盐，水溶液均呈碱性

二、名词解释

1. 卤素　2. 氧族元素　3. 碳族元素

三、简答题

1. 氢氯酸、氢溴酸、氢碘酸均为强酸，其酸性由强到弱的顺序是什么？

2. 为什么含 KI 的药品在空气中容易发黄变质？

四、计算题

400g 碘化钾溶液中通入一定量干燥氯气，待反应完全后把溶液蒸干，剩余固体加强热，称得干燥残渣 49.72g，经分析残渣中含有 25%的碘化钾，计算反应中通入的氯气的质量是多少克？

（冯　瑞）

第十一章
常见金属元素及其化合物

学习目标

1. 知识目标：掌握钠、钾、钙、镁单质及其重要化合物的性质和应用；熟悉铁、铬、锰、铜、银、汞、锌等常见过渡金属化合物的主要性质及应用；了解硬水的概念及软化方法。

2. 能力目标：能够理解结构对性质的决定作用，能将常见金属及化合物的性质应用到后续课程的学习中，应用到解决具体药学专业问题和生活中。

3. 素质目标：通过金属原子结构决定金属性质的学习，增强对内因决定事物本质的认识，牢固树立元素性质周期性变化的观念。

在元素周期表的118种元素中，金属元素有94种，约占元素总数的4/5。金属元素大多以化合物的形式存在于地壳和海洋中，只有少数很不活泼的金属（如金、银等）以单质的形式存在。金属单质及其化合物因具有特殊的性质，广泛应用于化学、医药、制造、建筑、电子、航空航天等领域，是现代工业非常重要且应用最多的一类物质。本章主要介绍碱金属、碱土金属和过渡金属中的重要单质及化合物的性质和用途。

第1节　碱　金　属

任务导入 11-1

钠离子电池，主要依靠钠离子在正极和负极之间的移动来工作，与锂离子电池工作原理相似。与锂离子电池相比，钠离子电池具有的优势有：①钠盐原材料储量丰富，价格低廉，采用铁锰镍基正极材料相比较锂离子电池三元正极材料，原料成本降低一半；②由于钠盐电导率高于锂，允许电池中使用较低浓度电解液；③钠离子不与铝形成合金，负极可采用铝箔作为集流体，可以进一步降低成本与重量；④由于钠离子电池无过放电特性，允许钠离子电池放电到零伏。理论上钠离子电池能量密度大于100 Wh/kg，可与磷酸铁锂电池相媲美，并且成本优势明显，有望在大规模储能中取代传统铅酸电池。

一、钠、钾单质及性质

（一）物理性质

钠（Na）和钾（K）都是轻金属，有银白色金属光泽，具有良好的导电性和延展性，硬度较小，可用刀切割；密度比水小，可浮在水面上；熔、沸点较低，对光敏感。钠、钾在无色火焰中灼烧时使火焰呈现特征的颜色，钠为黄色，钾为紫色（隔蓝色钴玻璃观察），可用来鉴别钠、钾金属及其化合物。

（二）化学性质

钠和钾化学活泼性很强，能直接或间接地与一些非金属元素反应生成相应的化合物。

1. 与非金属反应　常温下钠、钾还能与Cl_2、S等非金属单质发生剧烈反应，生成相应的氯化物、硫化物等。钠在干燥的空气中燃烧会生成过氧化钠（Na_2O_2）。

$$2Na+O_2 \xlongequal{燃烧} Na_2O_2$$

链接

由于钠金属质地比较软，实验时可用镊子取出，切割一小块进行反应。若反应结束后，钠还有剩余，该如何处理？为什么？

2. 与水反应 钠、钾均能与水剧烈反应并放出氢气。

$$2K+2H_2O \xlongequal{} 2KOH+H_2\uparrow$$

所以，通常将钠和钾保存在干燥的煤油中。

二、钠、钾的重要化合物

1. 氢氧化物 NaOH 和 KOH 都是强碱，对皮肤、纤维、陶瓷等都有强烈的腐蚀作用，又称为苛性碱。实验室长期盛放 NaOH 试剂瓶的塞子一般用橡皮塞，因为 NaOH 与玻璃中的 SiO_2 反应生成的硅酸盐会将瓶口和塞子黏在一起。

$$SiO_2+2NaOH \xlongequal{} Na_2SiO_3+H_2O$$

苛性碱也是重要的化工试剂和化工原料，能与金属和非金属反应，是基础化学工业的最重要产品之一。

$$2Al+2NaOH+2H_2O \xlongequal{} 2NaAlO_2+3H_2\uparrow$$

$$Cl_2+2NaOH \xlongequal{} NaCl+NaClO+H_2O$$

2. 过氧化物 Na_2O_2 是淡黄色固体，过氧化钾（K_2O_2）是白色固体。它们都能与水反应，生成相应的氢氧化物，因此常采用铁或镍制容器盛放。例如：

$$2Na_2O_2+2H_2O \xlongequal{} 4NaOH+O_2\uparrow$$

Na_2O_2 和 K_2O_2 与稀酸反应生成 H_2O_2，H_2O_2 不稳定又分解放出 O_2。例如：

$$Na_2O_2+H_2SO_4(稀) \xlongequal{} Na_2SO_4+H_2O_2$$

$$H_2O_2 \xlongequal{} 2H_2O+O_2\uparrow$$

在呼吸面具中 Na_2O_2 可作为氧气的来源，潜水艇在紧急情况时也可用 Na_2O_2 来供氧。

$$2Na_2O_2+2CO_2 \xlongequal{} 2Na_2CO_3+O_2\uparrow$$

3. 超氧化物 钠与钾都能形成超氧化物，是强氧化剂，能和 H_2O、CO_2 反应放出 O_2，由于超氧化钾（KO_2）较易制备，常用作急救时的供氧剂。

$$2KO_2+2H_2O \xlongequal{} 2KOH+H_2O_2+O_2\uparrow$$

4. 硫代硫酸钠 $Na_2S_2O_3$ 俗称海波或大苏打，是中等强度的还原剂，在分析化学中用于测定氧化性物质。$Na_2S_2O_3$ 与 I_2 定量生成 $Na_2S_4O_6$ 的反应是氧化还原定量分析的基本反应。

$$2Na_2S_2O_3+I_2 \xlongequal{} Na_2S_4O_6+2NaI$$

$Na_2S_2O_3$ 还用于氰化物和卤素中毒时的解毒剂，也可用于药物制剂中的抗氧化剂。

$$Na_2S_2O_3+NaCN \xlongequal{} Na_2SO_3+NaSCN$$

$Na_2S_2O_3$ 也是常用的配位剂，由于 $S_2O_3^{2-}$ 具有很强的配位作用，能与银离子形成配离子，可作为定影剂，除去摄影底片上未曝光的溴化银。也可作为重金属盐中毒时的解毒剂。

$Na_2S_2O_3$ 水溶液不稳定，配制时应使用新煮沸过的冷蒸馏水，并加入少量 Na_2CO_3，使溶液呈弱碱性。在强酸性溶液中 $Na_2S_2O_3$ 会分解，在碱性溶液中 $Na_2S_2O_3$ 与 I_2 会发生如下副反应：

$$S_2O_3^{2-}+2H^+ \xlongequal{} SO_2\uparrow+S\downarrow+H_2O$$

$$S_2O_3^{2-}+4I_2+10OH^- \xlongequal{} 2SO_4^{2-}+8I^-+5H_2O$$

5. 焦亚硫酸钠　$Na_2S_2O_5$ 常用作药物制剂的抗氧化剂，分析化学和药物分析中可用剩余滴定法测定其含量。

6. 硫酸钠　无水 Na_2SO_4 在有机药物合成中可作干燥剂，作中药时称为玄明粉。带 10 个结晶水的硫酸钠，称为芒硝，可作缓泻剂，还有清热消肿的作用。

7. 碳酸氢钠　$NaHCO_3$ 俗称小苏打，水溶液呈弱碱性，常用于治疗胃酸过多和酸中毒。

8. 氯化钠和氯化钾　0.9%的 NaCl 水溶液常用于补充体液，KCl 溶液常用于低血钾和洋地黄毒苷中毒引起的心律失常的治疗。

第 2 节　碱 土 金 属

任务导入 11-2

碱金属和碱土金属具有重要的生理功能。例如，Na^+和 K^+能够调节机体和细胞的渗透压；参与体内蛋白质和糖类的代谢；调节体液的酸碱平衡；维持正常的神经兴奋性和心肌运动。Ca^{2+}可作为信使，在传递神经信息、触发肌肉收缩和激素的释放、调节心律、参与体内凝血等过程中都起着重要作用。Mg^{2+}是体内多种酶的激活剂，对维持心肌正常生理功能有重要作用。若缺乏会导致冠状动脉病变、心肌坏死、出现抑郁、肌肉软弱无力和晕眩等症状。

一、镁、钙单质及性质

（一）物理性质

镁（Mg）和钙（Ca）都是银白色金属，属于轻金属，熔点和沸点较高，具有良好的导电性和延展性。镁的主要用途是制取轻合金，这种合金的特点是硬度和韧性都很大，而密度却很小，广泛用于飞机、导弹和汽车制造工业。钙也可用于制造合金，如 1%钙含量的铅合金可作轴承材料。镁和钙都是人体必需的元素。

（二）化学性质

镁和钙都是较活泼的金属元素，且都是强还原剂，易与氧气、水等化合。镁能与热水反应，钙与冷水就能剧烈地反应。室温下钙和镁在空气中，表面会缓慢生成氧化膜。镁燃烧会发出强光，因此镁粉还可作发光剂，用于照明弹、信号弹的制造以及照相。金属钙则一般作脱水剂和还原剂。

二、镁、钙的重要化合物

1. 氧化物　MgO 和 CaO 均是难溶于水的白色粉末，熔点高，硬度大。MgO 可用于制造耐火材料、金属陶瓷和作为抗酸剂，中和胃酸的作用强且持久，也不产生 CO_2。CaO 是重要的建筑材料，可以制得 $Ca(OH)_2$。

2. 氢氧化物　$Mg(OH)_2$ 是中强碱，$Ca(OH)_2$ 是强碱，都难溶于水。$Ca(OH)_2$ 较常用，俗称熟石灰或消石灰，其水溶液俗称澄清石灰水，可用于制造漂白粉和建筑材料灰泥或水的软化。

$Ca(OH)_2$ 溶液与饱和的 Na_2CO_3 溶液反应能生成 NaOH，可用来制取少量烧碱。

$$Ca(OH)_2+Na_2CO_3 \longrightarrow 2NaOH+CaCO_3\downarrow$$

$Ca(OH)_2$ 也不能盛放在带玻璃塞的试剂瓶中，因为与 SiO_2 也能反应，导致瓶子不易打开。

$$SiO_2+Ca(OH)_2 \longrightarrow CaSiO_3\downarrow+H_2O$$

3. 硫酸镁　$MgSO_4$ 俗称泻盐，内服用作缓泻剂和十二指肠引流剂。$MgSO_4$ 注射剂主要用于抗惊厥。

4. 硫酸钙　$CaSO_4 \cdot 2H_2O$ 俗称石膏，加热到 160～200℃时，失去大部分结晶水而变成熟石膏。熟石膏粉与水混合成糊状后，很快凝固和硬化，重新变成 $CaSO_4 \cdot 2H_2O$。利用这种性质，熟石膏可以铸造模型和雕像，在医疗外科上用作石膏绷带。

《中国药典》中收录的钙盐类药物主要有葡萄糖酸钙、磷酸氢钙、乳酸钙和氯化钙，用于治疗急性钙缺乏症、慢性钙缺乏症、抗炎、抗过敏，以及作为镁中毒时的拮抗剂。

5. 氯化钙 无水氯化钙具有很强的吸水性，实验室常用无水氯化钙作干燥剂。其二水合物 $CaCl_2 \cdot 2H_2O$ 用于治疗钙缺乏症，也可用作抗过敏药。

链接

在适当的温度和湿度下，食品中的细菌和霉菌便会以惊人的速度繁殖，使食物腐坏，造成受潮及色变。为了降低食品袋中的湿度，防止食品变质腐败，食品包装袋中经常加入食品干燥剂。你在生活中见过哪些常用的食品中干燥剂？为什么它们可以降低湿度？

三、水的硬度

天然水中溶有较多的钙盐、镁盐时称为硬水。水中钙盐和镁盐的含量常用硬度来表示。硬水对日常生活和工业生产会造成不利影响甚至严重危害，在药厂生产和卫生检验中要严格控制水的硬度。降低硬水中钙盐和镁盐含量的过程称为硬水的软化。

含有钙、镁的酸式碳酸盐的硬水称为暂时硬水，加热煮沸后，酸式碳酸盐分解，生成不溶性碳酸盐沉淀而除去。

$$Ca(HCO_3)_2 \xlongequal{煮沸} CaCO_3\downarrow + H_2O + CO_2\uparrow$$

$$Mg(HCO_3)_2 \xlongequal{煮沸} MgCO_3\downarrow + H_2O + CO_2\uparrow$$

含有钙、镁硫酸盐或氯化物的硬水称为永久性硬水，加热时不能除去钙盐和镁盐，常采用石灰、纯碱法，即在硬水中加入石灰、纯碱等，使水中溶解的钙盐、镁盐生成 $CaCO_3$、$Mg(OH)_2$ 沉淀而除去。

$$Mg^{2+} + Ca(OH)_2 \xlongequal{} Mg(OH)_2\downarrow + Ca^{2+}$$

$$Ca^{2+} + Na_2CO_3 \xlongequal{} CaCO_3\downarrow + 2Na^{2+}$$

还有离子交换法，水中的 Ca^{2+}、Mg^{2+} 等被离子交换树脂吸附，离子交换树脂交换放出 H^+。离子交换树脂可再生并重复使用。

第3节 过渡金属

任务导入 11-3

过渡金属的应用非常广泛，涵盖了从高科技到日常生活的多个领域。铂、钯、钌和铑等常作为催化剂用于加氢、加氧和加氮等反应中以提高反应速率和选择性；在电子工业中铜是制造导线和接触材料的常用金属，钨、钼、铌等金属则被用于制造半导体和电子管等器件；在制药领域铂化合物常被用于肿瘤治疗……随着新型材料的不断发展，过渡金属的应用领域也将不断扩展。

过渡元素又称为过渡金属，位于周期表中部的 d 区和 ds 区，处在主族金属元素（s 区）和主族非金属元素（p 区）之间，元素包括ⅠB～ⅦB 及第Ⅷ族元素共 10 个直列（表 11-1）。

表 11-1 周期表中的过渡元素

ⅢB	ⅣB	ⅤB	ⅥB	ⅦB	Ⅷ	ⅠB	ⅡB
Sc（钪）	Ti（钛）	V（钒）	Cr（铬）	Mn（锰）	Fe（铁）Co（钴）Ni（镍）	Cu（铜）	Zn（锌）
Y（钇）	Zr（锆）	Nb（铌）	Mo（钼）	Tc（锝）	Ru（钌）Rh（铑）Rd（钯）	Ag（银）	Cd（镉）
La-Lu 镧系	Hf（铪）	Ta（钽）	W（钨）	Re（铼）	Os（锇）Lr（铱）Pt（铂）	Au（金）	Hg（汞）

通常按周期将过渡元素分成以下三个系列。第四周期从 Sc 到 Zn 元素称为第一过渡系；第五周期从 Y 到 Cd 称为第二过渡系；第六周期从 Lu 到 Hg 称为第三过渡系。过渡元素有许多共同的性质。

一、过渡金属通论

（一）原子的电子层结构和原子半径

过渡元素原子的价电子构型为（n–1）$d^{1\sim10}ns^{1\sim2}$。原子半径的共同特点是随着核电荷数的增加，电子依次填充在次外层的 d 轨道上，它对原子核的屏蔽效应比外层电子大，致使有效核电荷增加不多，故同周期元素的原子半径从左到右只是略有减小[而ⅠB、ⅡB 因（n–1）d 亚层被填满而略有增大]。

对同族过渡元素而言，其原子半径自上而下也略有增加。特别是由于“镧系收缩”的影响，第二和第三过渡系元素的原子半径十分接近。

（二）单质的物理性质

由于过渡元素最外层一般为 1～2 个电子，容易失去电子，因此，它们的单质均为金属，单质的外观多为银白色、灰白色，具有光泽。

过渡金属的密度、硬度、熔点和沸点都较高（ⅡB 族元素除外）。例如，单质中密度最大的是锇（22.48 g/cm），熔点最高的是钨（3683 K），熔点最低的是铯（301.6 K），汞除外（汞是常温下唯一的液体金属），硬度最大的为铬，其莫氏（Moh）硬度为 9，仅次于金刚石，银是所有金属中导热、导电性能最好的。这种现象与过渡金属的原子半径较小、晶体中除 s 电子外还有 d 电子参与成键等因素有关。因此，过渡金属具有优良而独特的物理性质。

（三）氧化值

过渡元素具有多种氧化值。由于过渡元素外层的 s 电子与次外层 d 电子的能级相近，因此除 s 电子外，次外层 d 电子也能部分或全部参与成键，因此形成多种氧化值的化合物。

（四）单质的化学性质

过渡元素具有金属的一般化学性质，但彼此的活泼性差别较大。第一过渡系多是比较活泼的金属（Cu 除外），第二、第三过渡系的金属单质的活泼性弱，非常稳定。

（五）水合离子的颜色

过渡元素的水合离子大多具有颜色（表 11-2）。根据研究，水合离子的颜色与其价层电子组态中未成对的 d 电子的跃迁和电荷迁移有关。其中 Cu^{+}、Ag^{+}、Zn^{2+}、Cd^{2+}、Hg^{2+}等没有未成对的 d 电子，所以都是无色的。

表 11-2 过渡元素水合离子的颜色

未成对的 d 电子数	水合离子的颜色
0	Ag^{+}、Cu^{+}、Zn^{2+}、Cd^{2+}、Hg^{2+}、Se^{3+}、Ti^{4+}等均无色
1	Cu^{2+}（天蓝色）、Ti^{3+}（紫色）
2	Ni^{2+}（绿色）、V^{3+}（绿色）
3	Cr^{3+}（蓝紫色）、Co^{2+}（粉红色）
4	Fe^{2+}（浅绿色）
5	Fe^{3+}（浅黄色）、Mn^{2+}（浅粉红色）

（六）配合物的形成

过渡元素的离子或原子具有（n–1）d、ns、np 或 n、np、nd 构型，有能级相近 9 个价电子轨道，就其离子而言，其中 n、np、nd 轨道是空的，（n–1）d 轨道也是部分或全空，这种构型具备了接受配体孤对电子并形成配合物的条件。另外，过渡元素的离子半径较小，并有较大的有效核电荷，对配体有较强的吸引力。除离子外，过渡元素的原子也有空的 np 轨道和部分（n–1）d 轨道，同样能接受配体的孤对电子，而形成一些特殊的配合物。

二、常见过渡金属

链接

我们日常生活用的很多药物都含有过渡金属，矿物药就是其中很大一部分，如白矾、炉甘石、朱砂等，还有一些非矿物药也含有过渡金属。

（一）铁及其化合物

铁在元素周期表中位于第四周期第Ⅷ族。铁在地壳中的含量仅次于氧、硅和铝，居第四位，含铁的矿物主要有磁铁矿（Fe_3O_4）、赤铁矿（Fe_2O_3）、褐铁矿（$2Fe_2O_3 \cdot 3H_2O$）、黄铁矿（FeS_2）、菱铁矿（$FeCO_3$）等。

1. 铁 铁单质具有灰白色金属光泽，具有良好的导热性、导电性、延展性和铁磁性，是中等活泼的金属元素，能与非金属、酸、水、盐等发生化学反应。在潮湿空气中，铁很容易被腐蚀生成铁锈。铁能与盐酸、稀硫酸及稀硝酸作用生成亚铁盐或铁盐。在常温下，铁遇浓硫酸或浓硝酸产生钝化现象，因此可用铁制容器储运浓硫酸和浓硝酸。铁还能与比它活泼性弱的金属的盐溶液反应，置换出这种金属。

2. 氢氧化物 +2 氧化数的 $Fe(OH)_2$ 的还原性很强，空气中的 O_2 就能氧化 $Fe(OH)_2$，故实验中往往得不到白色的 $Fe(OH)_2$ 胶状沉淀，看到的是灰绿色的 $Fe(OH)_2$ 和 $Fe(OH)_3$ 的混合物，最后变为红褐色 $Fe(OH)_3$ 沉淀：

$$4Fe(OH)_2 + O_2 + 2H_2O = 4Fe(OH)_3$$

Fe^{3+}在酸性介质中为中等强度氧化剂，能与 I^-、Sn^{2+}、SO_3^{2-}等多种还原剂作用。例如，在分析化学中用佛尔哈德法的返滴定法测定 I^-时，应先加入过量的 $AgNO_3$ 标准溶液，再加入 $NH_4Fe(SO_4)_2$（铁铵矾）指示剂，以防止 Fe^{3+}氧化 I^-，影响分析结果。

3. 硫酸亚铁 $FeSO_4$ 在潮湿空气或水溶液中都易被氧化及水解，因此药用时需做成糖衣片或糖浆以防止氧化。七水合硫酸亚铁（$FeSO_4 \cdot 7H_2O$）又称绿矾、青矾或皂矾，为透明、淡蓝绿色的柱状结晶或颗粒；无臭、味咸、带金属味；在干燥空气中易风化、易溶于水、不溶于乙醇，可作为内服药，治疗缺铁性贫血。

4. 铁的配合物 铁系元素还能形成多种配合物，常见的配位数为 6，$[Fe(SCN)_6]^{3-}$和$[Fe(SCN)_6]^{4-}$离子能与多种离子生成特定颜色的沉淀，可用于鉴定某些金属离子。例如，在含有 Fe^{2+}的溶液中加入 $K_3[Fe(CN)_6]$（铁氰化钾），或在 Fe^{3+}的溶液中加入 $K_4[Fe(CN)_6]$（亚铁氰化钾），都有蓝色沉淀生成，两种沉淀互为同分异构体：

$$K^+ + Fe^{2+} + [Fe(CN)_6]^{3-} \rightleftharpoons KFe[Fe(CN)_6]\downarrow \text{（腾氏蓝）}$$

$$K^+ + Fe^{3+} + [Fe(CN)_6]^{4-} \rightleftharpoons KFe[Fe(CN)_6]\downarrow \text{（普鲁士蓝）}$$

Fe^{3+}还可以与 SCN^-反应，生成血红色的配合物$[Fe(SCN)_6]^{3-}$配离子：

$$Fe^{3+} + 6SCN^- \rightleftharpoons [Fe(SCN)_6]^{3-} \text{（血红色）}$$

常用以上反应鉴定 Fe^{2+}、Fe^{3+}存在。

链接 动物体内的铁元素

动物体内的铁大部分以血红蛋白、肌红蛋白、铁蛋白及转铁蛋白等形式存在。血液中的铁主要以血红蛋白的形式存在于红细胞中，而在血浆中铁则以转铁蛋白形式存在。转铁蛋白作为铁的传递体循环于血液中，在铁的代谢中起重要作用。生物体内的天然氧载体具有可逆载氧能力，能把从外界吸入体内的氧气运送到各种组织，供细胞内进行维持生命所必需的各种氧化作用。

5. 铁的氧化物　Fe_2O_3有α-Fe_2O_3和γ-Fe_2O_3两种不同的构型。α-Fe_2O_3广泛用作红色颜料，用于制备铁氧体磁性材料。γ-Fe_2O_3是生产录音磁带的磁性材料。

FeO是黑色晶体，不稳定，在空气里加热，就迅速被氧化成Fe_3O_4。

Fe_3O_4（$FeO \cdot Fe_2O_3$）是一种有磁性的黑色晶体，俗称磁性氧化铁。其纳米材料，具有优异的磁性和宽频率范围的强吸收性，成为战略轰炸机、导弹的隐形材料。

（二）铬及其化合物

铬（Cr）是ⅥB族过渡元素。纯铬具有银白色金属光泽，有延展性；其熔点、沸点较高，抗腐蚀性强，是硬度最高的金属。大量的铬用于制造合金，含铬、镍的钢称为不锈钢，它的抗腐蚀性能极强，是机械设备制造的重要原材料。

1. 铬（Ⅲ）的化合物　可溶性Cr^{3+}盐溶于水时，可发生水解使溶液显酸性。

$$Cr^{3+} + 3H_2O = Cr(OH)_3 + 3H^+$$

如果降低溶液的酸度，则生成灰绿色$Cr(OH)_3$胶状沉淀。如果铬（Ⅲ）的盐溶液与适量的氨水或NaOH溶液反应，可生成灰绿色的$Cr(OH)_3$胶状沉淀。$Cr(OH)_3$呈两性，能与酸或碱溶液作用生成相应的盐。此外，$Cr(OH)_3$还能溶解在过量的氨水中，生成配合物：

$$Cr(OH)_3 + 6NH_3 = [Cr(NH_3)_6](OH)_3$$

Cr^{3+}在碱性介质中的还原性较强。在碱性溶液中，CrO_2^-能被H_2O_2、Cl_2等氧化剂氧化成CrO_4^{2-}：

$$2CrO_2^- + 3H_2O_2 + 2OH^- = 2CrO_4^{2-} + 4H_2O$$

在酸性介质中，Cr^{3+}的还原性较弱，只有$(NH_4)_2S_2O_8$或$KMnO_4$等少数强氧化剂才能将Cr^{3+}氧化为Cr^{6+}。例如：

$$10Cr^{3+} + 6MnO_4^- + 11H_2O = 5Cr_2O_7^{2-} + 6Mn^{2+} + 22H^+$$

Cr_2O_3是绿色固体，微溶于水，也呈两性，既溶于酸又溶于碱，生成相应的盐。例如：

$$Cr_2O_3 + 3H_2SO_4 = Cr_2(SO_4)_3 + 3H_2O$$

$$Cr_2O_3 + 2NaOH = 2NaCrO_2 + H_2O$$

2. 铬（Ⅵ）的化合物　铬（Ⅵ）化合物中最重要的有重铬酸钾（$K_2Cr_2O_7$）和铬酸钾（K_2CrO_4）。$K_2Cr_2O_7$在低温下溶解度极小，不含结晶水，不易潮解，常用于制作定量分析的基准物。

（1）强氧化性　在酸性介质中，重铬酸盐和铬酸盐都是强氧化剂。$K_2Cr_2O_7$饱和溶液与浓H_2SO_4的混合物，称为铬酸洗液。洗液中的深红色沉淀为CrO_3：

$$K_2Cr_2O_7 + H_2SO_4(浓) = 2CrO_3\downarrow + K_2SO_4 + H_2O$$

CrO_3又名铬酸酐，暗红色，有毒，易溶于水，具有极强的氧化性。铬酸洗液可用于洗涤玻璃器皿上的污物。当洗液经多次使用后，由暗红色变为绿色，表明Cr^{6+}已经转变为Cr^{3+}，洗液基本失效。但由于Cr^{6+}具有明显的毒性，已逐渐被其他洗涤剂所代替。

（2）生成沉淀反应　当向铬酸盐或重铬酸盐的溶液中加入Ba^{2+}、Pb^{2+}、Ag^+等离子时，可生成铬酸盐沉淀。例如：

$$2Ag^+ + CrO_4^{2-} = Ag_2CrO_4\downarrow$$

$$2Pb^{2+}+Cr_2O_7^{2-}+H_2O \longrightarrow 2H^++2PbCrO_4\downarrow$$

生成的铬酸盐沉淀不溶于弱酸，但可溶于强酸。在铬酸盐和重铬酸盐溶液中有下列平衡：

$$\underset{\text{橙红色}}{Cr_2O_7^{2-}}+H_2O \rightleftharpoons \underset{\text{黄色}}{2CrO_4^{2-}}+2H^+$$

由平衡方程式可知：加酸平衡向左移动，溶液中$Cr_2O_7^{2-}$浓度升高，溶液显橙红色；加碱平衡向右移动，溶液中CrO_4^{2-}浓度升高，溶液显黄色。溶液中$Cr_2O_7^{2-}$和CrO_4^{2-}的相对浓度取决于溶液的pH。

在酸性溶液中，重铬酸盐或铬酸盐能与H_2O_2作用，生成蓝色的过氧化铬[$CrO(O_2)_2$]，此反应可用于鉴别CrO_4^{2-}和$Cr_2O_7^{2-}$。

（三）锰及其化合物

锰（Mn）是ⅦB族过渡元素。致密的块状锰是银白色的，粉末状锰为灰色。锰的合金非常重要，如锰钢很坚硬、抗冲击、耐磨损，可用于制造钢轨、盔甲等。锰可以形成+2、+3、+4、+6、+7氧化数的多种化合物，但以+2、+4、+7氧化数的化合物更为常见。

锰比铬活泼，能从热水中置换出氢气，也可溶于稀酸中，在高温下能够直接同卤素、硫、碳和磷等非金属发生反应。

1. 锰（Ⅱ）化合物 锰（Ⅱ）的重要化合物是可溶性锰盐，常见的有$MnSO_4$、$MnCl_2$和$Mn(NO_3)_2$。Mn^{2+}在酸性溶液中相当稳定，在碱性介质中还原性较强，如当Mn^{2+}与OH^-作用时，可生成$Mn(OH)_2$白色沉淀，放置片刻即被空气中的O_2氧化，生成棕色的$MnO(OH)_2$。

2. 锰（Ⅳ）化合物 MnO_2是灰黑色固体，不溶于水，在酸性介质中是强氧化剂，与浓H_2SO_4作用可生成O_2。

$$MnO_2+2H_2SO_4(\text{浓}) \longrightarrow O_2\uparrow+2MnSO_4+2H_2O$$

MnO_2在强碱性介质中可显示出还原性。

$$3MnO_2+6KOH+KClO_3 \xrightarrow{\triangle} 3K_2MnO_4+3H_2O+KCl$$

MnO_2用途很广，在有机合成、化工生产等许多工业领域中都具有重要的用途，如作有机反应的催化剂、氧化剂，干电池的去极化剂，玻璃工业的脱色剂，火柴工业的助燃剂，油漆、油墨的干燥剂。

3. 锰（Ⅵ）化合物 MnO_4^{2-}在强碱性介质中稳定，在酸性介质中发生歧化反应：

$$3MnO_4^{2-}+4H^+ \longrightarrow 2MnO_4^-+MnO_2\downarrow+2H_2O$$

4. 锰（Ⅶ）化合物 锰（Ⅶ）化合物中最重要的是$KMnO_4$，也称PP粉，无臭，易溶于水，是一种深紫色的晶体。

（1）分解反应 $KMnO_4$晶体在常温下稳定，加热到200℃以上时，分解放出O_2，是实验室制备少量氧气的一种简便方法：

$$2KMnO_4 \xrightarrow{\triangle} K_2MnO_4+MnO_2+O_2\uparrow$$

但$KMnO_4$溶液不稳定，常温下缓慢地分解，生成棕色的MnO_2沉淀，并放出O_2：

$$4MnO_4^-+4H^+ \longrightarrow 4MnO_2\downarrow+3O_2\uparrow+2H_2O$$

在光照射下分解反应加速进行，因此$KMnO_4$溶液应保存在棕色瓶中。

（2）强氧化性 $KMnO_4$是强氧化剂，其还原产物与溶液的酸碱性有关。例如，$KMnO_4$在酸性、中性和强碱性介质中与Na_2SO_3的反应分别为：

$$2MnO_4^-+5SO_3^{2-}+6H^+ \longrightarrow 2Mn^{2+}+5SO_4^{2-}+3H_2O$$

$$2MnO_4^-+3SO_3^{2-}+H_2O \longrightarrow 2MnO_2\downarrow+3SO_4^{2-}+2OH^-$$

$$2MnO_4^- + SO_3^{2-} + 2OH^- \xlongequal{\quad} 2MnO_4^{2-} + SO_4^{2-} + H_2O$$

在分析化学中利用 $KMnO_4$ 在酸性溶液中能与许多还原性物质，如 Fe^{2+}、$C_2O_4^{2-}$、AsO_4^{3-} 等反应，并可测定其含量。

$$MnO_4^- + 5Fe^{2+} + 8H^+ \xlongequal{\quad} Mn^{2+} + 5Fe^{3+} + 4H_2O$$

$$2MnO_4^- + 5C_2O_4^{2-} + 16H^+ \xlongequal{\quad} 2Mn^{2+} + 10CO_2\uparrow + 8H_2O$$

$KMnO_4$ 还可作为消毒防腐剂，如 0.05%～0.2%的稀溶液，外用冲洗黏膜、腔道、伤口等；灌洗膀胱或尿道（0.01%～0.02%）；口服稀溶液（1∶1000）可用于有机物中毒时洗胃，在公共场所用作消毒剂。$KMnO_4$ 作为消毒药，它本身在中性溶液中被还原为褐色的 MnO_2，附着在物品上，可用还原剂乙二酸、亚硫酸氢钠等洗去。保存时，勿与有机物、浓硫酸等接触，以免发生爆炸。$KMnO_4$ 水溶液长期放置会有 MnO_2 生成。

（四）铜及其化合物

铜（Cu）是ⅠB 族过渡元素。铜的常见氧化数为+1 和+2。

1. 氧化亚铜　Cu_2O 难溶于水。溶液中形成的 Cu_2O 因晶粒大小不同，颜色可由黄、橙黄到棕红。临床医学上用碱性酒石酸钾钠的铜（Ⅱ）盐溶液检查尿糖，就是利用生成 Cu_2O 沉淀的多少来判断尿糖含量。

2. 氧化铜　CuO 是难溶于水的黑色固体，易溶于酸生成相应的盐。

3. 氢氧化铜　$Cu(OH)_2$ 是淡蓝色固体，受热时脱水变为黑色的 CuO。$Cu(OH)_2$ 略显两性，既易溶于酸，也能溶于浓的强碱溶液中，生成蓝紫色的 $[Cu(OH)_4]^{2-}$ 配离子。

$$Cu(OH)_2 + 2OH^- \rightleftharpoons [Cu(OH)_4]^{2-}$$

$Cu(OH)_2$ 可溶于氨水，生成深蓝色的 $[Cu(NH_3)_4]^{2+}$ 配离子：

$$Cu(OH)_2 + 4NH_3 \rightleftharpoons [Cu(NH_3)_4]^{2+} + 2OH^-$$

4. 硫酸铜　$CuSO_4$ 是白色粉末，不溶于乙醇和乙醚，具有很强的吸水性，吸水后得到蓝色的 $CuSO_4 \cdot 5H_2O$，又称胆矾，常利用这一性质来检验乙醇和乙醚等有机溶剂中的微量水分，可用作干燥剂。硫酸铜对黏膜具有收敛、刺激和腐蚀作用，眼科用于治疗沙眼、结膜炎或创面腐蚀，外用可治疗真菌性皮肤病，内服有催吐作用。与生石灰配成波尔多液用于消灭植物病虫害。

（五）银及其化合物

银（Ag）是ⅠB 族过渡元素。银的常见氧化态为+1。

1. 银（Ⅰ）盐　在仅有的几种可溶性银盐中最常用的是 $AgNO_3$。$AgNO_3$ 对热不稳定，遇光易分解，滴在手上，会在皮肤上产生 Ag 黑斑，难以洗掉。

$$2AgNO_3 \xlongequal{\quad} 2Ag\downarrow + 2NO_2\uparrow + O_2\uparrow$$

因此 $AgNO_3$ 应保存在棕色瓶中。

Ag^+ 还具有氧化性，能破坏和腐蚀有机组织。医药上用 10%的 $AgNO_3$ 溶液作消毒剂和防腐剂。

Ag^+ 的沉淀反应在分析化学中常用于鉴别多种阴离子，如 Ag_2CrO_4（砖红色）、Ag_3AsO_4（棕色）、Ag_3PO_4（黄色）、AgCl（白色）等。

在 Ag^+ 的盐溶液中加入盐酸，即生成白色乳凝状沉淀，沉淀不溶于硝酸，可溶于氨水，生成银氨溶液。

$$Ag^+ + Cl \xlongequal{\quad} AgCl\downarrow$$

$$AgCl + 2NH_3 \xlongequal{\quad} [Ag(NH_3)_2]Cl$$

Ag^+ 的盐溶液与碱作用很难得到白色 AgOH 沉淀，生成的 AgOH 极不稳定，立即脱水变成棕黑色

的 Ag_2O。

$$2Ag^{+}+2OH^{-} \longrightarrow Ag_2O\downarrow+H_2O$$

2. 氧化银 Ag_2O 微溶于水，溶液显碱性。Ag_2O 能溶于 HNO_3 溶液生成 $AgNO_3$，也能溶于氨水生成$[Ag(NH_3)_2]^{+}$配离子。Ag_2O 也具有氧化性，能将 CO 氧化为 CO_2。

故 Ag_2O 和 MnO_2、Co_2O_3、CuO 的混合物常用于防毒面具中。

（六）汞及其化合物

汞（Hg）是ⅡB 族过渡元素，是唯一在常温下呈液态的金属，且易挥发，汞蒸汽毒性很大，要在通风橱内使用。若不慎洒出，应撒上硫黄粉或 $FeCl_3$ 而减少毒性。

汞的常见氧化数为+1 和+2，在氧化数为+1 的化合物中，汞元素是以双聚离子 Hg_2^{2+} 的形式出现，这种形式比较稳定。

当 $Hg(NO_3)_2$ 溶液与 Hg 作用时，绝大部分 Hg^{2+}都能转变成 Hg_2^{2+}。

$$Hg^{2+}+Hg \longrightarrow Hg_2^{2+}$$

$HgCl_2$ 与氨水反应，生成 $HgNH_2Cl$ 白色沉淀；Hg_2Cl_2 与氨水反应生成灰黑色的 $HgNH_2Cl$ 和 Hg 单质的混合物。

$$HgCl_2+2NH_3 \longrightarrow NH_4Cl+HgNH_2Cl\downarrow$$

$$Hg_2Cl_2+2NH_3 \longrightarrow NH_4Cl+Hg\downarrow+HgNH_2Cl\downarrow$$

上述反应可用于鉴定和区分 Hg_2^{2+} 和 Hg^{2+}，还可以用 OH^-、I^-、H_2S 等试剂鉴定和区分 Hg^{2+}和 Hg_2^{2+}。

1. 硫化汞 HgS 的天然矿物称朱砂，暗红色或鲜红色。有光泽、易碎、无臭、无味，难溶于水，也难溶于盐酸或硝酸，而溶于王水。人工合成的朱砂是由汞、硫加热升华而成，朱砂有镇静、催眠作用，可治疗惊风、心悸、癫痫等病。外用能抑杀皮肤细菌和寄生虫。

2. 氧化汞 HgO 也称黄降汞，为黄色至橙黄色无定形的细粉。水溶液中几乎不溶，也不溶于醇，能溶于稀盐酸或稀硝酸。在空气中无变化，遇光颜色渐变，故应置避光容器内密闭保存于暗处。HgO 杀菌力很强，做成眼药膏治疗睑缘炎、深层角膜炎和巩膜炎等。HgO 软膏不宜与铁、锌、铜等金属器皿接触，否则会析出游离的汞，调配与储存时应注意。

3. 氯化汞 $HgCl_2$ 熔点较低，能升华，俗称升汞，是白色或白色斜方形的块状晶体，无臭，微溶于水，有强烈毒性，内服 0.2～0.4 g 可致死。由于它的毒性，升汞片以及其溶液都应涂上特殊颜色，以示警惕，储液瓶也应有特殊的剧毒标志。$HgCl_2$ 是一种弱电解质，加热至 277℃熔化成无色液体，至 300℃沸腾并产生白色的蒸汽。外用作皮肤与器械的消毒。在医药上可用作手术器械的消毒剂，也可用作防腐剂，中药称"白降丹"，用于治疗疔毒。

4. 氯化氨基汞 $HgNH_2Cl$ 又称"白降汞"，在医药上可制成软膏，用以治疗疥、癣等皮肤病。

5. 氯化亚汞 Hg_2Cl_2 俗称甘汞，为白色固体，难溶于水，少剂量时无毒，为中药轻粉的主要成分，内服可作轻泻剂，外用治疗慢性溃疡及皮肤病，也常用于制作甘汞电极。Hg_2Cl_2 见光易分解，故常保存在棕色瓶中。

（七）锌及其化合物

锌（Zn）是元素周期表中ⅡB 族元素。锌是活泼的两性金属，既可与稀酸反应，又可与强碱反应，且都能产生 H_2。锌在空气中表面可生成一种致密的氧化物或碱式碳酸盐的膜，使其有抗腐蚀的性能，所以常用锌来镀薄铁板。

1. 氧化锌 ZnO 俗称锌氧粉或锌白粉，为白色粉末，不溶于水和醇，是两性氧化物，既溶于酸，又溶于碱。ZnO 无毒，在空气中能慢慢吸收水分和 CO_2 而变为碱式的 $ZnCO_3$，故应密闭保存。灼热的

ZnO 呈黄色，冷却后又变成白色。ZnO 也是常用药物，可制成散剂、糊剂、混悬剂和软膏，具有收敛和杀菌作用，可治疗湿疹、皮炎等皮肤病，也可作白色颜料。

2. 氢氧化锌 $Zn(OH)_2$ 为白色粉末，不溶于水，具有明显的两性，既能溶于强酸又能溶于强碱。

3. 硫化锌 ZnS 是白色粉末，掺入微量 Ag、Cu、Mn 等离子作激活剂，光照后可发出多种颜色的荧光，常用于制作荧光屏、夜光仪表和电视荧光粉等。

4. 硫酸锌 $ZnSO_4$ 也称皓矾或锌矾，为无色透明柱状结晶或细针状结晶或颗粒状的结晶粉末；无臭，有金属涩味；在空气中有风化性，极易溶于水，难溶于甘油、醇。外用配制滴眼溶液，利用其收敛性防止沙眼的发展。此滴眼液在中性或弱碱性溶液中，极易生成 $Zn(OH)_2$ 或碱式盐的浑浊。因此配制此滴眼液时常加入硼酸作为缓冲剂，并加入 NaCl 调成等渗溶液。

5. 氯化锌 无水 $ZnCl_2$ 是白色易潮解固体，易溶于水、醇和醚中，它的吸水性很强，有机化学中常用它作脱水剂和催化剂。

链接 过渡元素在生物体内的作用

碳酸酐酶是一种含锌酶，具有维持血液 pH、离子输送和 CO_2 交换等生物功能；红细胞中 60%以上的铜是以超氧化物歧化酶（SOD）的形式存在，SOD 有抗自由基、抗辐射损伤、预防衰老及防止炎症和肿瘤等重要作用；生物体内的黄嘌呤氧化酶、醛氧化酶、硝酸盐还原酶、亚硫酸氧化酶、固氮酶等都是含钼的金属酶；维生素 B_{12} 是含钴的生物配位化合物，它可以促进核酸和蛋白质合成、叶酸储存、硫醇活化、骨磷脂形成，促进红细胞发育与成熟。

第 4 节 铝、锡和铅

任务导入 11-4

在航空航天工业中，铝合金凭借其出众的机械性能、较低的密度、良好的导热性及优异的耐腐蚀性，成为了不可或缺的关键材料。近年来，中国载人航天工程取得了举世瞩目的成就，这里面就有着科研与生产人员在铝合金材料上不断突破给予的助力。在中国空间站科研实验舱用的金属材料中，按质量估算，铝合金材料占 75%以上；在火箭用的金属材料中，除少量的钛合金与金属基复合材料外，其他材料都是铝合金，约占金属结构总质量的 95%。

一、铝单质及其化合物

（一）铝

铝是ⅢA 族的金属元素，在化合物中氧化数为+3，铝在地壳中含量居第三位，仅次于氧和硅。

铝是银白色轻金属，密度为 2.7g/cm^3，有良好的延展性、导电性和导热性，无磁性。在所有金属中，铝的导电、传热能力仅次于银和铜，延展性仅次于金，所以铝易制成筒、管、棒或箔，铝箔广泛用于包装片剂、胶囊剂。

铝是化学性质较活泼的金属，能与非金属、酸、碱及氧化物反应。

1. 与非金属反应 铝与空气接触很快会失去光泽，表面生成一层致密而坚固的氧化物薄膜，从而阻止内部的铝被继续氧化，这种现象称为钝化。利用铝的钝化原理工业上常用铝罐储运发烟硝酸。

2. 铝的两性 铝是两性金属，既能溶于稀盐酸、稀硫酸，也易溶于强碱溶液。

$$2Al + 6HCl \longrightarrow 2AlCl_3 + 3H_2\uparrow$$

$$2Al + 2NaOH + 6H_2O \longrightarrow 2Na[Al(OH)_4] + 3H_2\uparrow$$

3. 与某些金属氧化物反应 铝能从许多金属氧化物中夺取氧置换出金属，表现出较强的亲氧性。

$$2Al + Fe_2O_3 \xlongequal{\quad} 2Fe + Al_2O_3$$

反应放出大量热，达到很高的温度（约 3000℃）。铝粉和金属氧化物的混合物称为铝热剂，可用于钢轨的无缝焊接，还可用于制取难熔的金属如钒、铬、锰等。

（二）铝的化合物

1. 氧化铝 Al_2O_3是一种典型的两性氧化物，既能与酸反应，又能与碱反应。例如：

$$Al_2O_3 + 6HCl \xlongequal{\quad} 2AlCl_3 + 3H_2O$$

$$Al_2O_3 + 2NaOH + 3H_2O \xlongequal{\quad} 2Na[Al(OH)_4]$$

2. 氢氧化铝 $Al(OH)_3$ 为不溶于水的白色胶状物质，但能凝聚水中的悬浮物，并能吸附色素。$Al(OH)_3$ 也是良好的抗酸药，临床上用于治疗胃酸过多、胃溃疡、十二指肠溃疡等病，常制成氢氧化铝凝胶剂、干燥氢氧化铝和氢氧化铝片剂，此三种都已收录于《中国药典》。其中 $Al(OH)_3$ 凝胶还能保护溃疡面，与胃酸作用的产物 $AlCl_3$ 也具有收敛和局部止血的作用。

$Al(OH)_3$是两性物质，既能溶于强酸，又能溶于强碱。例如：

$$Al(OH)_3 + 3HCl \xlongequal{\quad} AlCl_3 + 3H_2O \uparrow$$

$$Al(OH)_3 + NaOH \xlongequal{\quad} Na[Al(OH)_4]$$

3. 明矾 $KAl(SO_4)_2 \cdot 12H_2O$，又称苦矾（枯矾），无色晶体，易溶于水，并发生水解反应，溶液呈酸性。水解生成的 $Al(OH)_3$ 溶胶具有吸附能力，广泛用于水的净化。明矾能使蛋白质凝结，常用作局部收敛药。5～20 g/L 的溶液可用于洗眼水或含漱剂。外科使用干燥明矾（脱水明矾）撒布伤口，可作收敛性的止血剂，也用于湿疹和皮炎的湿敷。

二、锡单质及其化合物

（一）锡

锡（Sn）是ⅣA 族的金属元素，是银白色的金属，质软、无毒，熔点低，具有良好的延展性。自然界中主要以锡石（SnO_2）存在。在我国云南个旧市因其锡矿开发历史悠久、储量丰富、冶炼技术先进以及纯度高而闻名国内外，故有“锡都”之称。锡有三种同素异形体，即灰锡（α-Sn）、白锡（β-Sn）和脆锡（γ-Sn），在不同温度下三者可以相互转化。灰锡呈灰色粉末状，白锡在 13.2℃下变成灰锡，但转变较为缓慢，如果温度过低，反应会加快。因此锡制品，冬季不宜放在室外，用锡铁皮罐装的食品不宜冷藏。

锡在空气中稳定，不易被氧气氧化。锡与稀盐酸反应可置换出氢气，与稀硝酸作用生成 $Sn(NO_3)_2$，与浓硝酸作用生成 H_2SnO_3。

（二）锡的化合物

1. 锡的氧化物和氢氧化物 锡的氧化物有 SnO、SnO_2，氢氧化物有 $Sn(OH)_2$、$Sn(OH)_4$。锡的氧化物不溶于水，因此制备锡的氢氧化物常用锡盐与碱反应。在 Sn（Ⅱ）或 Sn（Ⅳ）的盐溶液中加入 NaOH 溶液可生成不同的白色胶状沉淀。

$$Sn^{2+} + 2OH^- \xlongequal{\quad} Sn(OH)_2 \downarrow$$

$$Sn^{4+} + 4OH^- \xlongequal{\quad} Sn(OH)_4 \downarrow$$

锡的氧化物和氢氧化物具有两性，低价态的偏碱性，高价态的偏酸性。

2. 锡盐的氧化还原性 Sn（Ⅱ）在酸性或碱性介质中都是较强的还原剂，在碱性介质中还原性更强。

Sn（Ⅱ）与 $HgCl_2$ 反应先生成白色丝状沉淀 Hg_2Cl_2，如果 Sn^{2+}过量，有黑色的 Hg 析出。由此鉴

定 Sn^{2+}、Hg^{2+}。

在酸性介质中 Sn^{4+}能发生逆歧化反应：

$$Sn^{4+} + Sn = 2Sn^{2+}$$

3. 常见的锡盐　氯化亚锡（$SnCl_2 \cdot H_2O$）为无色晶体，极易发生水解生成碱式盐，同时 Sn^{2+}在空气中易被氧化。所以在配制 $SnCl_2$ 溶液时应将氯化亚锡固体溶解在稀盐酸中，并加入锡粒防止 Sn^{2+}氧化。$SnCl_2$ 由于具有较强的还原性，还常在有机合成中作还原剂。

$$SnCl_2 + H_2O = Sn(OH)Cl + HCl$$

$$2Sn^{2+} + O_2 + 4H^+ = 2Sn^{4+} + 2H_2O$$

三、铅单质及其化合物

（一）铅

铅是ⅣA 族的金属元素，蓝白色，属于重金属，质软，有毒性。自然界的铅主要存在铅矿石（PbS）中，铅与稀盐酸、稀硫酸几乎不反应，因为反应生成的 $PbCl_2$ 和 $PbSO_4$ 溶解度很小，会覆盖在铅的表面阻止反应进一步进行。但铅可与硝酸反应生成 $Pb(NO_3)_2$。

铅能有效阻挡 X 射线和核裂变射线，而被用作放射性的防护材料。锡-铅还用于制造合金，如焊锡（Sn、Pb）、保险丝（Pb、Sn）和蓄电池的极板（Sn、Pb）等。铅和可溶性铅盐有毒，进入人体不易排出而导致累积性铅中毒，对神经系统、造血系统都有严重的危害，如果中毒，较难治疗。所以水管、食具等不可用铅制造。对含铅废水一般采用沉淀法处理，使其转化成难溶物除去。

链接　铅中毒

铅及其化合物易被皮肤吸收。人体若每天摄入 1mg 铅，长期则会引起中毒。油漆和油灰中含有铅的化合物，是铅中毒的来源之一。铅进入体内后沉积在骨骼中，铅也一同被带入血液中，Pb^{2+}可与蛋白质中半胱氨酸发生巯基反应，生成难溶盐。因此，含铅的涂料不宜用于油漆儿童玩具和婴儿用家具。航空和汽车使用的燃料汽油中若加入四乙基铅[$Pb(CH_3CH_2)_4$]等抗爆剂，可减少汽油燃烧时的振动现象，但排出的废气中含有对人体有害的 $PbBr_4$。为减少铅对空气的污染，人们正在研制其代用品。国际上已经限制向汽油内加烷基铅，并逐步实现汽油低铅化和无铅化。目前甲基叔丁基醚（MTBE）作为汽油抗爆添加剂已经在全世界范围内普遍应用。

（二）铅的化合物

1. 铅的氧化物　铅的氧化物有 PbO、PbO_2。PbO_2 呈棕色，是酸性氧化物。PbO 呈黄色，是碱性氧化物，PbO 加热至 488℃可转变为红色（俗称“密陀僧”，是一种矿物药）。铅还有两种复合型的氧化物，为鲜红的 Pb_3O_4（铅丹）和橙色的 Pb_2O_3。前者可表示为 $2PbO \cdot PbO_2$，后者可表示为 $PbO \cdot PbO_2$。铅丹具有直接灭菌、灭寄生虫和抑制黏液分泌的作用，医药上用作外科药膏。

铅的氧化物还具有氧化还原性，PbO_2 是强氧化剂，在酸性介质中能将 Mn^{2+}氧化生成紫红色的 MnO_4^-，与浓盐酸和浓硫酸反应分别释放出 Cl_2、O_2。

$$5PbO_2 + 2Mn^{2+} + 4H^+ = 2MnO_4^- + 5Pb^{2+} + 2H_2O$$

$$PbO_2 + 4HCl(浓) = PbCl_2 + Cl_2\uparrow + 2H_2O$$

$$2PbO_2 + 2H_2SO_4(浓) = 2PbSO_4 + O_2\uparrow + 2H_2O$$

在工业上，PbO_2 主要用于制造铅蓄电池的正极材料，反应如下：

正极反应：$PbO_2 + SO_4^{2-} + 4H^+ + 2e^- = PbSO_4 + 2H_2O$

负极反应：$Pb + SO_4^{2-} - 2e^- = PbSO_4$

总反应：$PbO_2 + Pb + 2H_2SO_4 = 2PbSO_4 + 2H_2O$

2. 铅的氢氧化物 铅的氢氧化物有 $Pb(OH)_2$、$Pb(OH)_4$。因为铅的氧化物不溶于水，所以制备铅的氢氧化物时应用铅盐和碱。

3. 常见的铅盐 Pb（Ⅱ）盐大多数难溶，且有颜色特征，广泛用作颜料或涂料。例如，$PbCrO_4$ 可作黄色颜料，俗称铬黄；$PbSO_4$ 可作白色油漆；$[Pb(OH)CO_3]$可作白色颜料，俗称铅白。可溶性的铅盐有毒，常见的有 $PbCl_2$、$Pb(NO_3)_2$、$Pb(Ac)_2$。$Pb(NO_3)_2$ 是制备难溶性铅盐的原料。$Pb(Ac)_2$ 无色，有甜味，俗称铅糖，有很大毒性，故又称“铅霜”，其毒性是由 Pb^{2+}与蛋白质中的巯基反应生成难溶物。实验室中可用 $Pb(Ac)_2$ 试纸检验 H_2S 气体。

白色的 $PbCl_2$ 固体难溶于水，易溶于热水。$PbCl_2$ 和浓盐酸反应生成配合物。

$$PbCl_2 + 2HCl(浓) = H_2[PbCl_4]$$

黄色的 PbI_2 在卤化铅中溶解度最小，但能溶于沸水，和 HI 也能形成配合物。

$$PbI_2 + 2HI = H_2[PbI_4]$$

白色的 $PbSO_4$ 难溶于水，易溶于浓硫酸或饱和的乙酸铵溶液。

$$PbSO_4 + 2Ac^- = Pb(Ac)_2 + SO_4^{2-}$$

黑色的 PbS 不溶于稀酸，但能溶于浓盐酸或硝酸中，与 H_2O_2 作用还可生成白色的 $PbSO_4$，可利用此反应漂白变黑的油画。

$$PbS + 4H_2O_2 = PbSO_4 + 4H_2O$$

Pb^{2+}的检验常用可溶性的铬酸盐，反应产生特殊的黄色沉淀 $PbCrO_4$，此性质也可用于 CrO_4^{2-} 的鉴定。

自测题

一、选择题

【单项选择题】

1. 在酸性介质中氧化能力最强的是（　　）

A. $KMnO_4$　　B. K_2MnO_4

C. $K_2Cr_2O_7$　　D. K_2CrO_4

E. I_2

2. 下列物质中与 Cl_2 作用能生成漂白粉的是（　　）

A. $CaCO_3$　　B. $Ca(OH)_2$

C. $Mg(OH)_2$　　D. $CaSO_4$

E. $CaCl_2$

3. 下列碳酸盐或碳酸氢盐中不溶于水的是（　　）

A. NH_4HCO_3　　B. $(NH_4)_2CO_3$

C. K_2CO_3　　D. $CaCO_3$

E. $CaCl_2$

4. 下列元素金属性最强的是（　　）

A. 钠　　B. 镁　　C. 钾

D. 钙　　E. 钡

5. 碱金属和碱土金属都不具有的性质是（　　）

A. 与碱反应　　B. 与酸反应

C. 与水剧烈反应　　D. 与还原剂反应

E. 与强氧化剂反应

6. 下列物质具有漂白作用的是（　　）

A. 次氯酸钠　　B. 碳酸氢钠

C. 亚硫酸钠　　D. 氢氧化钠

E. 碳酸钠

7. 最适合大量储存浓硫酸和浓硝酸的容器是（　　）

A. 玻璃　　B. 铁和铝

C. 铜和铁　　D. 玻璃和塑料

E. 陶瓷

8. 下列离子不能跟 NH_3 形成配合物的是（　　）

A. Mg^{2+}　　B. Cu^{2+}　　C. Zn^{2+}

D. Ag^+　　E. Co^{3+}

【多项选择题】

9. 下列化学药品在实验室常作氧化剂的是（　　）

A. 高锰酸钾　　B. 重铬酸钾

C. 硫酸铜　　D. 过氧化氢

E. 活泼金属

10. 对于 Na_2CO_3 和 $NaHCO_3$ 的叙述，正确的是（　　）

A. 都是强碱弱酸盐

B. 水溶液都显碱性

C. 不能组成缓冲溶液

D. 都易分解

E. 能相互转化

11. 下列化合物具有两性的是（　　）

A. $Al(OH)_3$　　B. $Ba(OH)_2$

C. $Cr(OH)_3$　　D. $Ca(OH)_2$

E. $Zn(OH)_2$

12. 下列有关钠的性质的叙述中错误的是（　　）

A. Na 有强还原性，Na^+有强氧化性

B. 钠很软，熔点低于 100℃

C. 钠在焰色反应时，火焰显黄色

D. 电解熔融氯化钠时，Na^+被还原成 Na

E. 电解熔融氯化钠时，Na^+被氧化成 Na

13. 下列反应或叙述中，属于铁的性质的是（　　）

A. $Fe + CuSO_4 = FeSO_4 + Cu$

B. $Fe + 2HCl = FeCl_2 + H_2$

C. 铁遇浓硫酸及浓硝酸产生钝化现象，用钢或铁制容器储存浓硫酸和浓硝酸

D. 制造印刷线路板时，常用氯化铁溶液来除去铜板上多余的部分

E. 铁盐溶液遇到无色 KSCN 溶液变红色，利用这一反应可以检验 Fe^{3+}的存在

二、简答题

1. 为什么在水溶液中 Fe^{3+}和 KI 反应得不到 FeI_3？

2. $KMnO_4$ 溶液为什么保存在棕色试剂瓶内？

3. 何为暂时硬水和永久硬水？工业上常用哪些方法软化硬水？

4. 请写出下列物质的化学式

（1）炉甘石（2）黄血盐（3）轻粉（4）绿矾

（杨　丹）

实训指导

实训1　药用氯化钠的制备

【实训目的】

1. 掌握溶液中不同杂质的去除方法及药用氯化钠的制备方法。

2. 熟悉溶解、过滤、加热、蒸发、结晶、干燥等基本操作。

【实训原理】　粗食盐中含有不溶性杂质（如泥沙等）和可溶性的杂质（主要是 Ca^{2+}、Mg^{2+}、K^+ 和 SO_4^{2-}）。不溶性杂质可用溶解和过滤的方法除去；可溶性杂质可用下列方法除去：

首先在粗盐中加入稍过量的 $BaCl_2$ 溶液，可将 SO_4^{2-} 转化为难溶解的 $BaSO_4$ 沉淀。

$$Ba^{2+}+SO_4^{2-} = BaSO_4\downarrow$$

然后将溶液过滤，即可除去 $BaSO_4$ 沉淀。溶液中再加入过量的 NaOH 和 Na_2CO_3 溶液，由于发生下列反应，可将 Ca^{2+}、Mg^{2+}和过量的 Ba^{2+}生成沉淀，再经过滤除去。

$$Mg^{2+}+2OH^- = Mg(OH)_2\downarrow$$

$$Ca^{2+}+CO_3^{2-} = CaCO_3\downarrow$$

$$Ba^{2+}+CO_3^{2-} = BaCO_3\downarrow$$

过量的 NaOH 和 Na_2CO_3 可以加盐酸中和掉。少量的可溶性杂质（如 KCl）由于含量很少，在蒸发浓缩和结晶过程中仍留在母液中而与 NaCl 分离。

【实训准备】

1. 仪器　天平、烧杯、漏斗、布氏漏斗、抽滤瓶、酒精灯、陶土网、铁架台、pH 试纸、蒸发皿、烘箱等。

2. 试剂　粗食盐、2 mol/L HCl、2 mol/L NaOH、1 mol/L $BaCl_2$、1 mol/L Na_2CO_3、蒸馏水等。

【实训内容】

1. 称 10 g 粗食盐置于 100 mL 的烧杯中，加约 30 mL 的蒸馏水，加热搅拌使其溶解。

2. 将溶液加热至近沸腾，边搅拌边加入 1 mol/L $BaCl_2$ 溶液 1.5～2.0 mL 至沉淀完全，继续加热煮沸几分钟，停止加热，待沉淀沉降之后，沿烧杯壁滴加几滴 $BaCl_2$ 溶液，检验 SO_4^{2-} 是否沉淀完全。若有白色沉淀生成，则需继续滴加 $BaCl_2$ 溶液直至沉淀完全；若不再有白色沉淀生成，则可用布氏漏斗抽滤，弃去沉淀，保留滤液。

3. 将滤液转移至另一个干净的 100mL 烧杯中，边搅拌边滴加 2 mol/L NaOH 溶液（约 0.5 mL）至 Mg^{2+}沉淀完全，再滴加 1 mol/L Na_2CO_3 溶液，调节 pH 为 10～11。边加热边搅拌，煮沸几分钟，停止加热及搅拌，待沉淀沉降之后，检验 Ca^{2+}和 Ba^{2+}是否沉淀完全。若沉淀完全，抽滤，保留滤液。

4. 将滤液转移至干净的蒸发皿中，滴加 2 mol/L HCl 溶液，调节 pH 为 3～4。加热并不断搅拌至溶液呈糊状稠液，使 NaCl 完全析出，停止加热。冷却，抽滤，用少量纯化水洗涤 2～3 次，抽干。

5. 将 NaCl 晶体转移至一洁净的蒸发皿中，置烘箱中于 105℃烘干即得纯净的 NaCl。

6. 称量，计算产率。

【实训记录】 数据记录结果见实训表 1-1。

实训表 1-1 食盐精制前后数据记录

粗食盐质量/g	精食盐质量/g	产率/%

【注意事项】 不溶性杂质可用溶解过滤的方法除去，可溶性杂质可选择适当试剂，使它们生成难溶化合物的沉淀而除去。

1. 泥沙等不溶性杂质 将粗食盐溶解于水中，过滤除去不溶性杂质。

2. SO_4^{2-} 加入稍过量的 $BaCl_2$ 溶液，生成 $BaSO_4$ 沉淀而除去。

3. Ca^{2+}、Mg^{2+}、Ba^{2+}、Fe^{3+} 加入适量的 NaOH 和 Na_2CO_3 溶液，使其生成氢氧化物和碳酸盐沉淀而除去。

4. 溶液中过量的 OH^-、CO_3^{2-} 可加入盐酸中和。

【实训检测】

1. 为什么不能用加热后冷却的重结晶法提纯 NaCl?

2. 在加入沉淀剂将 $SO_4{}^{2-}$、Ca^{2+}、Mg^{2+}等离子转化成沉淀除去时，加热与否对分离操作有何影响？如何检查这些离子是否沉淀完全？

3. 在调节溶液 pH 呈弱酸性时，若加入的盐酸过量，应如何处理？为什么要将溶液调节为弱酸性？

4. 在浓缩过程中，能否把溶液蒸干？为什么？

（杨 丹）

实训 2 溶液的配制与稀释

【实训目的】

1. 掌握溶液浓度的计算方法及溶液的配制方法。

2. 掌握分析天平、量筒、移液管、容量瓶的使用方法。

【实训原理】溶液的浓度对应一定量的溶液或溶剂中所含溶质的量，溶液浓度的常用表示方法见实训表 2-1。

实训表 2-1 常用浓度表示方法

名称	符号	定义	表达式	常用单位
体积分数	φ_B	溶质的体积 / 溶液的体积	$\varphi_B = V_B / V$	无
质量分数	ω_B	溶质的质量 / 溶液的质量	$\omega_B = m_B / m$	无
质量浓度	ρ_B	溶质的质量 / 溶液的体积	$\rho_B = m_B / V$	g/L
物质的量浓度	c_B	溶质的物质的量 / 溶液的体积	$c_B = n_B / V$	mol/L

溶液的配制方法有两种：一种是用一定质量的溶液中所含溶质来表示溶液的浓度，如 ω_B，这种溶液配制时，是将定量的溶质和溶剂混合均匀即可；另一种是用一定体积的溶液中所含溶质的量来表示溶液的浓度，如 c_B、ρ_B 和 φ_B 等。配制这些溶液时，首先应根据所需配制溶液的浓度、体积，计算出溶质和溶剂的量，再将一定量的溶质和适量的溶剂先混合，使溶质完全溶解，定量转移到量筒或容量瓶中，然后再加溶剂至溶液总体积，最后混合均匀。

【实训准备】

1. 仪器 分析天平、烧杯、玻璃棒、量筒（10 mL、100 mL）、滴管、容量瓶、移液管（25 mL）等。

2. 试剂 固体 Na_2CO_3、固体 NaCl、95%乙醇、0.4000 mol/L HAc 溶液、纯化水等。

【实训内容】

1. 配制 75%消毒酒精 100 mL

（1）计算 配制 100 mL 75%消毒酒精所需 95%乙醇的体积。

（2）配制 用 100 mL 量筒量取所需 95%乙醇的体积，定量转移至 100mL 容量瓶中加纯化水稀释至刻度，混匀，倒入指定试剂瓶中。

2. 配制生理盐水 100 mL

（1）计算 配制 100 mL 生理盐水所需 NaCl 的质量。

（2）配制 用分析天平称取所需质量的 NaCl，置入 100 mL 烧杯中，加适量纯化水使其溶解，定量转移至 100 mL 容量瓶中，用少量纯化水洗涤烧杯 2～3 次，并入容量瓶中，加纯化水至刻度，摇匀。配好的溶液倒入指定试剂瓶中，并贴上标签，注明溶液的名称，浓度和配制日期。

3. 配制 0.5 mol/L 的 Na_2CO_3 溶液 100 mL

（1）计算 配制 100 mL 0.5 mol/L 的 Na_2CO_3 溶液所需 Na_2CO_3 的质量。

（2）配制 用分析天平称取所需质量的 Na_2CO_3，置入 100 mL 烧杯中，加适量纯化水使其溶解，冷却，定量转移至 100 mL 容量瓶中，用少量纯化水洗涤烧杯 2～3 次，并入容量瓶中，加纯化水至刻度，摇匀。配好的溶液倒入指定试剂瓶中，并贴上标签，注明溶液的名称，浓度和配制日期。

4. 配制 0.1000 mol/L 的 HAc 溶液 100.00 mL

（1）计算 配制 0.1000 mol/L HAc 溶液 100.00 mL 所需 0.4000 mol/L HAc 溶液的体积。

（2）配制 用移液管准确移取所需 0.4000 mol/L HAc 溶液的体积，置入 100 mL 容量瓶中，加纯化水至刻度，摇匀。配好的溶液倒入指定试剂瓶中，并贴上标签，注明溶液的名称，浓度和配制日期。

【实训记录】 数据记录结果见实训表 2-2。

实训表 2-2 溶液配制数据记录

待配制溶液	配制溶液体积	溶质或浓溶液的取量
75%消毒酒精		
生理盐水		
0.5 mol/L 的 Na_2CO_3 溶液		
0.1000 mol/L 的 HAc 溶液		

【注意事项】

1. 玻璃仪器先用自来水洗干净，再用少量纯化水荡洗 2～3 次，方可使用。洗净的玻璃仪器内壁附着一层均匀的水膜，不挂水珠。

2. 在配制溶液时，首先应根据所需配制的溶液的组成标度、体积，计算出溶质的用量。

3. 在用固体物质配制溶液时，如果物质含有结晶水，则应将结晶水计算进去。稀释浓溶液时，应根据稀释前后溶质的量不变的原则，计算出浓溶液的体积，然后加水稀释。稀释浓硫酸时，应将浓硫酸沿杯壁慢慢注入水中，并不停搅拌。

4. 在配制溶液时，应根据配制要求选择所用仪器。如果对溶液组成标度的准确度要求不高，可用台秤、烧杯、容量瓶等仪器进行配制；如要求溶液的浓度比较准确，则需用分析天平、移液管、吸量管、容量瓶等仪器进行配制。

附 1：移液管的使用方法

1. 洗涤和润洗 先用自来水淋洗，若内壁仍挂有水珠，则用洗液洗涤，最后用自来水和蒸馏水淋洗。移取溶液前，先用少量待移取溶液润洗 3 次。润洗方法如下：将适量溶液倒入干净的小烧杯中，用左手持洗耳球，右手拇指和中指拿住移液管标线以上部分，无名指和小指辅助拿住移液管，将管尖伸入溶液中吸取，待溶液吸至移液管约 1/4 处时用右手食指堵紧管口并移出移液管。将移液管横置，左手托住移液管下部没沾溶液的部分，右手指松开，两手平持移液管并不断转动移液管，让溶液润湿整个管内壁（注意：溶液不要超过管上部黄线或红线），润洗过的溶液应从管尖放出，不得从上口倒出。

2. 移取溶液 移取溶液时，将管尖直接插入待吸液液面下 1～2 cm 处。管尖不应伸入太浅，以免液面下降后造成吸空；也不应伸入太深，以免管外壁附着过多溶液。吸液时，注意容器中液面和管尖的位置，使管尖随液面下降而下降，以免吸空。当洗耳球缓慢放松时，管中液面徐徐上升；当液面上升至标线以上时，迅速移去洗耳球，同时用右手食指堵紧管口。将移液管提离液面，使管尖紧贴容器内壁，将管下端原伸入溶液部分沿容器内壁轻转两圈，以除去管外壁附有的溶液。然后将容器倾斜约 30°，使管垂直，管尖紧贴容器内壁，右手食指微微松动，使液面缓慢稳定下降，直至视线平视时，液体弯月面最低点与刻度标线相切，此时立即用食指堵紧管口。

3. 放液 左手拿接收溶液的容器，使容器倾斜约 30°，将移液管移入容器中，保持管垂直，使内壁紧贴管尖，松开食指，使溶液竖直地自然顺壁流下。待溶液放完之后停留 15 s 左右，移出移液管。

附 2：容量瓶的使用方法

1. 检漏和洗涤 加自来水到容量瓶标线附近，盖好瓶塞后，用左手食指按住瓶塞，其他手指拿住瓶线以上部分，用右手指尖托住瓶底边缘，将瓶倒立 2 min，如不漏水，瓶直立，转动瓶塞 180°后，再倒立 2 min，如不漏水，方可使用。容量瓶先用自来水清洗内壁，倒出自来水后，内壁如不挂水珠，即可用蒸馏水清洗，备用，否则要用洗液清洗。用洗液清洗之前，先将瓶内残余水倒掉，装入适量洗液，转动容量瓶，使洗液润洗内壁后，稍停一会儿，将其倒回原瓶，再用自来水淋洗，淋洗液统一回收处理，最后用蒸馏水清洗内壁 3 次以上即可。

2. 溶液的配制 将已准确称量的固体置于已洗净的小烧杯中，加入适量溶剂溶解，然后定量转移到容量瓶中。转移时，烧杯口应紧靠玻璃棒。玻璃棒倾斜，其下端紧靠瓶颈内壁，其上部不要碰到瓶口。使溶液沿玻璃棒和内壁流入瓶内。烧杯中溶液流完后，将烧杯沿玻璃棒稍微向上提起，同时使烧杯直立，再将玻璃棒放回烧杯中。用洗瓶吹洗玻璃棒和烧杯内壁，如前法将洗涤液转移至容量瓶中，一般应重复 3 次以上，以保证定量转移。当加水至容量瓶约 3/4 容积时，用手指夹住瓶塞，将容量瓶拿起，旋转摇动几周，使溶液初步混匀（注意：此时不能加塞倒立摇动）。继续加水至距离标线约 1 cm 处，等 1～2 min，使附在瓶颈内壁的溶液流下后，改用胶头滴管加水至溶液弯月面最低点与标线相切。盖紧瓶塞，按检漏的操作方法倒转容量瓶，反复摇动 10 次。打开瓶塞，使瓶塞周围溶液流下，重新盖好塞子后，再倒转容量瓶，摇动 2 次，使溶液全部混匀。

如用容量瓶稀释溶液，则用移液管或吸量管移取一定体积浓溶液，在烧杯中稀释，冷却后，定量转移至容量瓶中，加水稀释至标线。若浓溶液稀释不放热，可将浓溶液直接放入容量瓶中加水稀释定容。

【实训检测】

1. 溶液浓度常用的表示方法有哪几种？
2. 为什么洗净的移液管使用前还要用待移取溶液润洗？容量瓶需要用待装溶液润洗吗？
3. 能否直接在量筒、容量瓶中溶解固体试剂？为什么？
4. 估计一下自己小组配制的生理盐水与碳酸钠溶液哪个误差更小，为什么？

（崔　英）

实训3 胶体溶液

【实训目的】

1. 掌握溶胶的制备方法。

2. 验证溶胶的性质。

3. 了解溶胶的聚沉。

【实训原理】

1. 溶胶的制备方法有分散法和凝聚法两类，本实训采用凝聚法，结合理论课上所学知识，通过适当的化学反应制备溶胶。

2. 胶体溶液具有三个主要性质：丁达尔效应、布朗运动和电泳，丁达尔效应可以区别真溶液和胶体溶液，电泳可以判断胶粒所带电荷。

3. 胶体溶液聚沉方法：加入电解质、加入带相反电荷的溶胶和加热。电解质使溶胶聚沉的能力取决于胶粒所带电荷相反的离子电荷数，电荷数越大，聚沉能力越强。

【实训准备】

1. 仪器 烧杯、试管、试管夹、锥形瓶、滴液漏斗、滴定管、酒精灯、铁架台、石棉网、激光笔、U形管、直流电源、石墨电极等。

2. 试剂 0.2 mol/L $FeCl_3$溶液、0.01 mol/L KI溶液、0.01 mol/L $AgNO_3$溶液、0.01 mol/L KNO_3溶液、0.2 mol/L NaCl溶液、0.2 mol/L Na_2SO_4溶液、0.2 mol/L Na_3PO_4溶液、蒸馏水等。

【实训内容】

1. 溶胶的制备

（1）制备$Fe(OH)_3$溶胶 在烧杯中加入50 mL蒸馏水，置于带有石棉网的铁架台上用酒精灯加热煮沸，边搅拌边缓慢加入0.2 mol/L的$FeCl_3$溶液约4 mL，继续搅拌1 min，即得红色的$Fe(OH)_3$溶胶。

（2）制备AgI负溶胶（A） 在锥形瓶中加入0.01 mol/L KI溶液约20 mL，然后通过滴液漏斗或滴定管将5 mL 0.01 mol/L $AgNO_3$溶液缓慢地滴入锥形瓶中，即生成AgI负溶胶。

（3）制备AgI正溶胶（B） 在锥形瓶中加入0.01 mol/L $AgNO_3$溶液约20 mL，然后通过滴液漏斗或滴定管将5 mL 0.01 mol/L KI溶液缓慢地滴入锥形瓶中，即生成AgI正溶胶。

保留所制备的溶胶，留待后续实验使用。

2. 溶胶的性质

（1）丁达尔效应 取步骤1制备的$Fe(OH)_3$溶胶于试管中，用激光笔照射$Fe(OH)_3$溶胶。在与光束垂直方向观察现象并解释原因（实训表3-1）。

（2）电泳现象 取干燥洁净的U形管，注入适量的$Fe(OH)_3$溶胶，然后用滴定管在U形管两端缓慢注入0.01 mol/L KNO_3溶液，使之与溶胶形成明显的界面。将两支石墨电极分别小心插入KNO_3液层中（操作过程中注意切勿搅动界面），并与直流电源的正、负极连接。接通直流电源并设置合适的电压，几分钟后，可以观察到溶胶与水之间的界面向一侧移动。判断$Fe(OH)_3$溶胶带什么电荷，并解释原因（实训表3-1）。

实训表3-1 溶胶的性质

	溶胶的性质	实验现象	原因分析
丁达尔效应			
电泳现象			

3. 溶胶的聚沉

（1）加入电解质　取 3 支试管，各加入 $Fe(OH)_3$ 溶胶约 5 mL，然后分别加入 2 滴 0.2 mol/L NaCl 溶液、0.2 mol/L Na_2SO_4 溶液和 0.2 mol/L Na_3PO_4 溶液，振荡试管，观察并比较生成沉淀的量，并解释原因。

（2）加入带相反电荷的溶胶　将上面步骤 1 制得的 AgI 负溶胶（A）和 AgI 正溶胶（B）按实训表 3-2 所列比例混合，逐个观察混合后现象。说明各试管中溶胶的稳定程度并解释原因。

实训表 3-2　正负溶胶互沉实验配比

试管编号	（1）	（2）	（3）	（4）	（5）	（6）	（7）
溶胶（A）/ mL	0	1	2	3	4	5	6
溶胶（B）/ mL	6	5	4	3	2	1	0

（3）加热　取 1 支试管，加入 $Fe(OH)_3$ 溶胶 3 mL，慢慢加热至沸腾，记录观察到的现象并解释原因。

溶胶的聚沉实验现象记录至实训表 3-3 中。

实训表 3-3　溶胶的聚沉

	溶胶的聚沉		实验现象
1）电解质	$Fe(OH)_3$ 溶胶	0.2 mol/L NaCl 溶液	
		0.2 mol/L Na_2SO_4 溶液	
		0.2 mol/L Na_3PO_4 溶液	
2）相反电荷的溶胶	试管（1）		
	试管（2）		
	试管（3）		
	试管（4）		
	试管（5）		
	试管（6）		
	试管（7）		
3）加热	加热 $Fe(OH)_3$ 溶胶		

【注意事项】

1. 制备 $Fe(OH)_3$ 溶胶加热时间不宜过长。
2. 制备 AgI 正、负溶胶时，滴加溶液时要注意逐滴加入，不可过快，以免生成沉淀。
3. 电泳实验中，插入电极时应小心，不可搅动液面。有条件的话可使用专用电泳仪进行实验。

【实训检测】

1. 怎么判断胶粒所带电荷是正电荷还是负电荷。
2. 制备 $Fe(OH)_3$ 溶胶时，怎样操作才能避免生成 $Fe(OH)_3$ 沉淀？
3. 电解质对溶胶的稳定性有什么影响？

（伍　乔）

实训 4　化学反应速率

【实训目的】

1. 掌握测定平均化学反应速率的方法。

2. 探索浓度、温度、催化剂对化学反应速率的影响。

【实训原理】

1. 化学反应原理 在水溶液中$(NH_4)_2S_2O_8$与 KI 的反应为：

$$S_2O_8^{2-}+3I^- \xlongequal{} 2SO_2^{2-}+I_3^-$$

该反应的平均反应速率以$S_2O_8^{2-}$浓度的变化可表示为：

$$\overline{v}_{S_2O_8^{2-}}=\left|\frac{\Delta c_{S_2O_8^{2-}}}{\Delta t}\right|$$

2. 反应时间的测定 在$(NH_4)_2S_2O_8$溶液与 KI 溶液混合后发生反应的同时，可向混合液中加入一定量浓度已知的$Na_2S_2O_3$溶液和淀粉溶液，以测定出单位时间内$S_2O_8^{2-}$浓度的变化量。

此时溶液中发生以下两个反应：

$$S_2O_8^{2-}+3I^- \xlongequal{} 2SO_4^{2-}+I_3^- \qquad (1)$$

$$2S_2O_3^{2-}+I_3^- \xlongequal{} S_4O_6^{2-}+3I^- \qquad (2)$$

由于反应（2）的反应速率远大于反应（1）的反应速率，因此反应（1）生成的I_3^-会立即与$S_2O_3^{2-}$发生反应（2），此时溶液呈无色。上述两个反应进行一段时间后$S_2O_3^{2-}$被完全消耗，此时反应（1）生成的I_3^-与淀粉结合生成深蓝色物质，溶液变为蓝色。记录发生上述变化消耗的时间（Δt）。

3. 平均反应速率的计算 根据反应（1）和反应（2）的化学方程式系数比可得出结论：相同时间内，$S_2O_8^{2-}$浓度的变化量是$S_2O_3^{2-}$变化量的$\frac{1}{2}$，即：

$$\Delta c_{S_2O_8^{2-}}=\frac{\Delta c_{S_2O_3^{2-}}}{2}$$

【实训准备】

1. 仪器 量筒、烧杯、试管、试管夹、酒精灯、温度计、铁架台、石棉网、秒表等。

2. 试剂 0.2%淀粉溶液、0.4 mol/L KI 溶液、0.4 mol/L$(NH_4)_2S_2O_8$溶液、0.4 mol/L KNO_3溶液、0.02mol/L $Na_2S_2O_3$溶液、0.1mol/L $Cu(NO_3)_2$溶液等。

【实训内容】

1. 测定化学反应的平均速率 室温条件下，用量筒分别量取 0.2%淀粉溶液 2 mL、0.02 mol/L $Na_2S_2O_3$溶液 4 mL 和 0.4 mol/L KI 溶液 10 mL，倒入干燥洁净的烧杯中搅拌混匀。继续量取 0.4 mol/L $(NH_4)_2S_2O_8$溶液 10 mL，倒入烧杯的同时按下秒表开始计时，边搅拌边注意观察溶液颜色变化。在溶液刚出现蓝色时，立刻按动秒表停止计时。记录秒表所示的反应时间Δt并填写实训表 4-1，计算本反应的平均反应速率。

实训表 4-1 化学反应速率测定

温度/℃	$\Delta c_{S_2O_3^{2-}}$/(mol/L)	$\Delta c_{S_2O_8^{2-}}$/(mol/L)	Δt/t	$\overline{v}_{S_2O_8^{2-}}$/[mol/(L·s)]

2. 影响化学反应速率的因素

（1）浓度对化学反应速率的影响 在室温条件下，控制变量做 3 组实验，区别在于每组中使用的 KI 溶液浓度不相同。实验完成后填写实训表 4-2。

第一组：用量筒分别量取 0.2%淀粉溶液 2 mL、0.02 mol/L $Na_2S_2O_3$溶液 4 mL、0.4 mol/L KNO_3溶液 5 mL 和 0.4 mol/L KI 溶液 10 mL，倒入干燥洁净的烧杯中搅拌混匀。继续量取 0.4 mol/L$(NH_4)_2S_2O_8$溶液 10 mL，倒入烧杯的同时按下秒表开始计时，边搅拌边注意观察溶液颜色变化。在溶液刚出现蓝色时，立刻按动秒表停止计时，记录秒表所示的反应时间Δt_1。

保持其他条件不变，仅将第一组中的 KI 溶液事先与对应量的纯化水混匀，记录第二、三组的反应时间Δt_2与Δt_3。

实训表 4-2　浓度对化学反应速率的影响

组别	0.02 mol/L $Na_2S_2O_3$溶液	0.4 mol/L KNO_3溶液	0.2%淀粉溶液	0.4 mol/L KI 溶液	纯化水	反应时间Δt
1	4 mL	5 mL	2 mL	10 mL	0 mL	
2	4 mL	5 mL	2 mL	5 mL	5 mL	
3	4 mL	5 mL	2 mL	2.5 mL	7.5 mL	
结论						

（2）温度对化学反应速率的影响　控制变量做两组实验，区别在于两组的实验温度不同。实验完成后填写实训表 4-3。

第一组：用量筒分别量取 0.2%淀粉溶液 2 mL、0.02 mol/L $Na_2S_2O_3$溶液 2 mL、0.4 mol/L KNO_3 溶液 3 mL 和 0.4 mol/L KI 溶液 3 mL，倒入干燥洁净的大试管中混匀。量取 0.4 mol/L$(NH_4)_2S_2O_8$溶液 5 mL，置于另一支试管中，室温下将两支试管内溶液混合的同时按下秒表开始计时，边搅拌边注意观察溶液颜色变化。在溶液刚出现蓝色时，立刻按动秒表停止计时，记录秒表所示的反应时间Δt_1。

第二组：保持其他条件均不变，仅将第一组两支试管同时水浴加热到高于室温 20℃ 时，再将两者混匀。重复第一组实验操作，记录反应时间Δt_2。

实训表 4-3　温度对化学反应速率的影响

组别	温度/℃	反应时间Δt
1		
2		
结论		

（3）催化剂对化学反应速率的影响　$Cu(NO_3)_2$可加快 KI 被$(NH_4)_2S_2O_8$氧化的反应速率，所以可作为本实验的催化剂。控制变量做两组实验，区别在于两组是否加入催化剂。实验完成后填写实训表 4-4。

第一组：用量筒分别量取 0.2%淀粉溶液 2 mL、0.02 mol/L $Na_2S_2O_3$溶液 2 mL、0.4 mol/L KNO_3溶液 3 mL 和 0.4 mol/L KI 溶液 3 mL，倒入干燥洁净的大试管中混匀。量取 0.4 mol/L$(NH_4)_2S_2O_8$溶液 5 mL，置于另一支试管中，室温下将两支试管内溶液混合的同时按下秒表开始计时，边搅拌边注意观察溶液颜色变化。在溶液刚出现蓝色时，立刻按动秒表停止计时，记录秒表所示的反应时间Δt_1。

第二组：保持其他条件均不变，仅在混合前，向第一支大试管中先加入 0.1 mol/L $Cu(NO_3)_2$溶液 1 滴，再将两者混匀。重复第一组实验操作，记录反应时间Δt_2。

实训表 4-4　催化剂对化学反应速率的影响

组别	是否加入$Cu(NO_3)_2$溶液	反应时间Δt
1		
2		
结论		

【注意事项】

1. 本实训所用 KI、$Na_2S_2O_3$ 和$(NH_4)_2S_2O_8$ 溶液应现用现配。$(NH_4)_2S_2O_8$ 必须是新开封的，因为$(NH_4)_2S_2O_8$是强氧化剂极容易被还原而失效。

2. $(NH_4)_2S_2O_8$ 必须最后且一次性快速加入，加入的同时开始计时。

3. 取用各种试剂的量筒、烧杯、试管要编号分开使用，不能混用。

【实训检测】

1. 化学反应速率的实验中为什么可以用反应出现蓝色的时间计算反应速率？出现蓝色后反应是否终止了？

2. $Na_2S_2O_3$ 用量过多或过少会对本实训结果造成何种影响？

（王树印）

实训 5 乙酸解离度与解离常数的测定

【实训目的】

1.掌握用 pH 计法测定乙酸解离常数的原理和方法。

2.熟悉计算乙酸解离常数的方法，加深对弱电解质解离常数的理解。

3.学会 pH 计的使用，了解 pH 与$[H^+]$的关系。

【实训原理】 乙酸是一元弱酸，若 HAc 溶液的起始浓度为 c（mol/L），则在水溶液中存在以下解离平衡：

$$HAc \rightleftharpoons H^+ + Ac^-$$

根据解离度的定义，可知$[H^+]=[HAc]\alpha=c\alpha$，因此有 $\alpha=\dfrac{[H^+]}{c}$

在解离度比较小的情况下，$K_a=\dfrac{[H^+][Ac^-]}{[HAc]}$，因此有 $K_a\approx\dfrac{[H^+]^2}{c}$

用 pH 计测得溶液中的$[H^+]$，根据上面公式计算出 HAc 的解离度与解离常数。

【实训准备】

1. 仪器 移液管（5 mL、10 mL 和 25 mL）、pH 计、容量瓶（50 mL，5 个）、烧杯（50 mL，5 个）。

2. 试剂 HAc 溶液（0.1000 mol/L）、蒸馏水。

【实训内容】

1. 配制不同浓度的乙酸溶液 用移液管分别量取 5.00 mL、10.00 mL、15.00 mL、20.00 mL 和 25.00 mL 标准的 0.1000 mol/L HAc 溶液，加入编号 1～5 的 5 个 50 mL 容量瓶中，加蒸馏水稀释至刻度，摇匀，备用。分别计算出 5 瓶 HAc 溶液的浓度。

2. 测定乙酸溶液的 pH 将上述配制好的 5 种不同浓度的乙酸溶液，分别放入编号 1～5 的 5 个干燥的 50 mL 烧杯中，按照从稀到浓的次序用 pH 计分别测定它们的 pH，记录实验数据和室温。计算出 HAc 的解离度和解离常数。

【实训记录】 数据记录结果见实训表 5-1。

实训表 5-1 数据记录

编号	乙酸溶液体积/mL	c/（mol/L）	pH	$[H^+]$/（mol/L）	α（HAc）	K_a（测定值）
1	5.00					
2	10.00					

续表

编号	乙酸溶液体积/mL	c/（mol/L）	pH	$[H^+]$/（mol/L）	α（HAc）	K_a（测定值）
3	15.00					
4	20.00					
5	25.00					
K_a						

【注意事项】

1. 复习用移液管、容量瓶配制一定体积、一定浓度的溶液的步骤。
2. 通过测定已知浓度 HAc 溶液的 pH 计算出$[H^+]$，进而求出 HAc 的 α 与 K_a。

附：pH 计的使用方法和步骤

1. 仪器准备 接通电源，打开仪器开关，按说明书进行预热。用纯化水清洗电极需要插入溶液的部分，清洗后用滤纸吸干电极外壁上的水分。

2. 仪器校正 ①将仪器功能选择按钮调至“pH”位置。②将电极插入标准缓冲溶液（如 298.15 K，pH=6.86）中。③调节“温度”调节器，使指示的温度为标准缓冲溶液的温度值。④将“斜率”旋钮顺时针旋到最大。⑤轻摇装有标准缓冲溶液的烧杯，待电极反应平衡后，调节“定位”旋钮，使仪器显示读数与该标准缓冲溶液当前温度下的 pH 一致。⑥取出电极，用纯化水清洗电极，并用吸水滤纸擦干。再插入另一标准缓溶液中，注意该缓冲溶液 pH 应接近被测溶液 pH（如 298.15K，pH=4.00 或 pH=9.18）。轻摇烧杯，调节“斜率”旋钮，使仪器显示读数与该缓冲溶液当前温度下的 pH 一致。调好后，“定位”和“斜率”旋钮都不能再动。

3. 测量 纯化水清洗电极，并用吸水纸擦干，插入待测溶液中，待电极反应平衡后，读取被测溶液的 pH。

4. 清场 测量完毕后按要求清理台面，将电极清洗、复位并关机。

【实训检测】

1. 对乙酸来说，溶液越稀，解离度越大，酸度越大，这个说法对吗？为什么？
2. 若改变所测乙酸溶液的浓度，解离度和解离常数有无变化？若有变化为什么？
3. 测定不同浓度乙酸溶液的 pH 时，为何按照从稀到浓的次序？

（崔 英）

实训 6 缓冲溶液的配制与性质

【实训目的】

1. 学会缓冲溶液配制的原理、方法及操作技术。
2. 熟悉缓冲溶液的缓冲作用，加深对缓冲溶液性质的理解。

【实训原理】

1. 不同的缓冲溶液具有不同的缓冲范围，配制缓冲溶液时应根据所需 pH 选择合适的缓冲对，当弱酸和共轭碱的浓度相等时，可利用以下公式计算出所配制缓冲溶液的 pH：

$$pH = pK_a + \lg\frac{V_{A^-}}{V_{HA}}$$

从上式可知，当共轭酸碱对已经选定时，缓冲溶液的 pH 会受到缓冲比的影响。如果使用相同浓度的弱酸及其共轭碱时，按一定体积比混合，改变体积比 V_{A^-}/V_{HA} 可配制实际需要的缓冲溶液。

2. 缓冲溶液具有抗酸和抗碱成分，加入少量强酸或强碱，其 pH 几乎不变；稀释缓冲溶液时，溶液中的共轭酸碱对的浓度为等比例稀释，缓冲比不变。因此，适当稀释不影响缓冲溶液的 pH。当加入的酸或碱的量超过缓冲溶液的缓冲能力时，将引起溶液 pH 的显著改变，失去缓冲作用。

3. 缓冲溶液的缓冲能力用缓冲容量来衡量，缓冲溶液的缓冲容量越大，其缓冲能力越大。缓冲容量与总浓度及缓冲比有关，当缓冲比一定时，总浓度越大，缓冲容量越大；当总浓度一定时，缓冲比越接近 1，缓冲容量越大，缓冲比等于 1 时，缓冲容量最大。

【实训准备】

1. 仪器 试管、小烧杯、量筒（10 mL）、胶头滴管、洗耳球等。

2. 试剂 浓度为 0.1mol/L 的下列溶液：HCl、NaOH、HAc、NaAc、$NH_3 \cdot H_2O$、NH_4Cl、NaH_2PO_4、Na_2HPO_4，纯化水，广范 pH 试纸，精密 pH 试纸等。

【实训内容】

1. 缓冲溶液的配制 查阅教材附录 1，找出每组的 pK_a 值，通过计算，将配制 3 种缓冲溶液所需要各组分及体积（mL）填入实训表 6-1 中。取 3 个小烧杯，按①②③编号，然后按实训表 6-1 中所示的量，分别取 0.1 mol/L HAc 及 0.1 mol/L NaAc 溶液、0.1 mol/L NaH_2PO_4 及 0.1 mol/L Na_2HPO_4、0.1 mol/L $NH_3 \cdot H_2O$ 及 0.1 mol/L NH_4Cl 加入相应编号的小烧杯中，配制总体积各为 50 mL 的缓冲溶液，混匀。

实训表 6-1 缓冲溶液的配制

缓冲溶液	pH 理论值	各组分及体积	pH 实测值
①	4.0		
②	7.0		
③	10.0		

2. 对照溶液的配制 通过计算，利用溶液稀释的知识，用 0.1mol/L 的 HCl 与 NaOH 溶液分别配制 pH=4.0 的 HCl 溶液与 pH=10.0 的 NaOH 溶液。

3. 缓冲溶液的性质

（1）取 2 支试管，在一支试管中加入 5 mL ①号小烧杯中 pH=4.0 的缓冲溶液，在另一支试管中加入 5 mL pH=4.0 的 HCl 溶液，然后分别在 2 支试管中各加入 10 滴 0.1 mol/L HCl 溶液，用广范 pH 试纸和精密 pH 试纸测量各试管中溶液的 pH。用相同的实验方法，测量各加入 10 滴 0.1 mol/L 的 NaOH 溶液后的 pH。把结果记入实训表 6-2 中，并解释原因。

实训表 6-2 缓冲溶液的性质 1

试管号	溶液	加入酸或碱的量	pH
1	pH=4.0 缓冲溶液	10 滴 HCl 溶液	
2	pH=4.0 HCl 溶液	10 滴 HCl 溶液	
3	pH=4.0 缓冲溶液	10 滴 NaOH 溶液	
4	pH=4.0 HCl 溶液	10 滴 NaOH 溶液	

（2）分别用②号小烧杯中 pH=7.0 的缓冲溶液和纯化水代替两种溶液，重复上述实验。把结果记入实训表 6-3 中，并解释原因。

实训表 6-3　缓冲溶液的性质 2

试管号	溶液	加入酸或碱的量	pH
1	pH=7.0 缓冲溶液	10 滴 HCl 溶液	
2	纯化水	10 滴 HCl 溶液	
3	pH=7.0 缓冲溶液	10 滴 NaOH 溶液	
4	纯化水	10 滴 NaOH 溶液	

（3）分别用③号小烧杯中 pH=10.0 的缓冲溶液和 pH=10.0 的 NaOH 溶液代替两种溶液，重复上述实验。把结果记入实训表 6-4 中，并解释原因。

实训表 6-4　缓冲溶液的性质 3

试管号	溶液	加入酸或碱的量	pH
1	pH=10.0 缓冲溶液	10 滴 HCl 溶液	
2	pH=10.0NaOH 溶液	10 滴 HCl 溶液	
3	pH=10.0 缓冲溶液	10 滴 NaOH 溶液	
4	pH=10.0NaOH 溶液	10 滴 NaOH 溶液	

（4）取 4 支试管，分别加入 pH=4.0 的缓冲溶液、pH=4.0 的 HCl 溶液、pH=10.0 的缓冲溶液、pH=10.0 的 NaOH 溶液各 1 mL，然后各分别加入 5 mL 纯化水，混合后，用精密 pH 试纸测量各试管中溶液的 pH。把结果记入实训表 6-5 中，并解释原因。

实训表 6-5　缓冲溶液的稀释

试管号	溶液	稀释后 pH
1	pH=4.0 缓冲溶液	
2	pH=4.0 HCl 溶液	
3	pH=10.0 缓冲溶液	
4	pH=10.0 NaOH 溶液	

【注意事项】　缓冲溶液的配制要注意精确度，量取溶液要准确，否则会直接影响实验结果的准确性。

【实训检测】

1. 缓冲溶液的 pH 与哪些因素有关？
2. 试举例说明为什么缓冲溶液具有缓冲能力。
3. 通过本实训总结缓冲溶液的特性及影响缓冲容量的各种因素。
4. 本实训配制的三种缓冲溶液中，哪一种缓冲能力最大？为什么？

（伍　乔）

实训 7　葡萄糖酸锌的制备

【实训目的】

1. 掌握葡萄糖酸锌的制备原理和方法。

2. 复习蒸发、浓缩、减压过滤、重结晶等操作。

【实训原理】 锌是人体必需的微量元素之一，参与核酸和蛋白质的合成，能增强人体免疫力，促进儿童生长发育。如果人体长期缺锌会导致生长发育迟缓、厌食症、易感染、皮损及脱发、视力障碍等。葡萄糖酸锌作为一种常见补锌药，具有见效快、生物利用度高、不良反应少、使用方便等优点。此外，葡萄糖酸锌还常用作添加剂，广泛应用于儿童食品、糖果、乳制品的制作工艺中。

葡萄糖酸锌无味，难溶于乙醇，易溶于水。葡萄糖酸锌直接由葡萄糖酸与锌的氧化物或盐反应制得。本实验采用葡萄糖酸钙与硫酸锌反应合成葡萄糖酸锌：

$$Ca(C_6H_{11}O_7)_2 + ZnSO_4 = Zn(C_6H_{11}O_7)_2 + CaSO_4\downarrow$$

葡萄糖酸钙与硫酸锌反应完全后，过滤除去 $CaSO_4$ 沉淀，滤液经浓缩、重结晶可得无色或白色的葡萄糖酸锌结晶。

【实训准备】

1. 仪器 恒温水浴、减压过滤装置、蒸发皿、量筒（10 mL、100 mL）、烧杯（150 mL、250 mL）、酒精灯、温度计、台秤等。

2. 药品 葡萄糖酸钙、$ZnSO_4 \cdot 7H_2O$、95%乙醇、蒸馏水等。

【实训内容】

1. 用量筒量取约 40 mL 蒸馏水于 150 mL 烧杯中，放在水浴中加热至 80～90℃，使用台秤称取 6.7 g $ZnSO_4 \cdot 7H_2O$，分次加入烧杯中，搅拌至完全溶解。

2. 使用台秤称 10 g 葡萄糖酸钙，在不断搅拌下缓慢加入上述溶液中，将烧杯在 90℃水浴中继续保温静置 20 min，趁热减压过滤掉产生的白色沉淀。

3. 将滤液转移至蒸发皿中，用沸水浴加热浓缩至黏稠状。冷却至室温，搅拌下加入 95%乙醇 20 mL，此时有大量的胶状固体物析出。

4. 小心倒掉上层清液后，剩余物中再加入 95%乙醇 20 mL，继续搅拌至沉淀慢慢转变为晶体状，减压过滤，得葡萄糖酸锌粗品。

5. 葡萄糖酸锌粗品加蒸馏水 10 mL，水浴加热至溶解，趁热减压过滤，待滤液冷至室温后，加入 95%乙醇 20 mL，充分搅拌析晶，再次减压过滤。

6. 所得固体于 50℃烘干，冷却后称量并计算产率。

【实训记录】 实训记录结果见实训表 7-1。

实训表 7-1 葡萄糖酸锌的制备数据记录

项目	原始数据	计算方法	计算结果
理论产品质量/g			
精制产品质量/g			
精制产品产率/%			

【注意事项】 在葡萄糖酸锌制备实验中，减压过滤产生沉淀时，如果过滤一次效果不好，可以重复过滤一次。

【实训检测】

1. 思考实训操作中每一步析出的固体是什么，并写出相应的化学方程式。

2. 在沉淀与结晶葡萄糖酸锌时，都加入 95%乙醇，其作用是什么？

3. 葡萄糖酸锌的制备为什么要在热水浴中进行？

（王红波）

实训8　配合物的制备与性质

【实训目的】

1. 学习配合物的制备。
2. 验证配合物与简单离子化合物的区别。
3. 认识配位平衡的移动因素。

【实训原理】　配合物的特征是包含有配位单元或者说配离子，多数易溶配合物在水溶液中可完全解离为配离子和外界离子。配离子在水溶液中较稳定，不易解离，因此性质不同于简单的金属离子。例如：

$$[Cu(NH_3)_4]SO_4 \rightleftharpoons [Cu(NH_3)_4]^{2+} + SO_4^{2-}$$

由于配位平衡的存在，配离子的稳定性是相对的。当外界条件改变时，如改变溶液的酸碱性、加入沉淀剂或氧化剂等时，平衡会发生移动，从而影响配离子的稳定性。

【实训准备】

1. 仪器　试管、试管架、试管夹、酒精灯、小烧杯、玻璃棒、滤纸等。

2. 试剂　0.2 mol/L $CuSO_4$、0.2 mol/L NaOH、0.2 mol/L $BaCl_2$、6 mol/L $NH_3 \cdot H_2O$、0.2 mol/L H_2SO_4、乙醇等。

【实训内容】

1. $[Cu(NH_3)_4]^{2+}$配离子的制备　取一个小烧杯，加入 0.2 mol/L $CuSO_4$溶液 20 mL，逐滴加入 6 mol/L $NH_3 \cdot H_2O$ 溶液，边加边振荡，观察到有蓝色沉淀生成，思考这种沉淀是什么？继续滴加 6 mol/L $NH_3 \cdot H_2O$ 至沉淀完全溶解，再多加 6 mol/L $NH_3 \cdot H_2O$ 1～2 滴，此时即得深蓝色的含有铜氨配离子的溶液，保存待用。记录现象，写出化学反应方程式。

2. 配合物与简单离子化合物的区别

（1）取 4 支试管，分别编号①～④，试管①与②中各加入 0.2 mol/L $CuSO_4$溶液 4 mL，试管③与④中各加入上一步制得的$[Cu(NH_3)_4]SO_4$溶液 4mL。

（2）向试管①③中各加入 0.2 mol/L $BaCl_2$溶液 5 滴，观察现象，分析原因。

（3）向试管②④中各加入 0.2 mol/L NaOH 溶液 5 滴，观察现象，分析原因。

3. 配位平衡的移动

（1）取 1 支试管，加入第一步制备的$[Cu(NH_3)_4]SO_4$溶液 4mL，加入 0.2 mol/L H_2SO_4溶液 1 mL，观察到溶液由深蓝色变为浅蓝色。记录现象，并写出反应方程式。

（2）取 1 支试管，加入第一步制备的$[Cu(NH_3)_4]SO_4$溶液 4mL，用酒精灯小心加热至沸腾，则深蓝色溶液中又逐渐析出浅蓝色沉淀，继续加热又变为黑色沉淀，上层溶液变为浅蓝色。思考并写出原因。

4. 观察$[Cu(NH_3)_4]SO_4$配合物的晶体　取 1 支试管，加入第一步制备的$[Cu(NH_3)_4]SO_4$溶液 4 mL，加入等体积的乙醇，观察到溶液变浑浊，静置后有深蓝色晶体析出。用玻璃棒蘸取少许晶体，移放到滤纸上进行观察。

【注意事项】

1. 在滴加溶液的过程中应逐滴加入，边滴边摇。
2. 使用酒精灯加热试管中溶液时要小心谨慎，避免加热过快引起暴沸，避免管口对人。

【实训记录】　实训记录结果见实训表 8-1。

实训表 8-1 实训结果记录

实训内容	实训步骤	实训现象	原因分析	反应方程式
配合物的制备				
配合物与简单离子化合物的区别				
配位平衡的移动				

（叶群丽）

实训 9 硫酸亚铁铵的制备及纯度分析

【实训目的】

1. 学会利用溶解度的差异制备硫酸亚铁铵晶体。
2. 掌握水浴加热、溶解、过滤、蒸发、洗涤、结晶等基本操作。
3. 了解分析产品纯度（或检验产品杂质含量）的方法。

【实训原理】 复盐硫酸亚铁铵俗称摩尔盐（或莫尔盐），化学式为$(NH_4)_2Fe(SO_4)_2 \cdot 6H_2O$，浅蓝绿色透明晶体，易溶于水，难溶于乙醇。在空气中不易被氧化，比硫酸亚铁稳定，因此常用作化学分析中的基准物质或滴定液。

硫酸铵、硫酸亚铁和硫酸亚铁铵在水中的溶解度值如实训表 9-1 所示。由表可知，在一定温度范围内，硫酸亚铁铵在水中的溶解度比其简单盐硫酸铵和硫酸亚铁都要小，因此可以从硫酸铵和硫酸亚铁混合溶液中制得结晶状的硫酸亚铁铵。具体方法如下：

先将金属铁屑溶于稀硫酸制得硫酸亚铁溶液：

$$Fe + H_2SO_4 = FeSO_4 + H_2\uparrow$$

然后加入等物质的量的硫酸铵制得混合溶液，经过加热浓缩，冷却至室温，即可析出硫酸亚铁铵晶体。

$$FeSO_4 + (NH_4)_2SO_4 + 6H_2O = (NH_4)_2Fe(SO_4)_2 \cdot 6H_2O$$

实训表 9-1 不同温度下，硫酸铵、硫酸亚铁和硫酸亚铁铵在水中的溶解度值（单位：g/100g · H_2O）

盐	温度/℃					
	0	20	40	60	80	100
$(NH_4)_2SO_4$	70.6	75.4	81.0	88.0	95.3	103.8
$FeSO_4$	28.8	48.0	73.3	100.7	79.9	57.8
$(NH_4)_2Fe(SO_4)_2 \cdot 6H_2O$	12.5	36.5	27.9	—	—	—

目视比色法是分析产品纯度级别（或检验产品杂质含量）的一种常用方法。将产品配制成溶液，与不同浓度不同颜色的标准溶液进行比色，如果产品溶液的颜色比某一标准溶液的颜色浅，说明杂质含量低于该标准溶液中的含量，即低于某一限度，因此这种方法又称限量分析。本实验中硫酸亚铁铵的纯度分析便是Fe^{3+}的限量分析。

【实训准备】

1. 仪器设备 电子天平、水浴装置、铁架台、热滤漏斗、比色管、布氏漏斗、蒸发皿、表面皿、玻璃棒、锥形瓶、烧杯、量筒、药匙、100℃温度计等。

2. 试剂药品 铁屑（铁粉）、$(NH_4)_2SO_4$（固）、无水乙醇、3 mol/L H_2SO_4、0.1 mol/L Na_2CO_3溶液、Fe^{3+}标准溶液（0.01 mg/mL）、HCl 溶液（2.0 mol/L）、KSCN（1.0 mol/L）、去离子水等。

【实训内容】

1. 硫酸亚铁铵的制备

（1）铁屑的净化　称取 4 g 铁屑放在烧杯中，加 40 mL 0.1 mol/L Na_2CO_3溶液，在 75℃下水浴加热 5～10 min，用倾析法除去碱液；用水把铁屑上的碱液冲洗干净，以防止在加入 H_2SO_4后产生 Na_2SO_4晶体混入 $FeSO_4$中，去水、烘干。

（2）硫酸亚铁的制备　将洗净的铁屑放入锥形瓶中，加入 20 mL 3 mol/L H_2SO_4溶液；水浴加热（温度控制在 50～60℃）使铁屑与硫酸完全反应至不再有气体冒出为止；反应过程中，应适当向锥形瓶中加入 H_2SO_4溶液，以补充蒸发掉的水分和保持反应溶液 pH 稳定；趁热过滤，将浅绿色的滤液转接到清洁的蒸发皿中，用约 2 mL 热水洗涤锥形瓶及漏斗上的残渣。

（3）硫酸亚铁铵的制备　根据加入 H_2SO_4 的量，计算所需$(NH_4)_2SO_4$固体的质量；称取相应质量的$(NH_4)_2SO_4$固体，并配成饱和溶液；将此溶液倒入盛有 $FeSO_4$溶液的蒸发皿中，搅拌使其完全溶解，得到硫酸亚铁铵溶液，保持混合溶液呈微酸性（pH=1～2）；在水浴上蒸发浓缩至溶液表面出现晶体薄膜后停止水浴加热，放置，自然冷却，直至有硫酸亚铁铵晶体析出。

用布氏漏斗抽气过滤除去母液，再用少量无水乙醇冲洗蒸发皿中晶体，洗去晶体表面的水分。将晶体转移到表面皿上晾干，观察晶体的颜色和性状，称量，计算产率。

$$产率=实际值/理论值\times 100\%$$

2. 硫酸亚铁铵的纯度分析

（1）标准色阶的配制　用移液管吸取 Fe^{3+}标准溶液（0.01 mg/mL）5.00 mL、10.00 mL 和 20.00 mL 分别放入 3 支 25.00 mL 的比色管中，各加入 2.00 mL 2.0 mol/L HCl 溶液和 0.50 mL 1.0 mol/L KSCN 溶液。取含氧较少的去离子水（加热除氧，冷却）将溶液稀释至 25.00 mL，摇匀，即得 25.00 mL 溶液中含 Fe^{3+}分别 0.05 mg（Ⅰ级）、0.10 mg（Ⅱ级）和 0.20 mg（Ⅲ级）三个级别的 Fe^{3+}标准溶液。

（2）产品级别的确定　与上述方法类似，称取 1.00 g 制备好的硫酸亚铁铵产品于 25.00 mL 的比色管中，加入含氧较少的去离子水溶解，待完全溶解后，加入 2.00 mL 2.0 mol/L HCl 溶液和 0.50 mL 1.0 mol/L KSCN 溶液，加含氧较少的去离子水至 25.00 mL，摇匀，即得 25.00 mL 溶液中含 1.00 g 的产品溶液。将产品溶液与标准溶液进行目视比色，确定产品的级别。

【注意事项】

1. 铁与稀硫酸反应时加热可提高反应速率，但温度超过 60℃，易生成 $FeSO_4\cdot H_2O$ 白色晶体，过滤时会残留在滤纸上从而降低产量，同时对$(NH_4)_2SO_4$物质的量的确定也有影响，会导致$(NH_4)_2SO_4$的物质的量偏高。

2. 反应中铁屑应稍过量。铁与稀硫酸反应临近结束时，可剩余一些铁屑，这是因为有 Fe 存在可以还原氧化生成的 Fe^{3+}，减少产物中的 Fe^{3+}杂质，保证产物 Fe^{2+}稳定、纯净。

3. 铁屑溶于酸时要注意分次补充少量水，以防止硫酸亚铁晶体析出。

4. 铁屑与稀硫酸作用过程中，会产生大量 H_2 及少量刺激性气味的杂质气体（如 H_2S、SO_2、PH_3 等），最好在通风橱中进行反应。

5. 过滤 $FeSO_4$ 时需趁热过滤，因为 $FeSO_4$ 在低温时溶解度较小，如果不趁热过滤就会有 $FeSO_4\cdot 7H_2O$ 晶体析出。过滤完后用少量的热水洗涤 2～3 次，但所用热水不宜过多，否则后面浓缩结晶溶液时所用时间会较长。

6. 硫酸亚铁铵晶体析出需待冷却到室温时才能过滤，因为摩尔盐在高温时溶解度大，高温时过滤产量会降低。

7. 洗涤硫酸亚铁铵晶体时需用无水乙醇，不能用水。因摩尔盐不溶于乙醇，但易溶于水，用无水乙醇可以除去水，易于干燥。

8. 在进行 Fe^{3+}限量分析时，应使用含氧较少的去离子水，否则 O_2 容易使生成的 Fe^{2+}发生氧化。

【实训检测】

1. 在制备硫酸亚铁铵时，混合溶液为什么要呈微酸性？

2. 如何确定所需的硫酸铵的用量？

3. 配制溶液为什么要用不含氧的去离子水？如何除氧？

（秦晋钰）

实训 10　氧化还原反应

【实训目的】

1. 掌握电极电势与氧化还原反应的关系。

2. 了解氧化型和还原型浓度的变化对电极电势的影响。

【实训原理】　从能斯特方程可以看出，在 25℃时，影响电极电势的因素为电极的本性（氧化型的氧化能力和还原型的还原能力）和电极反应中氧化型及还原型的浓度。

在 25℃时，电极的反应：

$$a\text{氧化型} + ne^- \rightleftharpoons b\text{还原型}$$

$$\varphi=\varphi^{\ominus}+\frac{0.0592}{n}\lg\frac{[\text{氧化型}]^a}{[\text{还原型}]^b}$$

一定温度下，φ 值越大，则电对中氧化型的氧化能力越强；φ 值越小，则电对中还原型的还原能力越强。氧化还原反应自发进行的方向，总是由两电对中电极电势较高的氧化型氧化电极电势较低的还原型。

【实训准备】

1. 仪器　50 mL 烧杯、伏特计、锌电极片、铜电极片、导线、试管、盐桥等。

2. 试剂　0.1 mol/L $FeCl_3$ 溶液、0.1 mol/L KI 溶液、0.1 mol/L KBr 溶液、0.1 mol/L Na_2SO_3 溶液、0.1 mol/L $KMnO_4$ 溶液、0.2 mol/L H_2SO_4 溶液、0.4 mol/L HAc 溶液、0.4 mol/L NaOH 溶液、0.2 mol/L $Na_2S_2O_3$ 溶液、0.5 mol/L $CuSO_4$ 溶液、0.5 mol/L $ZnSO_4$ 溶液、2 mol/L $NH_3 \cdot H_2O$、乙酸乙酯（或 CCl_4）、纯化水等。

【实训内容】

1. 电极电势与氧化还原反应的关系

（1）取 0.1 mol/L KI 溶液 2 mL，加入 0.1 mol/L $FeCl_3$ 溶液 5 滴，混匀，加入乙酸乙酯或 CCl_4 2 mL，充分振摇，观察有机层的颜色变化。

（2）用 0.1 mol/L KBr 溶液代替 0.1 mol/L KI 溶液，进行上述实验，观察现象。根据以上实验结果，定性比较 Br_2/Br^-、I_2/I^-、Fe^{3+}/Fe^{2+}三组电对的电极电势相对大小，并说明电极电势与氧化还原反应方向的关系。

2. 酸度对氧化还原反应的影响

（1）在 3 支试管中各加入 0.1 mol/L KBr 溶液 2 mL，第 1 支试管中加入 0.2 mol/L H_2SO_4 溶液 10 滴，第 2 支试管中加入 0.4 mol/L HAc 溶液 10 滴，第 3 支试管中加入纯化水 10 滴。分别摇匀后，往 3 支试管中各滴加 1 滴 0.1 mol/L $KMnO_4$ 溶液，振摇，观察比较 3 支试管中溶液颜色消退的快慢，写出反应式，并加以解释。

（2）取 3 支试管，各加入 0.1 mol/L Na_2SO_3 溶液 2 mL，第 1 支试管中加入 0.2 mol/L H_2SO_4 溶液 10 滴，第 2 支试管中加入纯化水 10 滴，第 3 支试管中加入 0.4 mol/L NaOH 溶液 10 滴。摇匀后，再各滴

加 1 滴 0.1 mol/L $KMnO_4$ 溶液，观察现象。$KMnO_4$ 在酸性、中性和碱性介质中的还原产物分别为 Mn^{2+}、MnO_2 和 MnO_4^{2-}，写出对应的化学反应方程式。

3. 浓度对氧化还原反应的影响 取 2 支试管，第 1 支试管加入 0.2 mol/L $Na_2S_2O_3$ 溶液 5 mL，第 2 支试管加入 0.2 mol/L $Na_2S_2O_3$ 溶液 1 mL 及纯化水 4 mL，摇匀。向 2 支试管中分别加入 0.2 mol/L H_2SO_4 溶液 1 mL，观察溶液出现浑浊的快慢，写出化学反应方程式。

4. 浓度对电极电势的影响 在 50 mL 烧杯中加入 0.5 mol/L $CuSO_4$ 溶液 20 mL，并插入一铜片组成正电极，在另一 50 mL 烧杯中加入 0.5 mol/L $ZnSO_4$ 溶液 20 mL，并插入一锌片组成负电极，用导线连接铜片和锌片，用盐桥将两烧杯中溶液连接起来，构成一原电池。将伏特计按实训图 10-1 所示连接并测量该电池两极间的电动势 E_1。

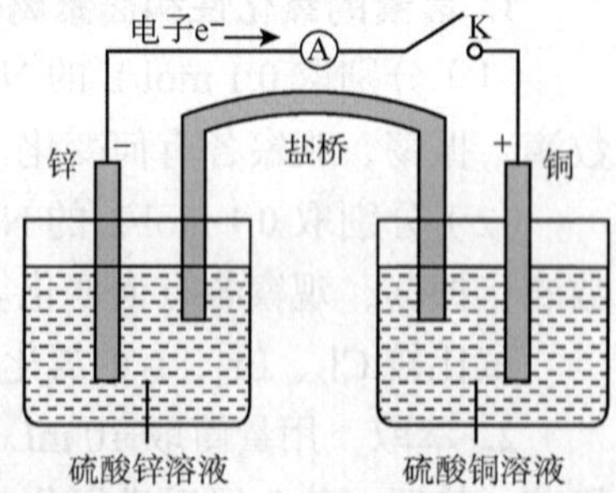

实训图 10-1 Cu-Zn 原电池装置图

在盛有 $CuSO_4$ 的烧杯中边搅拌边滴加 2 mol/L $NH_3 \cdot H_2O$，直至沉淀生成又溶解，记录此时的电动势 E_2。再在盛有 $ZnSO_4$ 的烧杯中边搅拌边滴加 2 mol/L $NH_3 \cdot H_2O$，直至沉淀生成又溶解，记录此时的电动势 E_3。解释电动势改变的原因。

【注意事项】

1. 配制和使用 $NH_3 \cdot H_2O$ 时注意安全。
2. 有 NO_2 等气体生成的反应需注意通风。

【实训检测】

1. 影响电极电势的因素有哪些？
2. 如何根据电极电势，确定氧化剂或还原剂的相对强弱？
3. 在 $CuSO_4$ 溶液中加入过量 $NH_3 \cdot H_2O$，其电极电势怎样改变？试解释原因。

（王 坤）

实训 11 非金属元素的性质

【实训目的】

1. 练习萃取和分液的操作方法。
2. 验证卤族、氧族、氮族和碳族元素的基本性质。
3. 了解过氧化氢及硼酸的检验方法。

【实训原理】

1. 卤素单质的氧化性：$Cl_2 > Br_2 > I_2$，卤素离子还原性：$I^- > Br^- > Cl^-$。
2. 漂白粉活性成分为 $Ca(ClO)_2$。
3. 过氧化氢具有氧化性和还原性。

过氧化氢的检验方法：在酸性溶液中加入 $K_2Cr_2O_7$ 溶液，生成蓝色的过氧化铬（CrO_5）。过氧化铬在水中不稳定，在乙醚中较稳定，所以常预先加入乙醚。其化学反应方程式如下：

$$K_2Cr_2O_7 + H_2SO_4 + 4H_2O_2 \xlongequal{} 2CrO_5 + K_2SO_4 + 5H_2O$$

4. 硫代硫酸盐具有易分解、还原性和配位性。
5. 硝酸具有强氧化性，硝酸的浓度不同、金属的活泼性不同，生成的还原产物不同。
6. 硼酸为弱酸，若与邻二醇结构结合，可使其酸性增强。硼酸的检验方法：点燃加入浓 H_2SO_4 和乙醇的硼酸晶体，其焰色反应为特征绿色。

【实训准备】

1. 仪器 试管、滴瓶、烧杯、50 mL 分液漏斗、10 mL 量筒、角匙、蒸发皿、玻璃棒、铁架台等。

2. 试剂 浓度均为 0.1 mol/L 的 KBr、NaCl、KI、$K_2Cr_2O_7$、$Na_2S_2O_3$、HCl、$AgNO_3$、$KMnO_4$ 溶液，1 mol/L 的 H_2SO_4 溶液，30 g/L 的 H_2O_2 溶液，2 mol/L 的 HCl 和 HNO_3 溶液，浓硝酸，0.5 mol/L 的 HNO_3 溶液，氯水、溴水、碘水，CCl_4，浓 H_2SO_4，乙醇，淀粉液，乙醚，甘油，甲基橙，品红溶液，固体硼酸，固体漂白粉，淀粉碘化钾试纸，铜片，锌片、蒸馏水等。

【实训内容】

1. 卤素的氧化性和卤素离子的还原性的比较

（1）分别取 0.1 mol/L 的 NaCl、KBr、KI 溶液各 1 mL，置于 3 支试管，在各试管内逐滴加入氯水数滴，振荡，观察各有何变化。然后在各试管内再加入 0.5 mL 的 CCl_4 液体，振荡，又有何变化？

（2）分别取 0.1 mol/L 的 NaCl、KBr、KI 溶液各 1 mL，置于 3 支试管，在各试管内逐滴加入溴水数滴，振荡，观察各有何变化。然后在各试管内再加入 0.5 mL 的 CCl_4 液体，振荡，又有何变化？

试比较 Cl_2、Br_2、I_2 的氧化性强弱和 I^-、Br^-、Cl^- 的还原性强弱，并写出其有关的化学反应方程式。

2. 萃取 用量筒取 10 mL 碘水，用淀粉碘化钾试纸试之。把碘水倒入分液漏斗，加入 4 mL CCl_4，振荡，静置，待分层后进行分液操作（用小烧杯接 CCl_4 溶液，回收）。再用淀粉碘化钾试纸试验萃取后的碘水，与萃取前的结果比较。

3. 漂白粉的性质

（1）取少量漂白粉固体放入试管中，加入 2 mol/L HCl 溶液 2 mL，振荡后在试管中，用淀粉碘化钾试纸试之。试纸有何变化？试解释原因。

（2）取少量漂白粉固体放入盛有 2 mL 蒸馏水的试管中，滴入品红溶液 2 滴。溶液有何变化？试解释原因。

4. 过氧化氢的性质和检验

（1）氧化性 在试管中加入 0.1 mol/L 的 KI 溶液 1 mL，用 2 滴 1 mol/L 的 H_2SO_4 溶液酸化后，加入 2～3 滴 30 g/L 的 H_2O_2 溶液，观察有何变化。再加入 2 滴淀粉液，有何现象？解释原因。

（2）还原性 在试管中加入 0.1 mol/L 的 $KMnO_4$，用 2 滴 1 mol/L 的 H_2SO_4 溶液酸化后，逐滴加入 30 g/L 的 H_2O_2 溶液，边滴边振荡，至溶液颜色消失为止。写出有关化学反应方程式。

（3）过氧化氢的检验 在试管中加入 2 mL 蒸馏水，加入乙醚 1 mL，0.1 mol/L 的 $K_2Cr_2O_7$ 溶液和 1 mol/L 的 H_2SO_4 溶液各 1 滴，再加入 3～5 滴 H_2O_2 溶液。充分振荡，观察水层和乙醚中的颜色变化。

5. 硫代硫酸盐的性质

（1）硫代硫酸钠的分解反应 取 0.1 mol/L 的 $Na_2S_2O_3$ 溶液 1 mL，置于一试管中，加入 0.1 mol/L 的 HCl 溶液 2 mL，充分振荡，观察现象，写出有关化学反应方程式。

（2）硫代硫酸钠的还原性 取 0.1 mol/L 的 $Na_2S_2O_3$ 溶液 1 mL，加入碘水 2 mL，充分振荡，观察现象，写出有关化学反应方程式。

（3）硫代硫酸钠的配位反应 取 0.1 mol/L 的 $AgNO_3$ 溶液 0.5 mL，置于一试管中，逐滴加入 0.1 mol/L 的 $Na_2S_2O_3$ 溶液，边滴边振荡，直至生成的沉淀完全溶解。解释现象。

6. 硝酸的氧化性

（1）取两支试管各加入一小块铜片，向两支试管中分别加入 1 mL 浓硝酸和 10 滴 2 mol/L 的硝酸，观察现象，写出反应方程式。

（2）取一支试管，加入一小块锌片，加入 0.5 mol/L 的硝酸，微热，观察现象，写出反应方程式。

7. 硼酸的性质和检验

（1）硼酸的性质 取少量固体硼酸于一试管内，加入 6 mL 蒸馏水，微热，使固体溶解。将溶液分装在 2 支试管中，其中一支试管内加入几滴甘油，混匀。在各试管中各加入 1 滴甲基橙指示剂，振摇后观察溶液的颜色变化，比较颜色的差异并解释原因。

（2）硼酸的检验 取少量硼酸晶体放在蒸发皿中，加入几滴浓 H_2SO_4 和乙醇 2 mL，混匀后点燃，观察焰色反应（硼酸三乙酯的蒸汽燃烧时焰色为特征绿色）。

【注意事项】 在进行金属离子的鉴定时，要保证没有干扰离子的存在。

【实训检测】

1. 淀粉碘化钾试纸常用来检验氯气，能否用它检验氯化钠或氯化钾中的氯？为什么？
2. 在什么条件下漂白粉的消毒杀菌作用最佳？
3. 如何用化学方法鉴别亚硫酸钠、硫酸钠、硫代硫酸钠溶液？
4. 在硫代硫酸钠与碘的反应中，能否加入酸？为什么？

（冯　瑞）

实训12　几种常见金属离子的鉴定

【实训目的】

1. 掌握常见金属离子的鉴定方法。
2. 熟悉常见金属离子鉴定的基本操作。
3. 了解焰色反应的操作。

【实训原理】

1. 焰色反应　碱金属和碱土金属元素的化学性质活泼，碱金属和钙、钡的挥发性化合物在高温火焰中使火焰呈现其特有的焰色反应，如 Na^+呈黄色，K^+呈紫色，Ca^{2+}和 Ba^{2+}分别呈砖红色和黄绿色。因此可以用焰色反应鉴定这些离子。

2. 过渡金属元素形成配合物　过渡金属元素有很强地形成配合物的倾向，不仅能形成简单的配合物和螯合物，还可以形成多核配合物、羰基配合物、一些特殊的配合物。

（1）铁能生成很多配合物，其中常见的有 Fe^{2+}的溶液中加入铁氰化钾，或在 Fe^{3+}的溶液中加入亚铁氰化钾，都有蓝色沉淀形成。

Fe^{3+}还可以与 SCN^-反应，生成血红色的配合物$[Fe(SCN)_6]^{3-}$配离子：

$$Fe^{3+} + 6SCN^- \rightleftharpoons [Fe(SCN)_6]^{3-}\text{（血红色）}$$

常用以上反应鉴定 Fe^{2+}、Fe^{3+}的存在。

（2）Cu^{2+}与浓氨水的反应，生成深蓝色的$[Cu(NH_3)_4]^{2-}$ 配离子：

$$CuSO_4+4NH_3 \rightleftharpoons [Cu(NH_3)_4]SO_4$$

【实训准备】

1. 仪器　点滴板、试管、离心管等。

2. 试剂　饱和$(NH_4)_2C_2O_4$ 溶液、15 mol/L 氨水、6 mol/L NaOH、6 mol/L HCl、6 mol/L HAc、6 mol/L H_2SO_4、6 mol/L 氨水、6 mol/L HNO_3、2 mol/L HAc、2 mol/L NaOH、2 mol/L HCl、0.1 mol/L HCl、0.1 mol/LNaCl、0.1 mol/L KCl、0.1 mol/L $BaCl_2$、0.1 mol/L $CaCl_2$、0.1 mol/L $AlCl_3$、0.1 mol/L $MgCl_2$、0.1 mol/L $FeSO_4$、0.1 mol/L $CuSO_4$、0.1 mol/L $FeCl_3$、0.1 mol/L $ZnSO_4$、0.1 mol/L $AgNO_3$、0.1 mol/L $KMnO_4$、镁试剂（对硝基偶氮间苯二酚）、铝试剂（金黄色素三羧基铵盐）、邻二氮菲试剂、$K_3[Fe(CN)_6]$试剂、$K_4[Fe(CN)_6]$试剂、0.1 mol/L KSCN、$(NH_4)_2Hg(SCN)_4$试剂、0.2 g/L $CoCl_2$、3%H_2O_2溶液、H_2O_2、纯化水、铂丝、铅丝。

【实训内容】

1. Na^+的鉴定　取一根铂丝，在氧化焰中烧至无色，用铂丝蘸取少量钠盐或 0.1 mol/L NaCl 溶液，在无色火焰上灼烧，火焰呈持久的黄色。焰色反应只能用作辅助实验。

2. K^+的鉴定 取一根铂丝，在氧化焰中烧至无色，用铂丝蘸取少量钾盐或 0.1 mol/L KCl 溶液，在无色火焰上灼烧，火焰呈紫色（该反应只能用作辅助实验）。当钾盐中含有少量钠盐时，最好用蓝色钴玻璃片隔火观察，因为紫色火焰会被钠离子的强烈的黄色所掩盖。

3. Mg^{2+}的鉴定 取 0.1 mol/L $MgCl_2$溶液 1 滴于点滴板上，加 6 mol/L NaOH 溶液 1 滴，加镁试剂 1～2 滴，即生成天蓝色沉淀。

4. Ca^{2+}的鉴定

（1）取一根铂丝，在氧化焰中烧至无色，用铂丝蘸取少量钙盐或 0.1 mol/L $CaCl_2$溶液，在无色火焰上灼烧，火焰呈砖红色（该反应只能用作辅助实验）。

（2）与$(NH_4)_2C_2O_4$的反应 取 0.1 mol/L $CaCl_2$试液 1～2 滴于离心试管中，加饱和$(NH_4)_2C_2O_4$溶液 2 滴，生成白色的 CaC_2O_4沉淀，离心分离。将沉淀分装在 2 支试管中，一支试管中加 6 mol/L HAc 溶液数滴，沉淀不溶解；另一支试管中加 6 mol/L HCl 溶液数滴，沉淀溶解。

5. Ba^{2+}的鉴定

（1）Ba^{2+}的火焰呈黄绿色。

（2）与 H_2SO_4 和 $KMnO_4$的反应 取 0.1 mol/L $BaCl_2$试液 1～2 滴于离心试管中，加 $KMnO_4$溶液 1 滴，6 mol/L H_2SO_4溶液 1 滴，生成紫色的 $n$$BaSO_4$ · $m$$KMnO_4$混晶，加热 2～3min 后，再加 H_2O_2不褪色。

6. Al^{3+}的鉴定 取 0.1 mol/L $AlCl_3$溶液 2～3 滴于离心试管中，加铝试剂 2 滴，加 6 mol/L 氨水使呈碱性，在水浴上加热，生成红色絮状沉淀。

7. Fe^{2+}的鉴定

（1）与铁氰化钾的反应 取 0.1 mol/L $FeSO_4$溶液 1 滴于点滴板上，加 $K_3[Fe(CN)_6]$试剂 2 滴，即生成深蓝色沉淀（滕氏蓝），反应需在酸性溶液中进行。

（2）与邻二氮菲的反应 取 0.1 mol/L $FeSO_4$溶液 1 滴于点滴板上，加 1～2 滴邻二氮菲试剂，溶液呈橙红色。反应需在酸性溶液中进行。

8. Fe^{3+}的鉴定 取 0.1 mol/L $FeCl_3$溶液 1 滴于点滴板上，加 0.1 mol/L KSCN 溶液 2 滴，溶液呈深红色。由于碱能破坏配合物，故应在酸性溶液中进行，同时做一空白试验对比。

9. Cu^{2+}的鉴定

（1）亚铁氰化钾的反应：取 0.1 mol/L $CuSO_4$试液 1 滴置于点滴板上，加 2 mol/L HAc 溶液数滴酸化，加 $K_4[Fe(CN)_6]$试剂 1 滴，有红棕色沉淀产生。Fe^{3+}可干扰此反应。

（2）取 0.1 mol/L $CuSO_4$溶液 1 滴置于离心管中，加 15 mol/L 氨水 2 滴，溶液立即呈深蓝色。

10. Zn^{2+}的鉴定 取$(NH_4)_2Hg(SCN)_4$试剂 1 滴置于点滴板上，加入 0.2 g/L $CoCl_2$溶液 1 滴，搅拌后并无沉淀生成，再加入 0.1 mol/L $ZnSO_4$溶液 1 滴，约半分钟内生成天蓝色沉淀。

11. Ag^+的鉴定 取 0.1 mol/L $AgNO_3$溶液 2 滴加入离心管中，加 6 mol/L HCl 溶液 1 滴，生成白色凝乳状沉淀，离心分离，弃去离心液，在沉淀上加 6 mol/L 氨水 2 滴，用玻璃棒搅拌，使沉淀溶解，再加 6mol/L HNO_3溶液数滴，使溶液呈明显酸性，白色沉淀重新析出。注意一定加 HNO_3酸化，才会有白色沉淀析出。

【注意事项】 在进行金属离子的鉴定时，要保证没有干扰离子的存在。

【实训检测】

1. 哪些离子的鉴定反应没有干扰离子？
2. 如何鉴别 Fe^{2+}、Fe^{3+}？
3. 将氨水加入硫酸铜溶液中，会产生什么现象？

（杨 丹）

主要参考文献

冯务群，张宝成，2023. 无机化学. 5 版. 北京：人民卫生出版社
高职高专化学教材编写组，2020. 无机化学. 5 版. 北京：高等教育出版社
姜斌，2021. 无机化学. 2 版. 北京：科学出版社
张丽荣，程鹏，徐家宁，等，2024. 无机化学. 5 版. 北京：高等教育出版社

附　录

附录 1　常见弱酸、弱碱的标准解离常数（298.15K）

附表 1-1　弱酸在水中的标准解离常数

化合物	化学式	解离常数 K
亚砷酸	$HAsO_3$	6.0×10^{-10}
硼酸	H_3BO_3	5.8×10^{-10}
碳酸	H_2CO_3	4.2×10^{-7}（K_1）
		5.6×10^{-11}（K_2）
铝酸	H_3AlO_3	6.3×10^{-12}
砷酸	H_3AsO_4	6.3×10^{-3}（K_1）
		1.0×10^{-7}（K_2）
		3.2×10^{-12}（K_3）
氢氰酸	HCN	6.2×10^{-10}
铬酸	H_2CrO_4	4.1（K_1）
		1.3×10^{-6}（K_2）
次氯酸	$HClO$	2.8×10^{-8}
硫氰酸	$HSCN$	1.4×10^{-1}
过氧化氢	H_2O_2	2.2×10^{-12}
氢氟酸	HF	6.6×10^{-4}
次碘酸	HIO	2.3×10^{-11}
碘酸	HIO_3	0.16
亚硝酸	HNO_2	5.1×10^{-4}
亚硫酸	H_2SO_3	1.3×10^{-2}（K_1）
		6.3×10^{-8}（K_2）

化合物	化学式	解离常数 K
磷酸	H_3PO_4	6.9×10^{-3}（K_1）
		6.2×10^{-8}（K_2）
		4.8×10^{-13}（K_3）
亚磷酸	H_3PO_3	6.3×10^{-2}（K_1）
		2.0×10^{-7}（K_2）
氢硫酸	H_2S	1.3×10^{-7}（K_1）
		7.1×10^{-15}（K_2）
偏硅酸	H_2SiO_3	1.7×10^{-10}（K_1）
		1.6×10^{-12}（K_2）
甲酸	$HCOOH$	1.77×10^{-4}
乙酸	CH_3COOH	1.75×10^{-5}
草酸	$H_2C_2O_4$	5.4×10^{-2}（K_1）
		5.4×10^{-5}（K_2）
苯甲酸	C_6H_5COOH	6.2×10^{-5}
邻苯二甲酸	$C_6H_4(COOH)_2$	1.1×10^{-3}（K_1）
		3.9×10^{-6}（K_2）
苯酚	C_6H_5OH	1.1×10^{-10}
—	—	—

附表 1-2　弱碱在水中的解离常数

化合物	化学式	解离常数 K
氨	NH_3	1.8×10^{-5}
甲胺	CH_3NH_2	4.2×10^{-4}
乙胺	$C_2H_5NH_2$	5.6×10^{-4}
二甲胺	$(CH_3)_2NH$	1.2×10^{-4}

化合物	化学式	解离常数 K
乙醇胺	$HOCH_2CH_2NH_2$	3.2×10^{-5}
三乙醇胺	$(HOCH_2CH_2)_3N$	5.8×10^{-7}
联氨	H_2NNH_2	3.0×10^{-6}（K_1）
		7.6×10^{-15}（K_2）

续表

化合物	化学式	解离常数 *K*	化合物	化学式	解离常数 *K*
二乙胺	$(C_2H_5)_2NH$	1.3×10^{-3}	羟氨	NH_2OH	9.1×10^{-9}
乙二胺	$NH_2CH_2CH_2NH_2$	8.3×10^{-5}（K_1）	苯胺	$C_6H_5NH_2$	4.3×10^{-10}
		7.1×10^{-8}（K_2）	吡啶	C_5H_5N	1.7×10^{-9}

附录 2　常用酸碱指示剂

序号	名称	pH 变色范围	酸式色	碱式色	p*K*a	浓度
1	甲基紫（第一次变色）	0.13～0.5	黄	绿	0.8	0.1%水溶液
2	甲酚红（第一次变色）	0.2～1.8	红	黄	—	0.04%乙醇（50%）溶液
3	甲基紫（第二次变色）	1.0～1.5	绿	蓝	—	0.1%水溶液
4	百里酚蓝（第一次变色）	1.2～2.8	红	黄	1.65	0.1%乙醇（20%）溶液
5	茜素黄 R（第一次变色）	1.9～3.3	红	黄	—	0.1%水溶液
6	甲基紫（第三次变色）	2.0～3.0	蓝	紫	—	0.1%水溶液
7	甲基黄	2.9～4.0	红	黄	3.3	0.1%乙醇（90%）溶液
8	溴酚蓝	3.0～4.6	黄	蓝	3.85	0.1%乙醇（20%）溶液
9	甲基橙	3.1～4.4	红	黄	3.40	0.1%水溶液
10	溴甲酚绿	3.8～5.4	黄	蓝	4.68	0.1%乙醇（20%）溶液
11	甲基红	4.4～6.2	红	黄	4.95	0.1%乙醇（60%）溶液
12	溴百里酚蓝	6.0～7.6	黄	蓝	7.1	0.1%乙醇（20%）
13	中性红	6.8～8.0	红	黄	7.4	0.1%乙醇（60%）溶液
14	酚红	6.8～8.0	黄	红	7.9	0.1%乙醇（20%）溶液
15	甲酚红（第二次变色）	7.2～8.8	黄	红	8.2	0.04%乙醇（50%）溶液
16	百里酚蓝（第二次变色）	8.0～9.6	黄	蓝	8.9	0.1%乙醇（20%）溶液
17	酚酞	8.2～10.0	无色	紫红	9.4	0.1%乙醇（60%）溶液
18	百里酚酞	9.4～10.6	无色	蓝	10.0	0.1%乙醇（90%）溶液
19	茜素黄 R（第二次变色）	10.1～12.1	黄	紫	11.16	0.1%水溶液
20	靛胭脂红	11.6～14.0	蓝	黄	12.2	25%乙醇（50%）溶液

附录 3　常用缓冲溶液的配制和 pH

序号	溶液名称	配制方法	pH
1	氯化钾-盐酸	13.0 mL 0.2 mol/L HCl 与 25.0 mL 0.2 mol/L KCl 混合均匀后，加水稀释至 100 mL	1.7
2	氨基乙酸-盐酸	在 500 mL 水中溶解氨基乙酸 150 g，加 480 mL 浓盐酸，再加水稀释至 1 L	2.3
3	一氯乙酸-氢氧化钠	在 200 mL 水中溶解 2 g 一氯乙酸后，加 40 g NaOH，溶解完全后再加水稀释至 1 L	2.8
4	邻苯二甲酸氢钾-盐酸	将 25.0 mL 0.2 mol/L 的邻苯二甲酸氢钾溶液与 6.0 mL 0.1 mol/L HCl 混合均匀，加水稀释至 100 mL	3.6
5	邻苯二甲酸氢钾-氢氧化钠	将 25.0 mL 0.2 mol/L 的邻苯二甲酸氢钾溶液与 17.5 mL 0.1 mol/L NaOH 混合均匀，加水稀释至 100 mL	4.8
6	六亚甲基四胺-盐酸	在 200 mL 水中溶解六亚甲基四胺 40 g，加浓 HCl 10 mL，再加水稀释至 1 L	5.4
7	磷酸二氢钾-氢氧化钠	将 25.0 mL 0.2 mol/L 的磷酸二氢钾与 23.6 mL 0.1 mol/L NaOH 混合均匀，加水稀释至 100 mL	6.8
8	硼酸-氯化钾-氢氧化钠	将 25.0 mL 0.2 mol/L 的硼酸-氯化钾与 4.0 mL 0.1 mol/L NaOH 混合均匀，加水稀释至 100 mL	8.0

续表

序号	溶液名称	配制方法	pH
9	氯化铵-氨水	将 0.1 mol/L 氯化铵与 0.1 mol/L 氨水以 2：1 比例混合均匀	9.1
10	硼酸-氯化钾-氢氧化钠	将 25.0 mL 0.2 mol/L 的硼酸-氯化钾与 43.9 mL 0.1 mol/L NaOH 混合均匀，加水稀释至 100 mL	10.0
11	氨基乙酸-氯化钠-氢氧化钠	将 49.0 mL 0.1 mol/L 氨基乙酸-氯化钠与 51.0 mL 0.1 mol/L NaOH 混合均匀	11.6
12	磷酸氢二钠-氢氧化钠	将 50.0 mL 0.05 mol/L Na_2HPO_4 与 26.9 mL 0.1 mol/L NaOH 混合均匀，加水稀释至 100 mL	12.0
13	氯化钾-氢氧化钠	将 25.0 mL 0.2 mol/L KCl 与 66.0 mL 0.2 mol/L NaOH 混合均匀，加水稀释至 100 mL	13.0

附录 4　常见难溶化合物的溶度积常数（298.15K）

化合物	$K_{sp}^{\ominus}$	化合物	$K_{sp}^{\ominus}$	化合物	$K_{sp}^{\ominus}$
AgBr	5.4×10^{-13}	$Co(OH)_2$	1.1×10^{-15}	MgF_2	7.4×10^{-11}
AgCl	1.8×10^{-10}	$Co_3(PO_4)_2$	2.1×10^{-35}	$Mg(OH)_2$	5.6×10^{-12}
Ag_2CO_3	8.5×10^{-12}	$Cr(OH)_3$	6.3×10^{-31}	$Mg_3(PO_4)_2$	9.9×10^{-25}
Ag_2CrO_4	1.1×10^{-12}	CuBr	6.3×10^{-9}	$NiCO_3$	1.4×10^{-7}
$Ag_2Cr_2O_7$	2.0×10^{-7}	CuCl	1.7×10^{-7}	$Ni(IO_3)_2$	4.7×10^{-5}
AgCN	5.9×10^{-17}	CuI	1.3×10^{-12}	$Ni(OH)_2$	5.5×10^{-16}
$Ag_2C_2O_4$	5.4×10^{-12}	$Cu(OH)_2$	2.2×10^{-20}	NiS	1.1×10^{-21}
$AgIO_3$	3.2×10^{-8}	CuSCN	1.8×10^{-13}	$Ni_3(PO_4)_2$	4.7×10^{-32}
AgI	8.5×10^{-17}	$Cu(IO_3)_2$	6.9×10^{-8}	$PbCO_3$	1.5×10^{-13}
AgOH	2.0×10^{-8}	CuS	1.3×10^{-36}	$PbCrO_4$	2.8×10^{-13}
Ag_3PO_4	8.9×10^{-17}	Cu_2S	2.3×10^{-48}	PbC_2O_4	8.5×10^{-10}
Ag_2S	6.3×10^{-50}	$Cu_3(PO_4)_2$	1.4×10^{-37}	$PbCl_2$	1.2×10^{-5}
AgSCN	1.0×10^{-12}	$FeCO_3$	3.1×10^{-11}	$PbBr_2$	6.6×10^{-6}
Ag_2SO_4	1.2×10^{-5}	FeF_2	2.4×10^{-6}	PbF_2	7.2×10^{-7}
Ag_2SO_3	1.5×10^{-14}	$Fe(OH)_2$	4.9×10^{-11}	PbI_2	8.5×10^{-9}
$Al(OH)_3$	1.1×10^{-33}	$Fe(OH)_3$	2.6×10^{-39}	$Pb(IO_3)_2$	3.7×10^{-13}
As_2S_3	2.1×10^{-22}	FeS	1.6×10^{-19}	$Pb(OH)_2$	1.4×10^{-20}
$BaCO_3$	2.6×10^{-9}	$HgBr_2$	6.2×10^{-12}	$Pb(OH)_4$	3.2×10^{-44}
$BaCrO_4$	1.2×10^{-10}	HgI_2	2.8×10^{-29}	PbS	9.1×10^{-29}
BaF_2	1.8×10^{-7}	HgS	6.4×10^{-53}	$PbSO_4$	1.8×10^{-8}
$Ba_3(PO_4)_2$	3.4×10^{-23}	$Hg(OH)_2$	3.2×10^{-26}	$Pb(SCN)_2$	2.1×10^{-5}
$BaSO_4$	1.1×10^{-10}	Hg_2Br_2	6.4×10^{-23}	PbS	2.0×10^{-58}
BaC_2O_4	1.6×10^{-7}	Hg_2CO_3	3.7×10^{-17}	$Pd(SCN)_2$	4.4×10^{-23}
$CaCO_3$	5.0×10^{-9}	$Hg_2C_2O_4$	1.8×10^{-13}	PtS	2.0×10^{-58}
CaF_2	1.5×10^{-10}	Hg_2Cl_2	1.5×10^{-18}	$Sn(OH)_2$	5.5×10^{-27}
$CaSO_4$	7.1×10^{-5}	Hg_2F_2	3.1×10^{-6}	$Sn(OH)_4$	1.0×10^{-56}

续表

化合物	$K_{sp}^{\ominus}$	化合物	$K_{sp}^{\ominus}$	化合物	$K_{sp}^{\ominus}$
$Ca(OH)_2$	4.7×10^{-6}	Hg_2I_2	5.3×10^{-29}	SnS	3.3×10^{-28}
CaC_2O_4	2.3×10^{-9}	Hg_2S	1.0×10^{-47}	$SrCO_3$	5.6×10^{-10}
$Ca(IO_3)_2$	6.5×10^{-6}	Hg_2SO_4	8.0×10^{-7}	SrF_2	4.3×10^{-9}
$Ca_3(PO_4)_2$	2.1×10^{-33}	$Hg_2(SCN)_2$	3.12×10^{-20}	$Sr(IO_3)_2$	1.1×10^{-7}
CdF_2	6.4×10^{-3}	$KClO_4$	1.1×10^{-2}	$SrSO_4$	3.4×10^{-7}
$Cd(IO_3)_2$	2.5×10^{-8}	$K_2[PtCl_6]$	7.5×10^{-6}	$ZnCO_3$	1.2×10^{-10}
$Cd(OH)_2$	7.2×10^{-15}	$MnCO_3$	2.2×10^{-11}	ZnF_2	3.0×10^{-2}
CdS	8.0×10^{-27}	$Mn(IO_3)_2$	4.4×10^{-7}	$Zn(IO_3)_2$	4.3×10^{-6}
$Cd_3(PO_4)_2$	2.5×10^{-33}	MnS	4.7×10^{-14}	$Zn(OH)_2$	6.9×10^{-17}
$Co(IO_3)_2$	1.2×10^{-2}	$MgCO_3$	6.8×10^{-6}	ZnS	1.6×10^{-24}

附录 5　常见配离子的稳定常数 $K_{稳}$（298.15K）

配离子	$K_{稳}$	配离子	$K_{稳}$
$[AuCl_2]^+$	6.3×10^{9}	$[Co(en)_3]^{2+}$	8.69×10^{13}
$[CdCl_4]^{2-}$	6.33×10^{2}	$[Co(en)_3]^{3+}$	4.90×10^{48}
$[CuCl_3]^{2-}$	5.0×10^{5}	$[Cr(en)_2]^{2+}$	1.55×10^{9}
$[CuCl_2]^{2-}$	3.1×10^{5}	$[Cu(en)_2]^{+}$	6.33×10^{10}
$[FeCl]^+$	2.29	$[Cu(en)_3]^{2+}$	1.0×10^{21}
$[FeCl_4]^-$	1.02	$[Fe(en)_3]^{2+}$	5.00×10^{9}
$[HgCl_4]^{2-}$	1.17×10^{15}	$[Hg(en)_2]^{2+}$	2.00×10^{23}
$[PbCl_4]^{2-}$	39.8	$[Mn(en)_3]^{2+}$	4.67×10^{5}
$[PtCl_4]^{2-}$	1.0×10^{16}	$[Ni(en)_3]^{2+}$	2.14×10^{18}
$[SnCl_4]^{2-}$	30.2	$[Zn(en)_3]^{2+}$	1.29×10^{14}
$[ZnCl_4]^{2-}$	1.58	$[AlF_6]^{3-}$	6.94×10^{19}
$[Ag(CN)_2]^-$	1.3×10^{21}	$[FeF_6]^{3-}$	1.0×10^{16}
$[Ag(CN)_4]^{3-}$	4.0×10^{20}	$[AgI_3]^{2-}$	4.78×10^{13}
$[Au(CN)_2]^-$	2.0×10^{38}	$[AgI_2]^-$	5.94×10^{11}
$[Cd(CN)_4]^{2-}$	6.02×10^{18}	$[CdI_4]^{2-}$	2.57×10^{5}
$[Cu(CN)_2]^-$	1.0×10^{16}	$[CuI_2]^-$	7.09×10^{8}
$[Cu(CN)_4]^{3-}$	2.00×10^{30}	$[PbI_4]^{2-}$	2.95×10^{4}
$[Fe(CN)_6]^{4-}$	1.0×10^{35}	$[HgI_4]^{2-}$	6.76×10^{29}
$[Fe(CN)_6]^{3-}$	1.0×10^{42}	$[Ag(NH_3)_2]^+$	1.12×10^{7}
$[Hg(CN)_4]^{2-}$	2.5×10^{41}	$[Cd(NH_3)_6]^{2+}$	1.38×10^{5}
$[Ni(CN)_4]^{2-}$	2.0×10^{31}	$[Cd(NH_3)_4]^{2+}$	1.32×10^{7}
$[Zn(CN)_4]^{2-}$	5.0×10^{16}	$[Co(NH_3)_6]^{3+}$	1.58×10^{35}
$[Ag(SCN)_4]^{3-}$	1.20×10^{10}	$[Cu(NH_3)_2]^+$	7.25×10^{10}
$[Ag(SCN)_2]^-$	3.72×10^{7}	$[Cu(NH_3)_4]^{2+}$	2.09×10^{13}
$[Au(SCN)_4]^{3-}$	1.0×10^{42}	$[Fe(NH_3)_2]^{2+}$	1.6×10^{2}
$[Au(SCN)_2]^-$	1.0×10^{23}	$[Hg(NH_3)_4]^{2+}$	1.90×10^{19}

续表

配离子	$K_{稳}$	配离子	$K_{稳}$
$[Cd(SCN)_4]^{2-}$	3.98×10^{3}	$[Mg(NH_3)_2]^{2+}$	20
$[Co(SCN)_4]^{2-}$	1.00×10^{5}	$[Ni(NH_3)_6]^{2+}$	5.49×10^{8}
$[Cr(NCS)_2]^{+}$	9.52×10^{2}	$[Ni(NH_3)_4]^{2+}$	9.09×10^{7}
$[Cu(SCN)_2]^{-}$	1.51×10^{5}	$[Pt(NH_3)_6]^{2+}$	2.00×10^{35}
$[Fe(NCS)_2]^{+}$	2.29×10^{3}	$[Zn(NH_3)_4]^{2+}$	2.88×10^{9}
$[Hg(SCN)_4]^{2-}$	1.70×10^{21}	$[Al(OH)_4]^{-}$	1.07×10^{33}
$[Ni(SCN)_3]^{-}$	64.5	$[Bi(OH)_4]^{-}$	1.59×10^{35}
$[AgEDTA]^{3-}$	2.09×10^{5}	$[Cd(OH)_4]^{2-}$	4.17×10^{8}
$[AlEDTA]^{-}$	1.29×10^{16}	$[Cr(OH)_4]^{-}$	7.94×10^{29}
$[CaEDTA]^{2-}$	1.0×10^{11}	$[Cu(OH)_4]^{2-}$	3.16×10^{18}
$[CdEDTA]^{2-}$	2.5×10^{7}	$[Fe(OH)_4]^{2-}$	3.80×10^{8}
$[CoEDTA]^{2-}$	2.04×10^{16}	$[Ca(P_2O_7)]^{2-}$	4.0×10^{4}
$[CoEDTA]^{-}$	1.0×10^{36}	$[Cd(P_2O_7)]^{2-}$	4.0×10^{5}
$[CuEDTA]^{2-}$	5.0×10^{18}	$[Cu(P_2O_7)]^{2-}$	1.0×10^{8}
$[FeEDTA]^{2-}$	2.14×10^{14}	$[Pb(P_2O_7)]^{2-}$	2.0×10^{5}
$[FeEDTA]^{-}$	1.70×10^{24}	$[Ni(P_2O_7)_2]^{6-}$	2.5×10^{2}
$[HgEDTA]^{2-}$	6.33×10^{21}	$[Ag(S_2O_3)]^{-}$	6.62×10^{8}
$[MgEDTA]^{2-}$	4.37×10^{8}	$[Ag(S_2O_3)_2]^{3-}$	2.88×10^{13}
$[MnEDTA]^{2-}$	6.3×10^{13}	$[Cd(S_2O_3)_2]^{2-}$	2.75×10^{6}
$[NiEDTA]^{2-}$	3.64×10^{18}	$[Cu(S_2O_3)_2]^{3-}$	1.66×10^{12}
$[ZnEDTA]^{2-}$	2.5×10^{16}	$[Pb(S_2O_3)_2]^{2-}$	1.35×10^{5}
$[Ag(en)_2]^{+}$	5.00×10^{7}	$[Hg(S_2O_3)_4]^{6-}$	1.74×10^{33}
$[Cd(en)_3]^{2+}$	1.20×10^{12}	$[Hg(S_2O_3)_2]^{2-}$	2.75×10^{29}

附录 6 一些物质的热力学数据（298.15K）

物质	$\Delta_f H_m^{\ominus}$ /（kJ / mol）	$\Delta_f G_m^{\ominus}$ /（kJ / mol）	$S_m^{\ominus}$ /[J /（K·mol）]
Ag（s）	0.0	0.0	42.6
AgCl（s）	−127.0	−109.8	96.3
AgBr（s）	−100.4	−96.9	107.1
AgI（s）	−61.84	−66.19	115.5
Ag_2O（s）	−31.0	−11.2	121
$AgNO_3$（s）	−124.4	−33.4	140.9
AgCN（s）	146.0	156.9	107.2
AgSCN（s）	87.9	101.4	131.0
Ag_2S（α-斜方）	−32.6	−40.7	144.0
Al（s）	0	0	28.3
$AlCl_3$（s）	−704.2	−628.8	109.3
Al_2O_3（刚玉）	−1675.7	−1582.3	50.9

续表

物质	$\Delta_f H_m^\ominus$ /（kJ / mol）	$\Delta_f G_m^\ominus$ /（kJ / mol）	$S_m^\ominus$ /[J /（K·mol）]
As（s）	0	0	35.1
AsH_3（g）	66.4	68.9	222.8
AsF_3（l）	–821.3	–774.0	181.2
As_2S_3（s）	–169.0	–168.6	163.6
As_4O_6（g）	–1209	–1098	381
B（s）	0	0	5.86
B_2H_6（g）	35.6	86.6	232
B_2O_3（s）	–1272.8	–1193.7	54.0
H_3BO_3（s）	–1094.5	–969.0	88.8
Ba（s）	0	0	62.8
$BaCl_2$（s）	–858.6	–806.7	123.7
BaO（s）	–553.5	–525.1	70.4
$BaCO_3$（s）	–1216	–1138	112.1
$BaSO_4$（s）	–1473.2	–1362.2	132.2
Br_2（g）	30.9	3.14	245.5
Br_2（l）	0	0	152.2
HBr（g）	–36.4	–53.6	198.7
$HBrO_3$（aq）	–67.1	–18	161.5
C（s，金刚石）	1.89	2.9	2.38
C（s，石墨）	0	0	5.74
CO（g）	–110.5	–137.2	197.7
CO_2（g）	–393.5	–394.4	213.7
CS_2（l）	89.70	65.27	151.34
CH_4（g）	–74.6	–50.8	186.2
CH_3Cl（g）	–80.83	–57.37	234.58
$CHCl_3$（l）	–134.47	–73.66	201.7
CCl_4（g）	–102.9	–60.59	309.85
CCl_4（l）	–135.44	–65.21	216.40
C_2H_4（g）	52.3	68.2	219.4
C_2H_5OH（l）	–277.7	–174.9	160.7
Ca（s）	0	0	41.4
$CaCl_2$（s）	–795.8	–748.1	104.6
$CaCO_3$（s，方解石）	–1206.9	–1128.8	92.9
CaO（s）	–635.1	–604.2	39.7
CaF_2（s）	–1219.6	–1167.3	68.87
CaS（s）	–482.4	–477.4	56.5

续表

物质	$\Delta_f H_m^\ominus$ / (kJ / mol)	$\Delta_f G_m^\ominus$ / (kJ / mol)	$S_m^\ominus$ / [J / (K·mol)]
$Ca(OH)_2$ (s)	−986.09	−898.49	83.39
$CaSO_4$ (s)	−1425.2	−1313.4	108.4
Cl_2 (g)	0	0	223.07
Cl_2 (l)	−23.4	6.94	121
HCl (g)	−92.5	−95.4	186.7
HClO (aq，非电离)	−121	−79.9	142
$HClO_3$ (aq)	104.0	−8.03	162
$HClO_4$ (aq)	−9.70	—	—
Co (s)	0	0	30.0
$CoCl_2$ (s)	−312.5	−270	109.2
$CoCl_2\cdot 2H_2O$ (s)	−923.0	−764.8	188.3
$CoCl_2\cdot 6H_2O$ (s)	−2115	−1725	343
Cr (s)	0	0	23.77
Cr_2O_3 (s)	−1140	−1058	81.2
CrO_3 (s)	−589.5	−506.3	—
$(NH_4)_2Cr_2O_7$ (s)	−1807	—	—
Cu (s)	0	0	33
CuCl (s)	−137.2	−119.9	86.2
CuBr (s)	−104.6	−100.8	96.11
CuI (s)	−67.8	−69.5	96.7
Cu_2O (s)	−168.6	−146.0	93.14
CuO (s)	−157.3	−129.7	42.63
CuS (s)	−53.1	−53.6	66.5
$CuSO_4$ (s)	−771.4	−661.8	109
$CuSO_4\cdot 5H_2O$ (s)	−2321	−1880	300
F_2 (g)	0	0	202.78
HF (g)	−271	−273	174
Fe (s)	0	0	27.28
$FeCl_2$ (s)	−341.8	−302.3	117.95
$FeCl_3$ (s)	−399.5	−334.0	142.3
Fe_2O_3 (赤铁矿)	−824.2	−742.2	87.4
Fe_3O_4 (磁铁矿)	−1118.4	−1015.4	146.4
$Fe(OH)_2$ (s)	−569.0	−486.5	88
$Fe(OH)_3$ (s)	−823.0	−696.5	106.7
FeS_2 (黄铁矿)	−178.2	−166.9	52.93
$FeSO_4\cdot 7H_2O$ (s)	−3014.6	−2509.8	409.2

续表

物质	$\Delta_f H_m^\ominus$ / (kJ / mol)	$\Delta_f G_m^\ominus$ / (kJ / mol)	$S_m^\ominus$ / [J / (K·mol)]
H_2（g）	0	0	130.68
H_2O（g）	−241.82	−228.57	188.83
H_2O（l）	−285.83	−237.1	69.91
H_2O_2（l）	−187.8	−120.4	109.6
H_2S（g）	−20.63	−33.56	205.79
Hg（l）	0	0	76.1
$HgCl_2$（s）	−224.3	−178.6	146
Hg_2Cl_2（s）	−265.22	−210.75	192.5
Hg_2SO_4（s）	−743.12	−625.82	200.66
HgO（s，红）	−90.83	−58.54	70.29
HgO（s，黄）	−90.4	−58.43	71.1
HgI_2（s，红）	−105	−102	180
HgS（s，红）	−58.1	−50.6	82.4
HgS（s，黑）	−53.6	−47.7	88.3
I_2（g）	62.44	19.33	260.69
I_2（s）	0	0	116.14
HI（g）	26.48	1.70	206.59
HIO_3（g）	−230	—	—
K（s）	0	0	64.6
KCl（s）	−436.75	−409.14	82.59
KBr（s）	−393.8	−380.66	95.9
K_2O（s）	−361	—	—
K_2O_2（s）	−494.1	−425.1	102
KCN（s）	−113.0	−101.86	128.5
K_2CO_3（s）	−1151.02	−1063.5	155.52
KNO_3（s）	−494.63	−394.86	133.05
KOH（s）	−424.76	−379.08	78.9
K_2SO_4（s）	−1437.8	−1321.4	175.56
$K_2Cr_2O_7$（s）	−2061.5	−1881.8	291.2
$KMnO_4$（s）	−837.2	−737.6	171.71
Li_2O（s）	−597.9	−561.1	37.6
Li_2O_2（s）	−634.3	—	—
Mg（s）	0	0	32.7
MgO（s，方镁石）	−606.7	−569.43	26.94
$MgCl_2$（s）	−641.32	−591.79	89.62
$MgCO_3$（s，菱镁矿）	−1095.8	−1012.1	65.7

续表

物质	$\Delta_f H_m^\ominus$ /(kJ/mol)	$\Delta_f G_m^\ominus$ /(kJ/mol)	$S_m^\ominus$ /[J/(K·mol)]
$MgSO_4$ (s)	−1284.9	−1170.6	91.6
$Mg(OH)_2$ (s)	−924.54	−833.51	63.18
Mn (s)	0	0	32.0
MnO_2 (s)	−520.03	−466.14	53.05
$MnCl_2$ (s)	−481.29	−440.6	118.24
$MnSO_4$ (s)	−1065.25	−957.36	112.1
N_2 (g)	0	0	191.6
NH_3 (g)	−46.11	−16.45	192.45
NO (g)	90.25	86.55	210.76
NO_2 (g)	33.18	51.31	240.06
N_2O_4 (s)	9.16	97.82	304
N_2O_4 (1)	−19.5	97.5	209
HNO_3 (1)	−174.10	−80.71	155.60
NH_4NO_3 (s)	−366	−184	151
NH_4Cl (s)	−314.43	−202.87	94.6
NH_4HCO_3 (s)	−849.4	−665.9	120.9
$(NH_4)_2CO_3$ (s)	−333.51	−197.33	104.60
$(NH_4)_2SO_4$ (s)	−1180.5	−901.67	220.1
Na (s)	0	0	51.2
NaCl (s)	−411.15	−384.14	72.13
Na_2O (s)	−414	−375.5	75.06
Na_2O_2 (s)	−510.9	−447.7	93.3
NaOH (s)	−425.6	−379.5	64.46
Na_2CO_3 (s)	−1130.7	−1044.5	135
$NaHCO_3$ (s)	−950.81	−851.0	101.7
$NaNO_3$ (s)	−467.9	−367.1	116.5
Na_2SO_4 (s)	−1387.08	−1270.16	149.58
$Na_2B_4O_7$ (s)	−3291	−3096	189.5
O_2 (g)	0	0	205.14
O_3 (g)	142.7	163.2	238.93
P (s，白)	0	0	41.1
P (s，红)	−17.6	−121.1	22.8
PH_3 (g)	5.4	13.4	210.23
PCl_3 (g)	−287	−268	311.7
PCl_5 (g)	−398.9	−324.6	353
Pb (s)	0	0	64.9

续表

物质	$\Delta_f H_m^{\ominus}$ /（kJ / mol）	$\Delta_f G_m^{\ominus}$ /（kJ / mol）	$S_m^{\ominus}$ /[J /（K · mol）]
$PbCl_2$（s）	–359.41	–314.10	136.0
$PbBr_2$（s）	–278.7	–216.92	161.5
PbI_2（s）	–175.48	–173.64	174.85
PbO（s，红）	–218.99	–188.93	66.5
PbO（s，黄）	–217.32	–187.9	68.70
PbO_2（s）	–277.4	–217.33	68.6
PbS（s）	–100	–98.7	91.2
$PbSO_4$（s）	–919.94	–813.14	148.57
S（s，斜方）	0	0	31.80
H_2S（g）	–20.6	–33.6	206
SO_2（g）	–296.83	–300.19	248.22
SO_3（g）	–395.72	–371.06	256.76
SiO_2（s，石英）	–910.49	–856.64	41.84
SiF_4（g）	–1614.9	–1572.7	282.4
Sn（s，白色）	0	0	51.55
Sn（s，灰色）	–2.1	0.13	44.14
$SnCl_2$（aq）	–329.7	–299.5	172
$SnCl_4$（l）	–511.3	–440.1	258.6
SnO（s）	–286	–257	56.5
SnO_2（s）	–580.7	–519.6	52.3
SnS（s）	–100	–98.3	77.0
SrO（s）	–592.0	–561.9	54.4
$SrCl_2$（s）	–828.9	–781.1	97.1
$SrCO_3$（s，菱锶矿）	–1220.1	–1140.1	97.1
Ti（s）	0	0	30.60
TiO_2（s，锐钛矿）	–939.7	–884.5	49.92
TiO_2（s，金红矿）	–944.7	–889.5	50.33
$TiCl_4$（l）	–804.2	–737.2	252.3
V_2O_5（s）	–1551	–1420	131
WO_3（s）	–842.9	–764.08	75.9
H_2WO_4（s）	–1131.8	—	—
Zn（s）	0	0	41.6
ZnO（s）	–348.3	–318.3	43.6
$ZnCl_2$（s）	–415.05	–396.40	111.46
ZnS（s）	–206.0	–210.3	57.7
$ZnSO_4$（s）	–982.8	–871.5	110.5

附录 7　标准电极电势（298.15K）

电极反应				$\varphi^{\ominus}$/V
氧化态	电子数		还原态	
Li^+	$+e^-$	$\rightleftharpoons$	Li	−3.0401
Cs^+	$+e^-$	$\rightleftharpoons$	Cs	−3.026
Rb^+	$+e^-$	$\rightleftharpoons$	Rb	−2.98
K^+	$+e^-$	$\rightleftharpoons$	K	−2.931
Ba^{2+}	$+2e^-$	$\rightleftharpoons$	Ba	−2.912
Sr^{2+}	$+2e^-$	$\rightleftharpoons$	Sr	−2.89
Ca^{2+}	$+2e^-$	$\rightleftharpoons$	Ca	−2.868
Na^+	$+e^-$	$\rightleftharpoons$	Na	−2.71
La^{3+}	$+3e^-$	$\rightleftharpoons$	La	−2.379
Mg^{2+}	$+2e^-$	$\rightleftharpoons$	Mg	−2.372
Ce^{3+}	$+3e^-$	$\rightleftharpoons$	Ce	−2.336
H_2（g）	$+2e^-$	$\rightleftharpoons$	$2H^-$	−2.23
AlF_6^{3-}	$+3e^-$	$\rightleftharpoons$	$Al + 6F^-$	−2.069
Th^{4+}	$+4e^-$	$\rightleftharpoons$	Th	−1.899
Be^{2+}	$+2e^-$	$\rightleftharpoons$	Be	−1.847
U^{3+}	$+3e^-$	$\rightleftharpoons$	U	−1.798
Al^{3+}	$+3e^-$	$\rightleftharpoons$	Al	−1.662
Ti^{2+}	$+2e^-$	$\rightleftharpoons$	Ti	−1.630
$ZrO_2 + 4H^+$	$+4e^-$	$\rightleftharpoons$	$Zr + 2H_2O$	−1.553
$[SiF_6]^{2-}$	$+4e^-$	$\rightleftharpoons$	$Si + 6F^-$	−1.24
Mn^{2+}	$+2e^-$	$\rightleftharpoons$	Mn	−1.185
Cr^{2+}	$+2e^-$	$\rightleftharpoons$	Cr	−0.913
Ti^{3+}	$+e^-$	$\rightleftharpoons$	Ti^{2+}	−0.9
$H_3BO_3 + 3H^+$	$+3e^-$	$\rightleftharpoons$	$B + 3H_2O$	−0.8698
$TiO_2 + 4H^+$	$+4e^-$	$\rightleftharpoons$	$Ti + 2H_2O$	−0.86
$Te + 2H^+$	$+2e^-$	$\rightleftharpoons$	H_2Te	−0.793
Zn^{2+}	$+2e^-$	$\rightleftharpoons$	Zn	−0.7618
$Ta_2O_5 + 10H^+$	$+10e^-$	$\rightleftharpoons$	$2Ta + 5H_2O$	−0.750
Cr^{3+}	$+3e^-$	$\rightleftharpoons$	Cr	−0.744
$Nb_2O_5 + 10H^+$	$+10e^-$	$\rightleftharpoons$	$2Nb + 5H_2O$	−0.644
$As + 3H^+$	$+3e^-$	$\rightleftharpoons$	AsH_3	−0.608
Ga^{3+}	$+3e^-$	$\rightleftharpoons$	Ga	−0.549
$H_3PO_2 + H^+$	$+e^-$	$\rightleftharpoons$	$P + 2H_2O$	−0.508
$H_3PO_3 + 2H^+$	$+2e^-$	$\rightleftharpoons$	$H_3PO_2 + H_2O$	−0.499
$2CO_2 + 2H^+$	$+2e^-$	$\rightleftharpoons$	$H_2C_2O_4$	−0.49
Fe^{2+}	$+2e^-$	$\rightleftharpoons$	Fe	−0.447
Cr^{3+}	$+e^-$	$\rightleftharpoons$	Cr^{2+}	−0.407
Cd^{2+}	$+2e^-$	$\rightleftharpoons$	Cd	−0.4030
$Se + 2H^+$	$+2e^-$	$\rightleftharpoons$	H_2Se（aq）	−0.399

续表

电极反应				$\varphi^\ominus$/V
氧化态	电子数		还原态	
PbI_2	$+2e^-$	$\rightleftharpoons$	$Pb + 2I^-$	–0.365
Eu^{3+}	$+e^-$	$\rightleftharpoons$	Eu^{2+}	–0.36
$PbSO_4$	$+2e^-$	$\rightleftharpoons$	$Pb + SO_4^{2-}$	–0.3588
In^{3+}	$+3e^-$	$\rightleftharpoons$	In	–0.3382
Tl^+	$+e^-$	$\rightleftharpoons$	Tl	–0.336
Co^{2+}	$+2e^-$	$\rightleftharpoons$	Co	–0.28
$H_3PO_4 + 2H^+$	$+2e^-$	$\rightleftharpoons$	$H_3PO_3 + H_2O$	–0.276
$PbCl_2$	$+2e^-$	$\rightleftharpoons$	$Pb + 2Cl^-$	–0.2675
Ni^{2+}	$+2e^-$	$\rightleftharpoons$	Ni	–0.257
V^{3+}	$+e^-$	$\rightleftharpoons$	V^{2+}	–0.255
$H_2GeO_3 + 4H^+$	$+4e^-$	$\rightleftharpoons$	$Ge + 3H_2O$	–0.182
AgI	$+e^-$	$\rightleftharpoons$	$Ag + I^-$	–0.15224
Sn^{2+}	$+2e^-$	$\rightleftharpoons$	Sn	–0.1375
Pb^{2+}	$+2e^-$	$\rightleftharpoons$	Pb	–0.1262
CO_2（g）$+ 2H^+$	$+2e^-$	$\rightleftharpoons$	$CO + H_2O$	–0.12
P（白）$+ 3H^+$	$+3e^-$	$\rightleftharpoons$	PH_3（g）	–0.063
Hg_2I_2	$+2e^-$	$\rightleftharpoons$	$2Hg + 2I^-$	–0.0405
Fe^{3+}	$+3e^-$	$\rightleftharpoons$	Fe	–0.037
$2H^+$	$+2e^-$	$\rightleftharpoons$	H_2	0.0000
$AgBr$	$+e^-$	$\rightleftharpoons$	$Ag + Br^-$	0.07133
$S_4O_6^{2-}$	$+2e^-$	$\rightleftharpoons$	$2S_2O_3^{2-}$	0.08
$TiO^{2+} + 2H^+$	$+e^-$	$\rightleftharpoons$	$Ti^{3+} + H_2O$	0.1
$S + 2H^+$	$+2e^-$	$\rightleftharpoons$	H_2S（aq）	0.142
Sn^{4+}	$+2e^-$	$\rightleftharpoons$	Sn^{2+}	0.151
$Sb_2O_3 + 6H^+$	$+6e^-$	$\rightleftharpoons$	$2Sb + 3H_2O$	0.152
Cu^{2+}	$+e^-$	$\rightleftharpoons$	Cu^+	0.153
$BiOCl + 2H^+$	$+3e^-$	$\rightleftharpoons$	$Bi + Cl^- + H_2O$	0.1583
$SO_4^{2-} + 4H^+$	$+2e^-$	$\rightleftharpoons$	$H_2SO_3 + H_2O$	0.172
$SbO^+ + 2H^+$	$+3e^-$	$\rightleftharpoons$	$Sb + H_2O$	0.212
$AgCl$	$+e^-$	$\rightleftharpoons$	$Ag + Cl^-$	0.22233
$HAsO_2 + 3H^+$	$+3e^-$	$\rightleftharpoons$	$As + 2H_2O$	0.248
Hg_2Cl_2	$+2e^-$	$\rightleftharpoons$	$2Hg + 2Cl^-$（饱和 KCl）	0.26808
$BiO^+ + 2H^+$	$+3e^-$	$\rightleftharpoons$	$Bi + H_2O$	0.320
$2HCNO + 2H^+$	$+2e^-$	$\rightleftharpoons$	$(CN)_2 + 2H_2O$	0.330
$VO^{2+} + 2H^+$	$+e^-$	$\rightleftharpoons$	$V^{3+} + H_2O$	0.337
Cu^{2+}	$+2e^-$	$\rightleftharpoons$	Cu	0.3419
$ReO_4^- + 8H^+$	$+7e^-$	$\rightleftharpoons$	$Re + 4H_2O$	0.368
Ag_2CrO_4	$+2e^-$	$\rightleftharpoons$	$2Ag + CrO_4^{2-}$	0.4470
$H_2SO_3 + 4H^+$	$+4e^-$	$\rightleftharpoons$	$S + 3H_2O$	0.449
Cu^+	$+e^-$	$\rightleftharpoons$	Cu	0.521
I_2	$+2e^-$	$\rightleftharpoons$	$2I^-$	0.5355

续表

电极反应				$\varphi^{\ominus}$/V
氧化态	电子数		还原态	
I_3^-	$+2e^-$	$\rightleftharpoons$	$3I^-$	0.536
$H_3AsO_4+2H^+$	$+2e^-$	$\rightleftharpoons$	$HAsO_2+2H_2O$	0.560
$Sb_2O_5+6H^+$	$+4e^-$		$2SbO^++3H_2O$	0.581
TeO_2+4H^+	$+4e^-$	$\rightleftharpoons$	$Te+2H_2O$	0.593
$UO_2^++4H^+$	$+e^-$	$\rightleftharpoons$	$U^{4+}+2H_2O$	0.612
$2HgCl_2$	$+2e^-$	$\rightleftharpoons$	$Hg_2Cl_2+2Cl^-$	0.63
$[PtCl_6]^{2-}$	$+2e^-$	$\rightleftharpoons$	$[PtCl_4]^{2-}+2Cl^-$	0.68
O_2+2H^+	$+2e^-$	$\rightleftharpoons$	H_2O_2	0.695
$[PtCl_4]^{2-}$	$+2e^-$	$\rightleftharpoons$	$Pt+4Cl^-$	0.755
$H_2SeO_3+4H^+$	$+4e^-$	$\rightleftharpoons$	$Se+3H_2O$	0.74
Fe^{3+}	$+e^-$	$\rightleftharpoons$	Fe^{2+}	0.771
Hg_2^{2+}	$+2e^-$	$\rightleftharpoons$	$2Hg$	0.7973
Ag^+	$+e^-$	$\rightleftharpoons$	Ag	0.7996
OsO_4+8H^+	$+8e^-$	$\rightleftharpoons$	$Os+4H_2O$	0.8
$2NO_3^-+4H^+$	$+2e^-$	$\rightleftharpoons$	$N_2O_4+2H_2O$	0.803
Hg^{2+}	$+2e^-$	$\rightleftharpoons$	Hg	0.851
（碳）SiO_2+4H^+	$+4e^-$	$\rightleftharpoons$	$Si+2H_2O$	0.857
$Cu^{2+}+I^-$	$+e^-$	$\rightleftharpoons$	CuI	0.86
$2HNO_2+4H^+$	$+4e^-$	$\rightleftharpoons$	$H_2N_2O_2+2H_2O$	0.86
$2Hg^{2+}$	$+2e^-$	$\rightleftharpoons$	Hg_2^{2+}	0.920
$NO_3^-+3H^+$	$+2e^-$	$\rightleftharpoons$	HNO_2+H_2O	0.934
Pd^{2+}	$+2e^-$	$\rightleftharpoons$	Pd	0.951
$NO_3^-+4H^+$	$+3e^-$	$\rightleftharpoons$	$NO+2H_2O$	0.957
HNO_2+H^+	$+e^-$	$\rightleftharpoons$	$NO+H_2O$	0.983
$HIO+H^+$	$+2e^-$	$\rightleftharpoons$	I^-+H_2O	0.987
$VO_2^++2H^+$	$+e^-$	$\rightleftharpoons$	$VO^{2+}+H_2O$	0.991
$V(OH)_4^++2H^+$	$+e^-$	$\rightleftharpoons$	$VO^{2+}+3H_2O$	1.00
$[AuCl_4]^-$	$+3e^-$	$\rightleftharpoons$	$Au+4Cl^-$	1.002
$N_2O_4+4H^+$	$+4e^-$	$\rightleftharpoons$	$2NO+2H_2O$	1.035
$N_2O_4+2H^+$	$+2e^-$	$\rightleftharpoons$	$2HNO_2$	1.065
$IO_3^-+6H^+$	$+6e^-$	$\rightleftharpoons$	I^-+3H_2O	1.085
Br_2（aq）	$+2e^-$	$\rightleftharpoons$	$2Br^-$	1.0873
$SeO_4^{2-}+4H^+$	$+2e^-$	$\rightleftharpoons$	$H_2SeO_3+H_2O$	1.151
$ClO_3^-+2H^+$	$+e^-$	$\rightleftharpoons$	ClO_2+H_2O	1.152
Pt^{2+}	$+2e^-$	$\rightleftharpoons$	Pt	1.18
$ClO_4^-+2H^+$	$+2e^-$	$\rightleftharpoons$	$ClO_3^-+H_2O$	1.189
$2IO_3^-+12H^+$	$+10e^-$	$\rightleftharpoons$	I_2+6H_2O	1.195
$ClO_3^-+3H^+$	$+2e^-$	$\rightleftharpoons$	$HClO_2+H_2O$	1.214
MnO_2+4H^+	$+2e^-$	$\rightleftharpoons$	$Mn^{2+}+2H_2O$	1.224
O_2+4H^+	$+4e^-$	$\rightleftharpoons$	$2H_2O$	1.229
Tl^{3+}	$+2e^-$	$\rightleftharpoons$	Tl^+	1.252

续表

电极反应				$\varphi^\ominus$/V
氧化态	电子数		还原态	
$ClO_2 + H^+$	$+e^-$	$\rightleftharpoons$	$HClO_2$	1.277
$2HNO_2 + 4H^+$	$+4e^-$	$\rightleftharpoons$	$N_2O + 3H_2O$	1. 297
$Cr_2O_7^{2-} + 14H^+$	$+6e^-$	$\rightleftharpoons$	$2Cr^{3+} + 7H_2O$	1. 33
$HBrO + H^+$	$+2e^-$	$\rightleftharpoons$	$Br^- + H_2O$	1.331
$HCrO_4^- + 7H^+$	$+3e^-$	$\rightleftharpoons$	$Cr^{3+} + 4H_2O$	1.350
Cl_2（g）	$+2e^-$	$\rightleftharpoons$	$2Cl^-$	1.35827
$ClO_4^- + 8H^+$	$+8e^-$	$\rightleftharpoons$	$Cl^- + 4H_2O$	1.389
$ClO_4^- + 8H^+$	$+7e^-$	$\rightleftharpoons$	$1/2Cl_2 + 4H_2O$	1.39
Au^{3+}	$+2e^-$	$\rightleftharpoons$	Au^+	1.401
$BrO_3^- + 6H^+$	$+6e^-$	$\rightleftharpoons$	$Br^- + 3H_2O$	1.423
$2HIO + 2H^+$	$+2e^-$	$\rightleftharpoons$	$I_2 + 2H_2O$	1.439
$ClO_3^- + 6H^+$	$+6e^-$	$\rightleftharpoons$	$Cl^- + 3H_2O$	1.451
$PbO_2 + 4H^+$	$+2e^-$	$\rightleftharpoons$	$Pb^{2+} + 2H_2O$	1.455
$ClO_3^- + 6H^+$	$+5e^-$	$\rightleftharpoons$	$1/2Cl_2 + 3H_2O$	1.47
$HClO + H^+$	$+2e^-$	$\rightleftharpoons$	$Cl^- + H_2O$	1.482
$BrO_3^- + 6H^+$	$+5e^-$	$\rightleftharpoons$	$1/2Br_2 + 3H_2O$	1.482
Au^{3+}	$+3e^-$	$\rightleftharpoons$	Au	1.498
$MnO_4^- + 8H^+$	$+5e^-$	$\rightleftharpoons$	$Mn^{2+} + 4H_2O$	1.507
Mn^{3+}	$+e^-$	$\rightleftharpoons$	Mn^{2+}	1.5415
$HClO_2 + 3H^+$	$+4e^-$	$\rightleftharpoons$	$Cl^- + 2H_2O$	1.570
$HBrO + H^+$	$+e^-$	$\rightleftharpoons$	$1/2Br_2$（aq）$+ H_2O$	1.574
$2NO + 2H^+$	$+2e^-$	$\rightleftharpoons$	$N_2O + H_2O$	1.591
$H_5IO_6 + H^+$	$+2e^-$	$\rightleftharpoons$	$IO_3^- + 3H_2O$	1.601
$HClO + H^+$	$+e^-$	$\rightleftharpoons$	$1/2Cl_2 + H_2O$	1.611
$HClO_2 + 2H^+$	$+2e^-$	$\rightleftharpoons$	$HClO + H_2O$	1.645
$NiO_2 + 4H^+$	$+2e^-$	$\rightleftharpoons$	$Ni^{2+} + 2H_2O$	1.678
$MnO_4^- + 4H^+$	$+3e^-$	$\rightleftharpoons$	$MnO_2 + 2H_2O$	1.679
$PbO_2 + SO_4^{2-} + 4H^+$	$+2e^-$	$\rightleftharpoons$	$PbSO_4 + 2H_2O$	1.6913
Au^+	$+e^-$	$\rightleftharpoons$	Au	1.692
Ce^{4+}	$+e^-$	$\rightleftharpoons$	Ce^{3+}	1.72
$N_2O + 2H^+$	$+2e^-$	$\rightleftharpoons$	$N_2 + H_2O$	1.766
$H_2O_2 + 2H^+$	$+2e^-$	$\rightleftharpoons$	$2H_2O$	1.776
Co^{3+}	$+e^-$	$\rightleftharpoons$	Co^{2+}（2 mol/L H_2SO_4）	1.83
Ag^{2+}	$+e^-$	$\rightleftharpoons$	Ag^+	1.980
$S_2O_3^{2-}$	$+2e^-$	$\rightleftharpoons$	$2\,SO_4^{2-}$	2.010
$O_3 + 2H^+$	$+2e^-$	$\rightleftharpoons$	$O_2 + H_2O$	2.076
$F_2O + 2H^+$	$+4e^-$	$\rightleftharpoons$	$H_2O + 2F^-$	2.153
O（g）$+ 2H^+$	$+2e^-$	$\rightleftharpoons$	H_2O	2.421
F_2	$+2e^-$	$\rightleftharpoons$	$2F^-$	2.866
$F_2 + 2H^+$	$+2e^-$	$\rightleftharpoons$	$2HF$	3.053

自测题选择题参考答案

第一章

【单项选择题】

1. B　2. D　3. C　4. D　5. B　6. A　7. B　8. D
9. A　10. C

【多项选择题】

11. ABCD　12. ABC　13. ABC　14. ABCDE
15. ABD

第二章

【单项选择题】

1. B　2. B　3. C　4. C　5. C　6. A　7. B　8. B
9. C　10. B

【多项选择题】

11. ABC　12. ABCD　13. ABCE　14. ABDE
15. ADE　16. ACD　17. ABDE　18. AD
19. ABCE　20. CDE

第三章

【单项选择题】

1. D　2. C　3. C　4. C　5. A　6. D　7. B　8. B
9. A　10. C　11. B　12. D

【多项选择题】

13. CD　14. ACE　15. CD

第四章

【单项选择题】

1. C　2. B　3. C　4. C　5. B　6. C　7. A　8. D
9. D　10. B　11. A　12. B　13. C　14. A　15. D

【多项选择题】

16. BDE　17. AC　18. BD　19. ABCE

第五章

【单项选择题】

1. B　2. D　3. A　4. A　5. B　6. B　7. C　8. D
9. E　10. D　11. A　12. D

【多项选择题】

13. ABC　14. ADE　15. ABC　16. ABE　17. AE

第六章

【单项选择题】

1. E　2. B　3. E　4. E　5. D　6. B　7. A　8. B
9. C　10. D　11. C　12. D　13. C　14. A　15. C
16. E　17. B　18. D　19. D　20. A

【多项选择题】

21. BC　22. CE　23. AB　24. CD　25. BD
26. ABD　27. DE　28. DE　29. ABE　30. ABC

第七章

【单项选择题】

1. C　2. A　3. B　4. A　5. B　6. B　7. B　8. A
9. D　10. C　11. C　12. C

【多项选择题】

13. ACD　14. ABC　15. BE　16. CD　17. ABC

第八章

【单项选择题】

1. D　2. B　3. B　4. C　5. A　6. D　7. D　8. A
9. A　10. A

【多项选择题】

11. ABCDE　12. BCDE　13. ABCDE　14. ABCE

第九章

【单项选择题】

1. D　2. C　3. D　4. A　5. B　6. B　7. B　8. A
9. A　10. C

【多项选择题】

11. ABCD　12. ABDE　13. ACD　14. ACE
15. DE　16. BCE　17. ABCD　18. ABCDE
19. AC　20. ACD

第十章

【单项选择题】

1. C　2. D　3. B　4. E　5. A　6. D　7. D　8. A
9. B　10. A　11. D　12. B　13. C　14. D

【多项选择题】

15. ABC　16. BCD　17. BC　18. ABCD
19. ABCDE

第十一章

【单项选择题】

1. A　2. B　3. D　4. C　5. D　6. A　7. B　8. A

【多项选择题】

9. ABD　10. ABE　11. ACE　12. AE　13. ABC